新时代全国高等院校教学精品课程规划教材

应用数学——概率论与数理统计

王慧敏　吴瑞丰　王改珍　主　编

中国商业出版社

图书在版编目(CIP)数据

应用数学. 概率论与数理统计 / 王慧敏，吴瑞丰，王改珍主编. -- 北京 ：中国商业出版社，2025. 1.

ISBN 978-7-5208-3257-1

Ⅰ. O29

中国国家版本馆 CIP 数据核字第 2024FH4115 号

责任编辑:李 飞

(策划编辑:蔡 凯)

中国商业出版社出版发行

(www.zgsycb.com 100053 北京广安门内报国寺 1 号)

总编室:010—63180647 编辑室:010—83114579

发行部:010—83120835/8286

新华书店经销

北京荣泰印刷有限公司印刷

*

787 毫米×1092 毫米 16 开 14 印张 300 千字

2025 年 1 月第 1 版 2025 年 1 月第 1 次印刷

定价:49.80 **元**

* * * *

(如有印装质量问题可更换)

新时代全国高等院校教学精品课程规划教材

编 委 会

本书编写人员 王慧敏 吴瑞丰 王改珍

前　言

本书是在中国商业出版社2013年出版的《应用数学—概率论与数理统计》一书的基础上进行修订并重新编写的。根据教育部关于高等教育教材建设的通知精神，加快学科专业体系和教材教学体系建设，以提升教材的生命力和影响力，我们组织教学经验丰富的学科骨干教师对“应用数学系列教材”进行修订完善并重新编写。为适应新时代高等教育教学内容和课程体系改革的总目标，培养具有新时代创新能力的高素质人才，我们经过统一策划、共同研讨，在充分吸收广大读者意见的基础上编写了本书。

本书力求实现基础性与应用性相结合、科学性与通俗性相结合，着力体现加强基础、重视应用、培养创新能力的教学理念。在保留概率论与数理统计基本内容的基础上，将概率论和数理统计的知识与实际相联系，突出概率论与数理统计的基本思想和应用背景。

各章配有两组习题，A组习题为基本题型，B组习题有一定难度，习题参考答案可以帮助学生通过系统训练培养应用数学知识分析和解决实际问题的能力。书中带“*”号部分可酌情选讲。

本书分八章，前四章为概率论的内容，后四章为数理统计的内容。第1章、第2章、第3章由王改珍编写，第4章、第7章、第8章由吴瑞丰编写，第5章、第6章由王慧敏编写。全书由王慧敏负责结构安排、统稿定稿。李秀玲对全书进行了审阅。

因编者水平有限，本书难免存在疏漏之处，敬请广大读者批评指正。

编　者

2024年12月

◆目　录

第1章 随机事件与概率

在现实生活中，人们观察到的现象大体上可分为两种类型．一类是在某些确定的条件满足时，必然会发生的现象．例如，在标准大气压下水加热到100℃一定会沸腾，到0℃一定会结冰；超过第一宇宙速度运行，火箭就会摆脱地球引力而飞出地球；冬天过去，春天就会来到．这些都是确定性现象，亦称为**必然现象**．在自然现象和社会现象中还存在着与它有着本质区别的另一类现象．例如，掷一枚硬币，结果可能正面向上，也可能反面向上；今天无法确定明天的最高或最低气温；金融领域中事先无法断言将来某时刻某证券交易所的指数；同一条生产线上用同样的工艺生产出来的灯泡寿命长短会呈现出偶然性．这些都是不确定性现象，也称为**随机现象**．

虽然随机现象"纯属偶然"，但在相同条件下，做了大量重复试验后会发现其结果还是有一定的规律可循，称为随机现象的统计规律性．概率论与数理统计正是研究与揭示随机现象的统计规律性的一门数学分支．本章将介绍概率论的一系列最基础的概念，并讨论一些特殊场合下的概率计算问题，使读者对概率有一个初步但又准确的认识，为学习后面的章节打好基础．

§1.1 随机事件

一、随机试验

概率论约定为研究随机现象所做的随机试验应具备以下三个特征：

(1)试验在相同条件下是可重复的；

(2)试验的全部可能结果不止一个，且都是事先可以知道的；

(3)每一次试验都会出现上述可能结果中的某一个结果，至于是哪一个结果则事前无法预知．

在概率论里，我们把对随机现象进行的实验或观察统称为**随机试验**，简称**试验**．并以大写英文字母 E 记之．本书中所提到的试验都是随机试验．

例1.1 下列试验均为随机试验．

E_1：掷一颗骰子，观察出现的点数．

E_2:将一枚硬币抛掷两次,观察正面 H、反面 T 出现的情况.

E_3:记录某城市 120 急救电话台一昼夜接到的呼叫次数.

E_4:记录某地一昼夜的最高温度和最低温度.

二、随机事件

在一次试验中可能发生也可能不发生,而在大量的重复试验中具有某种规律性的试验结果,称为**随机事件**,简称**事件**,并以大写英文字母 $A,B,C,D,\cdots$ 记之.

如在掷一颗骰子的试验中,$A=$“出现奇数点”是一个事件,$B=$“出现的点数小于 5”也是一个事件.

三、样本空间

随机试验的一切可能基本结果组成的集合称为**样本空间**,记为 $\Omega=\{\omega\}$,其中 ω 表示基本结果,又称为**样本点**.

样本点是最基本单元,认识随机现象首先要列出随机试验的样本空间.

例 1.2 例 1.1 中随机试验 $E_K(K=1,2,3,4)$ 的样本空间分别为 Ω_K,则:

(1)$\Omega_1=\{1,2,3,4,5,6\}$;

(2)$\Omega_2=\{HH,HT,TH,TT\}$.

(3)$\Omega_3=\{n \mid n\in N\}$;

(4)$\Omega_4=\{(x,y)\mid T_0\leqslant x\leqslant y\leqslant T_1\}$,这里 x 表示最低温度(以 ℃ 记),y 表示最高温度(以 ℃ 记),并设这一地区的温度不会低于 T_0,也不会高于 T_1.

要成功地解决概率论中的问题,必须在具体问题中用恰当的样本空间来描述随机试验. 尽管有时候不必详尽地写出样本空间,但是明确样本空间的形式是解题最基本的一步.

需要注意的是:

(1)样本空间中的元素可以是数也可以不是数;

(2)样本空间中至少有两个样本点;

(3)从样本空间含有样本点的个数来区分,样本空间可分为有限与无限两类;

(4)任一事件 A 是相应样本空间的一个子集;

(5) 当子集 A 中某个样本点出现了,就说事件 A 发生了.

由样本空间 Ω 中的单个元素组成的子集称为**基本事件**;由样本空间 Ω 中的两个元素或两个以上元素组成的子集称为**复杂事件**;而样本空间 Ω 的最大子集(即 Ω 本身) 称为**必然事件**,即每次随机试验中必然发生的事件;样本空间 Ω 的最小子集(即空集 $\varnothing$) 称为**不可能事件**,即每次随机试验中不可能发生的事件.

例 1.3 掷一颗骰子的样本空间为 $\Omega=\{1,2,3,4,5,6\}$.

事件 $A=\{1\}$ 表示“出现 1 点”,是由 Ω 的单个样本点“1”组成,为基本事件;

事件 $B=\{2,4,6\}$ 表示“出现偶数点”,是由 Ω 的三个样本点“2,4,6”组成,为复杂事件;

事件 $C=$“出现的点数小于 7”,是由 Ω 的全部样本点“1,2,3,4,5,6”组成,为必然事件;

事件 $D=$ “出现的点数大于 6”,Ω 中任一样本点都不在 D 中,所以 D 为空集 ,为不可能事件.

四、事件间的关系及运算

一个事件对应于样本空间的一个子集，因此某事件发生当且仅当它对应的子集中的某个元素(即样本点)在试验中出现. 用 $A \subset \Omega$ 表示事件 A 是 Ω 的子集. 事件的相互关系与集合论中集合的包含、相等以及集合的运算等概念相对应.

1. 事件的包含

如果属于 A 的样本点必属于 B，则称 B **包含** A，或称 A **包含于** B，记为 $B \supset A$，或 $A \subset B$，表示"事件 A 的发生必然导致事件 B 的发生"，见图 1.1.

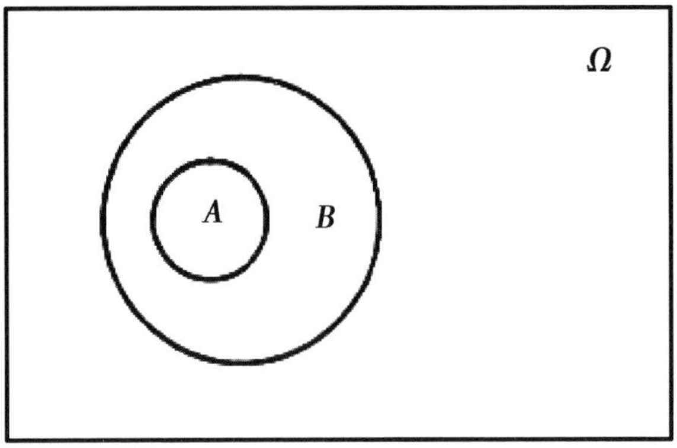

图 1.1

2. 事件的相等

如果事件 A 和事件 B 满足：属于 A 的样本点必属于 B，而且属于 B 的样本点必属于 A，即 $A \subset B$ 且 $B \subset A$，则称事件 A 与事件 B **相等**，记为 $A = B$.

3. 事件的和(并)

事件 A 与事件 B 的和(并)记为 $A + B$ 或 $A \cup B$，其含义为"事件 A 与事件 B 中所有的样本点组成的新事件"，表示"事件 A 与事件 B 中至少有一个发生"，见图 1.2.

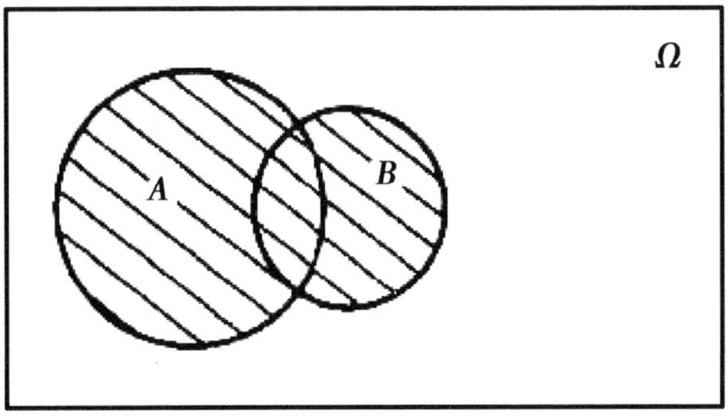

图 1.2

如在掷一颗骰子的试验中，记事件 A 为"出现奇数点"，$A = \{1,3,5\}$，记事件 B 为"出现的点数不超过 3"，$B = \{1,2,3\}$，则 A 与 B 的和为 $A + B = \{1,2,3,5\}$.

4.事件的积(交)

事件 A 与事件 B 的积(交)记为 AB 或 $A\cap B$,其含义为"事件 A 与事件 B 中公共的样本点组成的新事件",表示"事件 A 与事件 B 同时发生",见图 1.3.

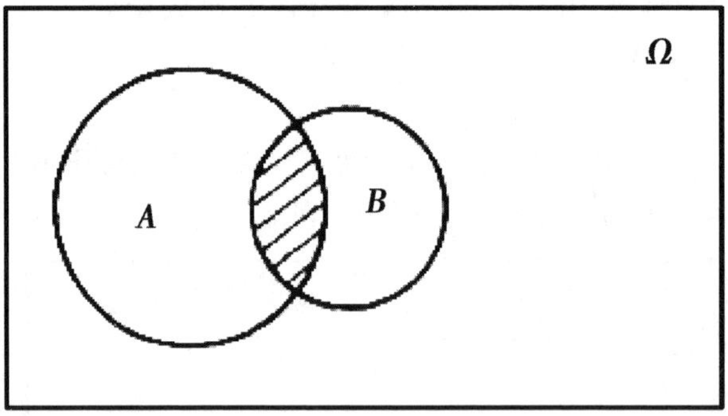

图 1.3

如在掷一颗骰子的试验中,记事件 A 为"出现奇数点",$A=\{1,3,5\}$,记事件 B 为"出现的点数不超过 3",$B=\{1,2,3\}$,则 A 与 B 的积为 $AB=\{1,3\}$.

事件的并和交运算可推广到有限个或可列个事件.如有事件 $A_1,A_2,\cdots,A_n$,则称 $\bigcup\limits_{i=1}^{n}A_i$ 为有限并,称 $\bigcap\limits_{i=1}^{n}A_i$ 为有限交;如有事件 $A_1,A_2,\cdots,A_n,\cdots$,则称 $\bigcup\limits_{i=1}^{\infty}A_i$ 为可列并,称 $\bigcap\limits_{i=1}^{\infty}A_i$ 为可列交.

5.事件的差

事件 A 与事件 B 的差记为 $A-B$,其含义为"由在事件 A 中而不在事件 B 中的样本点组成的新事件",表示"事件 A 发生而事件 B 不发生",见图 1.4.

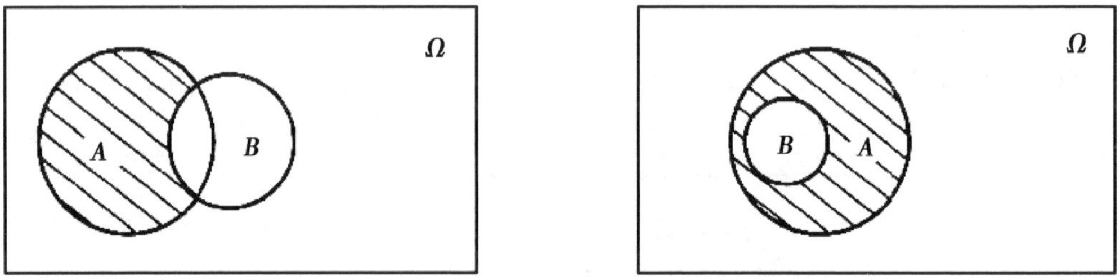

图 1.4

如在掷一颗骰子的试验中,记事件 A 为"出现奇数点",$A=\{1,3,5\}$,记事件 B 为"出现的点数不超过 3",$B=\{1,2,3\}$,则 A 与 B 的差为 $A-B=\{5\}$.

6.互不相容事件(互斥事件)

如果事件 A 与事件 B 没有相同的样本点,即 $AB=\varnothing$,则称事件 A 与事件 B **互不相容**或**互斥**,表示"事件 A 与事件 B 不可能同时发生",见图 1.5.

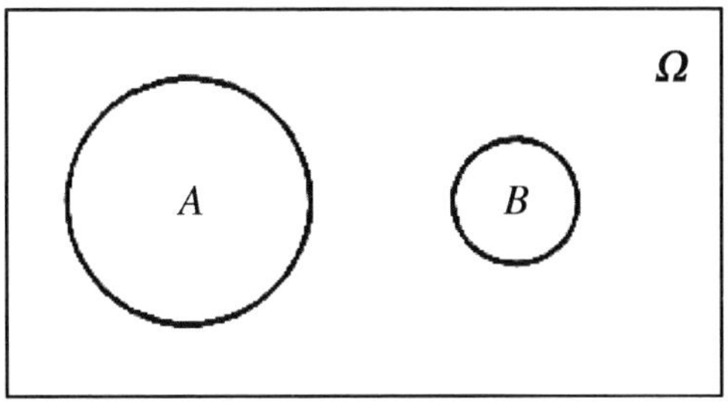

图 1.5

如在电视机的寿命试验中,"寿命小于 1 万小时"与"寿命大于 5 万小时"是两个互不相容的事件.

类似地,称 n 个事件 $A_1,A_2,\cdots,A_n$ **是互不相容(或互斥)事件**,如果它们中任何两个事件 A_i 与 $A_j(i\neq j;i,j=1,2,\cdots,n)$ 都互不相容;称可列个事件 $A_1,A_2,\cdots,A_n,\cdots$ **互不相容**,如果它们中任何两个事件 A_i 与 A_j 都互不相容($i\neq j;i,j=1,2,\cdots$).

7. 对立事件(互逆事件)

事件 A 的对立事件记为 $\overline{A}$,其含义为"由在 Ω 中而不在 A 中的样本点组成的新事件",即 $\overline{A}=\{\omega:\omega\in\Omega$ 且 $\omega\notin A\}$,表示"事件 A 不发生",见图 1.6.

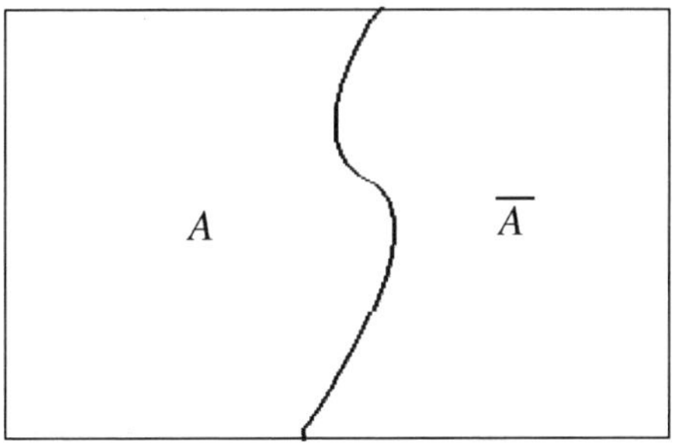

图 1.6

对立事件满足关系式:$A+\overline{A}=\Omega$ 及 $A\overline{A}=\varnothing$.

8. 完备事件组

如果 n 个事件 $A_1,A_2,\cdots,A_n$ 互不相容,并且它们的和是必然事件,则称 **n 个事件** $A_1,A_2,\cdots,A_n$ **构成一个完备事件组**. 类似地,称**可列个事件** $A_1,A_2,\cdots,A_n,\cdots$ **构成一个完备事件组**,如果 $\sum_{i=1}^{\infty}A_i=\Omega$,并且对于任何 $i\neq j(i,j=1,2,\cdots)$,有 $A_iA_j=\varnothing$.

$A_1,A_2,\cdots,A_n$ 构成一个完备事件组的意义是在每次试验中必然发生且仅能发生 $A_1,A_2,\cdots,A_n$ 中的一个事件,当 $n=2$ 时,A_1 与 A_2 就是对立事件.

五、事件的运算性质

与集合运算一样,事件的运算有如下性质.

1. 交换律

$A+B=B+A,AB=BA.$

2. 结合律

$A+(B+C)=(A+B)+C$,

$A(BC)=(AB)C$.

3. 分配律

$(A+B)C=AC+BC$,

$(AB)+C=(A+C)(B+C)$.

4. 对偶律(德·摩根公式)

$\overline{A+B}=\overline{A}\,\overline{B}$, $\overline{AB}=\overline{A}+\overline{B}$.

例 1.4 设 A,B,C 是某个随机试验的三个事件,则

(1) 事件"A 与 B 发生,C 不发生" 可表示为 $AB\overline{C}$ 或 $AB-C$;

(2) 事件"A,B,C 中至少有一个发生" 可表示为 $A+B+C$;

(3) 事件"A,B,C 中至少有两个发生" 可表示为 $AB+BC+AC$;

(4) 事件"A,B,C 中恰好有两个发生" 可表示为 $AB\overline{C}+A\overline{B}C+\overline{A}BC$;

(5) 事件"A,B,C 同时发生" 可表示为 ABC;

(6) 事件"A,B,C 都不发生" 可表示为 $\overline{ABC}$;

(7) 事件"A,B,C 不全发生" 可表示为 $\overline{A}+\overline{B}+\overline{C}$.

例 1.5 甲、乙、丙三人射击,以 A 表示事件"甲射击命中",B 表示事件"乙射击命中",C 表示事件"丙射击命中",试用语言表述下列事件:

(1)$\overline{A}+\overline{B}+\overline{C}$; (2)$\overline{A+B}$; (3)$AB\overline{C}+\overline{A}BC$; (4)$\overline{A+B+C}$; (5)$\overline{AB}$.

解 (1) $\overline{A}+\overline{B}+\overline{C}$ 表示事件"甲、乙、丙未全命中",即"甲、乙、丙至少有一人没命中",或者"甲、乙、丙至多有两人命中";

(2)$\overline{A+B}$ 表示事件"甲、乙均未命中";

(3)$AB\overline{C}+\overline{A}BC$ 表示事件"甲、乙均命中,丙未命中或甲未命中,乙、丙均命中";

(4)$\overline{A+B+C}$ 表示事件"甲、乙、丙均未命中";

(5)$\overline{AB}$ 表示事件"甲、乙未全命中",或者表示"甲、乙至少有一个人未命中".

§1.2 频率与概率

对于一个事件来说,它在一次试验中可能发生,也可能不发生.我们常常希望知道某些事件在一次试验中发生的可能性究竟有多大.我们把衡量事件发生可能性大小的数量指标称为**事件的概率**.

为了从数学上对概率这个概念给出严格的定义,先讨论一个与此相关的概念——频率.

一、频率及其性质

定义 1.1 在相同条件下进行了 n 次试验,在这 n 次试验中事件 A 发生的次数 $n(A)$ 称为

事件 A 的**频数**，比值 $n(A)/n$ 称为事件 A 发生的**频率**，并记为 $f_n(A)$，即

$$f_n(A)=\frac{n(A)}{n}.$$

从定义可知，频率具有如下一些特点.

(1)频率的大小能体现事件发生可能性的大小，粗略地讲，频率大则发生的可能性也大；反之，频率小则发生的可能性也小.

(2)频率有一定的随机波动性.

(3)当试验的次数逐渐增多时，频率又具有稳定性.

如何来理解频率的波动性与稳定性呢？

考虑"掷硬币"这个试验，将一枚均匀硬币抛掷 5 次、50 次、500 次，各做 10 遍，以 A 表示"正面向上"，得到数据如表 1.1 所示. 表 1.2 是历史上抛掷硬币试验的记录.

表 1.1

试验序号	$n=5$		$n=50$		$n=500$	
	$n(A)$	$f_n(A)$	$n(A)$	$f_n(A)$	$n(A)$	$f_n(A)$
1	2	0.4	22	0.44	251	0.502
2	3	0.6	25	0.50	249	0.498
3	1	0.2	21	0.42	256	0.512
4	5	1.0	25	0.50	253	0.506
5	1	0.2	24	0.48	251	0.502
6	2	0.4	21	0.42	246	0.492
7	4	0.8	18	0.36	244	0.488
8	2	0.4	24	0.48	258	0.516
9	3	0.6	27	0.54	262	0.524
10	3	0.6	31	0.62	247	0.494

表 1.2

试验者	试验次数 n	正面频数 $n(A)$	正面频率 $f_n(A)$
德摩根	2048	1061	0.5181
蒲丰	4040	2048	0.5069
皮尔逊	12000	6019	0.5016
皮尔逊	24000	12012	0.5005
维尼	30000	14994	0.4998

由表 1.1 可知，当 n 不同时，得到的 $f_n(A)$ 常常会不一样. 即使对同样的 n，投掷的时间、地点和人不一样时，也会得出不同的 $f_n(A)$. 这表明频率具有一定的随机波动性. 但是，由表 1.1 还可知，随着试验次数 n 的增大，$f_n(A)$ 总是围绕在 0.5 上下波动，且逐渐稳定于 0.5，这表

明频率具有稳定性. 事实上,大量实践表明,随着试验重复次数 n 的增加,频率 $f_n(A)$ 会稳定在某一常数附近,这个常数称为频率的稳定值,频率的这种特性称为频率的稳定性. 频率稳定值就是我们所求的概率.

经过归纳总结,可以得到频率的如下三条最基本的性质,即

(1)**非负性** 任意事件 A 的频率非负:$f_n(A)\geqslant 0$.

(2)**规范性** 必然事件 Ω 的频率为 1:$f_n(\Omega)=\frac{n}{n}=1$.

(3)**有限可加性** 若 $A_1,A_2,\cdots,A_m$ 是一组两两互不相容的事件,则有

$$f_n\left(\sum_{i=1}^{m}A_i\right)=\sum_{i=1}^{m}f_n(A_i).$$

证明

(1)对任何事件 A,它在 n 次试验中发生的频数 k 都满足 $0\leqslant k\leqslant n$,由于频率 $f_n(A)=\frac{k}{n}$,因此有

$$0\leqslant f_n(A)\leqslant\frac{n}{n}=1.$$

(2)必然事件 Ω 在每次试验中一定发生,即 $k=n$,因此

$$f_n(\Omega)=\frac{n}{n}=1.$$

(3)事件 $\sum_{i=1}^{m}A_i$ 表示在试验中 m 个事件 $A_1,A_2,\cdots,A_m$ 中至少有一个发生. 由于它们互不相容,故在每次试验中,它们中的任何两个事件都不会同时出现. 因此,在 n 次试验中 $\sum_{i=1}^{m}A_i$ 发生的频数等于各事件发生频数之和,即

$$n\left(\sum_{i=1}^{m}A_i\right)=\sum_{i=1}^{m}n(A_i),$$

所以

$$f_n\left(\sum_{i=1}^{m}A_i\right)=\frac{n\left(\sum_{i=1}^{m}A_i\right)}{n}=\frac{\sum_{i=1}^{m}n(A_i)}{n}=\sum_{i=1}^{m}f_n(A_i).$$

二、概率的公理化定义

因为频率的本质是概率,所以频率所满足的三条性质也必须是概率所具有的性质. 但是理论上还要考虑到可列无穷多个事件的关系和运算,因此对上述性质作适当的推广,给出如下的定义.

定义 1.2 设 E 为随机试验,Ω 为样本空间,F 为所有事件组成的集合,对于 F 中的每一个事件 A,分别赋予一个实数,记为 $P(A)$,如果实值函数 $P(\cdot)$ 满足以下条件:

(1) **非负性** 对每一个事件 A,$P(A)\geqslant 0$;

(2) **规范性** $P(\Omega)=1$;

(3) **可列可加性** 若 $A_1, A_2, \cdots, A_n, \cdots$ 是一组互不相容的事件,则有

$$P\left(\sum_{i=1}^{\infty} A_i\right) = \sum_{i=1}^{\infty} P(A_i), \tag{1.1}$$

则称 $P(A)$ 为事件 A 的**概率**.

上述三条性质就像公理一样已被数学家们普遍接受.因此,上面的定义又被称为**概率的公理化定义**.

三、概率的性质

性质 1 不可能事件的概率为零,即 $P(\varnothing) = 0$.

证明 由于任何事件与不可能事件之并仍是此事件本身,所以

$$\Omega = \Omega \cup \varnothing \cup \varnothing \cup \cdots \cup \varnothing \cup \cdots.$$

又因为不可能事件与任何事件是互不相容的,故由概率的可列可加性得

$$P(\Omega) = P(\Omega) + P(\varnothing) + P(\varnothing) + \cdots + P(\varnothing) + \cdots,$$

从而由 $P(\Omega) = 1$ 得 $P(\varnothing) + P(\varnothing) + \cdots + P(\varnothing) + \cdots = 0$,再由概率的非负性得 $P(\varnothing) = 0$.

性质 2(有限可加性) 若有限个事件 $A_1, A_2, \cdots, A_n$ 互不相容,则有

$$P\left(\sum_{i=1}^{n} A_i\right) = \sum_{i=1}^{n} P(A_i). \tag{1.2}$$

特别地,若 A 与 B 互不相容,则

$$P(A+B) = P(A) + P(B). \tag{1.3}$$

证明 对 $A_1, A_2, \cdots, A_n, \varnothing, \varnothing, \cdots$ 应用可列可加性,得

$$\begin{aligned} P(A_1 + A_2 + \cdots + A_n) &= P(A_1 + A_2 + \cdots + A_n + \varnothing + \varnothing + \cdots) \\ &= P(A_1) + P(A_2) + \cdots + P(A_n) + P(\varnothing) + P(\varnothing) + \cdots \\ &= P(A_1) + P(A_2) + \cdots + P(A_n). \end{aligned}$$

性质 3 $P(B-A) = P(B) - P(AB).$ (1.4)

特别地,若 $A \subset B$,则有

$$P(B-A) = P(B) - P(A). \tag{1.5}$$

证明 因为 $B = B(A+\overline{A}) = AB + (B-A)$,且 $(AB)(B-A) = \varnothing$,由有限可加性有

$$P(B) = P(AB) + P(B-A),$$

即

$$P(B-A) = P(B) - P(AB).$$

当 $A \subset B$,$AB = A$ 有 $P(B-A) = P(B) - P(A)$.

性质 4 若 $A \subset B$,则有 $P(A) \leqslant P(B)$.

特别地,对任何事件 A,有 $P(A) \leqslant 1$.

性质 5 如果可列个事件 $A_1, A_2, \cdots, A_n, \cdots$ 构成一个完备事件组,则有

$$\sum_{i=1}^{\infty} P(A_i) = 1. \tag{1.6}$$

特别地,对立事件的概率有

$$P(\overline{A}) = 1 - P(A). \tag{1.7}$$

证明 由于 $A_1, A_2, \cdots, A_n, \cdots$ 构成一个完备事件组，它们一定互不相容，且 $\sum_{i=1}^{\infty} A_i = \Omega$，根据可列可加性，有

$$\sum_{i=1}^{\infty} P(A_i) = P\left(\sum_{i=1}^{\infty} A_i\right) = P(\Omega) = 1.$$

同理可证，对于有限个事件构成的完备事件组 $A_1, A_2, \cdots, A_n$，有

$$\sum_{i=1}^{n} P(A_i) = P\left(\sum_{i=1}^{n} A_i\right) = P(\Omega) = 1.$$

特别地，当 $n=2$ 时，A 与 $\overline{A}$ 构成完备事件组，则

$$P(A) + P(\overline{A}) = P(A + \overline{A}) = P(\Omega) = 1,$$

所以有

$$P(\overline{A}) = 1 - P(A).$$

性质 6(加法公式) 对于任意两个事件 A, B，有

$$P(A+B) = P(A) + P(B) - P(AB). \tag{1.8}$$

证明 因为 $A + B = A + (B - AB)$，$A(B - AB) = \varnothing$，再由性质 2 和性质 3 有

$$P(A+B) = P(A) + P(B-AB) = P(A) + P(B) - P(AB).$$

该性质可推广到多个事件的和：

$$P\left(\sum_{i=1}^{n} A_i\right) = \sum_{i=1}^{n} P(A_i) - \sum_{1 \leqslant i < j \leqslant n} P(A_i A_j) + \sum_{1 \leqslant i < j < k \leqslant n} P(A_i A_j A_k) - \cdots + (-1)^{n-1} P(A_1 A_2 \cdots A_n). \tag{1.9}$$

例 1.6 已知事件 $P(A)=0.3, P(B)=0.4, P(A+B)=0.6$，求 $P(\overline{A}B)$.

解 由于 $\overline{A}B = B - AB$，又 $AB \subset B$，故有 $P(\overline{A}B) = P(B) - P(AB)$，其中 $P(AB) = P(A) + P(B) - P(A+B) = 0.3 + 0.4 - 0.6 = 0.1$，由此可得 $P(\overline{A}B) = 0.4 - 0.1 = 0.3$.

例 1.7 设 $P(A) \geqslant 0.8, P(B) \geqslant 0.8$，证明：$P(AB) \geqslant 0.6$.

证明 由加法公式可知 $P(AB) = P(A) + P(B) - P(A+B)$，再由概率定义可知 $0 \leqslant P(A+B) \leqslant 1$，由此可得

$$P(AB) \geqslant P(A) + P(B) - 1 \geqslant 0.6.$$

§1.3 古典概型与几何概型

一、古典概型

本节讨论在概率论发展初期研究最多的一类试验——古典概型的概率计算. 它具有如下特征.

(1)**有限性**：所涉及的随机试验只有有限个样本点(即基本事件总数有限)，不妨设为 n 个，并记它们为 $\omega_1, \omega_2, \cdots, \omega_n$.

(2)**等可能性**：每个样本点发生的可能性相等，即有

$$P(\omega_1) = P(\omega_2) = \cdots = P(\omega_n).$$

这种具有有限性和等可能性的数学模型称为**古典概型**.

在古典概型中,若事件 A 含有 k 个样本点,则事件 A 的概率为

$$P(A)=\frac{\text{事件 }A\text{ 所含样本点的个数}}{\Omega\text{ 中所含样本点的个数}}=\frac{k}{n}. \tag{1.10}$$

容易验证,由上式确定的概率满足公理化定义.在古典概型中,求事件 A 的概率归结为计算 A 中含有的样本点的个数和 Ω 中含有的样本点的总数.

例 1.8 将一枚硬币抛掷三次,求下列事件的概率.

(1) 设事件 A 为“恰有两次出现反面”,求 $P(A)$;

(2) 设事件 B 为“至少有一次出现反面”,求 $P(B)$.

解 (1) 样本空间为 $\Omega=\{HHH,HHT,HTH,THH,HTT,THT,TTH,TTT\}$,而 $A=\{HTT,THT,TTH\}$,故 $n=8,k=3$,所以 $P(A)=\frac{3}{8}$.

(2)$\overline{B}=\{HHH\}$,于是 $P(B)=1-P(\overline{B})=1-\frac{1}{8}=\frac{7}{8}$.

例 1.9 从 1,…,20 这二十个数字中任取一个,求取得偶数的概率.

解 记事件 A 为“取得偶数数字”,将从 1,…,20 这二十个数字中任取一个的所有可能结果作为样本空间,则样本点总数 $n=20$,事件 A 所含的样本点数为 $k=10$,故 $P(A)=\frac{10}{20}=0.5$.

例 1.10(抽样模型) 一个口袋装有 6 只球,其中 4 只白球、2 只红球.从袋中取球两次,每次随机地取一只.考虑两种取球方式:

(1)第一次取一只球,观察其颜色后放回袋中,第二次从袋中再取一只球.这种取球方式称为**放回抽样**.

(2)第一次取一只球不放回袋中,第二次从剩余的球中再取一只球,这种取球方式称为**不放回抽样**.

试分别就上面两种情况求:(1)取到的两只球都是白球的概率;(2)取到的两只球都是红球的概率;(3)取到的两只球颜色相同的概率;(4)取到的两只球中至少有一只是白球的概率.

解 放回抽样的情形:

设事件 A 为“取到的两只球都是白球”,事件 B 为“取到的两只球都是红球”,事件 C 为“取到的两只球颜色相同”,事件 D 为“取到的两只球中至少有一只是白球”,则有 $C=A+B,D=\overline{B}$.

(1)$P(A)=\frac{4\times 4}{6\times 6}=\frac{4}{9}$;

(2)$P(B)=\frac{2\times 2}{6\times 6}=\frac{1}{9}$;

(3) 由于 $AB=\varnothing$,由概率的有限可加性,得

$$P(C)=P(A+B)=P(A)+P(B)=\frac{5}{9};$$

(4)$P(D)=P(\overline{B})=1-P(B)=\frac{8}{9}$.

不放回抽样的情形：

(1) $P(A)=\frac{4\times 3}{6\times 5}=\frac{2}{5}$，或 $P(A)\frac{C_4^2}{C_6^2}=\frac{2}{5}$；

(2) $P(B)=\frac{2\times 1}{6\times 5}=\frac{1}{15}$，或 $P(B)=\frac{C_2^2}{C_6^2}=\frac{1}{15}$；

(3) $P(C)=P(A+B)=P(A)+P(B)=\frac{7}{15}$；

(4) $P(D)=P(\overline{B})=1-P(B)=\frac{14}{15}$.

例 1.11(分房模型) 设有 n 个人，每个人都等可能地被分配到 N 个房间中的任意一间去住($n\leqslant N$)，求下列事件的概率：

(1) 指定的 n 个房间各有一个人住；

(2) 恰好有 n 个房间，其中各住一个人.

解 设 $A=$“指定的 n 个房间各有一个人住”，$B=$“恰好有 n 个房间，其中各住一个人”. 因为每一个人有 N 个房间可供选择，所以 n 个人住的方式共有 N^n 种.

(1) 指定的 n 个房间各有一个人住，其可能总数为 n 个人的全排列 $n!$，于是 $P(A)=\frac{n!}{N^n}$；

(2) n 个房间可以在 N 个房间中任意选取，其总数有 C_N^n 个，对选定的 n 个房间，按前述的讨论可知有 $n!$ 种分配方式，所以恰好有 n 个房间，其中各住一个人的概率为 $P(B)=\frac{C_N^n n!}{N^n}=\frac{N!}{N^n(N-n)!}$.

* 二、几何概型

在古典概型中，利用等可能性的概念，成功地计算了一类问题的概率. 但是除了等可能性，古典概型还要求样本点总数有限，对于试验的可能结果有无穷多种的情形，概率的古典定义并不适用. 然而，实际问题中经常出现试验的可能结果有无穷多种，但仍有某种等可能性的情形.

几何概型的基本思想是：

(1) 如果一个随机现象的样本空间 Ω 充满某个区域，其度量(长度、面积或体积等)大小可用 S_Ω 表示.

(2) 任意一点落在度量相同的子区域内是等可能的. 譬如在样本空间 Ω 中有一个单位正方形 A 和直角边为 1 与 2 的直角三角形 B，而点落在区域 A 和区域 B 是等可能的，因为这两个区域面积相等，见图 1.7.

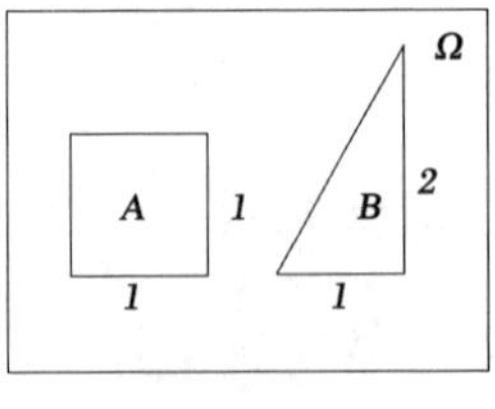

图 1.7

(3) 若事件 A 为 Ω 中的某个子区域，见图 1.8，且其度量大小可用 S_A 表示，则事件 A

的概率为

$$P(A)=\frac{S_A}{S_\Omega}. \tag{1.11}$$

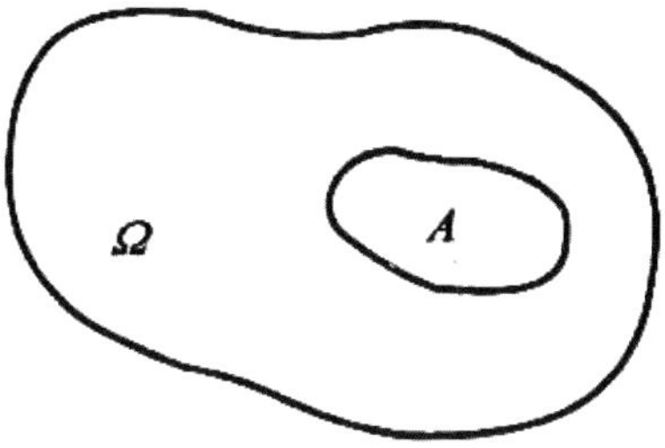

图 1.8

容易验证，由上式确定的概率满足公理化定义. 求几何概型的关键是对样本空间 Ω 和所求事件 A 用图形描述清楚，然后计算出相关图形的度量.

例 1.12(会面问题) 甲、乙两人约定在下午 6 时到 7 时在某处会面，并约定先到者应等候另一个人 20 分钟，过时即可离去. 求两人能会面的概率.

解 以 x 和 y 分别表示甲、乙两人到达约会地点的时间(以分钟为单位)，在平面上建立 xOy 直角坐标系，见图 1.9.

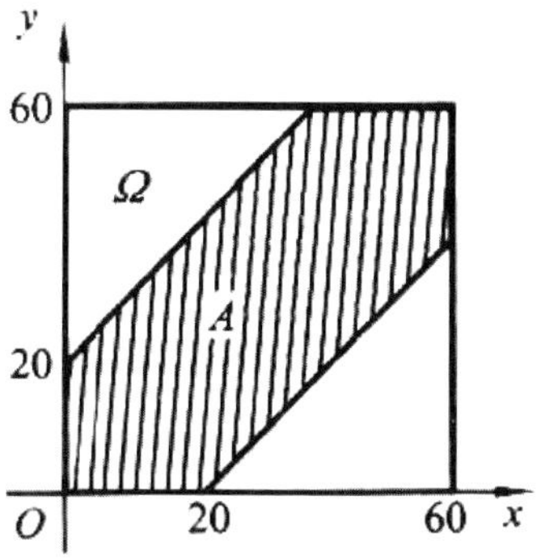

图 1.9

因为甲、乙都是在 0 至 60 分钟内等可能地到达，所以由等可能性知这是一个几何概型问题. (x,y) 的所有可能取值是边长为 60 的正方形，其面积为 $S_\Omega=60^2$，而事件 $A=$"两人能够会面"相当于

$$|x-y|\leqslant 20,$$

即图中的阴影部分，其面积为 $S_A=60^2-40^2$. 由式(1.11)知

$$P(A)=\frac{S_A}{S_\Omega}=\frac{60^2-40^2}{60^2}=\frac{5}{9}=0.5556.$$

结果表明：按此规则约会，两人能会面的概率不超过 0.6. 若把约定时间改为在下午 6 时到 6 时 30 分，其他不变，则两人能会面的概率提高到 0.8889.

例 1.13(蒲丰投针问题) 平面上画有间隔为 $d(d>0)$ 的等距平行线，向平面任意投掷

一枚长为 $l(l<d)$ 的针，求针与任一平行线相交的概率.

解 以 x 表示针的中点与最近一条平行线的距离，又以 φ 表示针与此直线间的交角，见图 1.10.

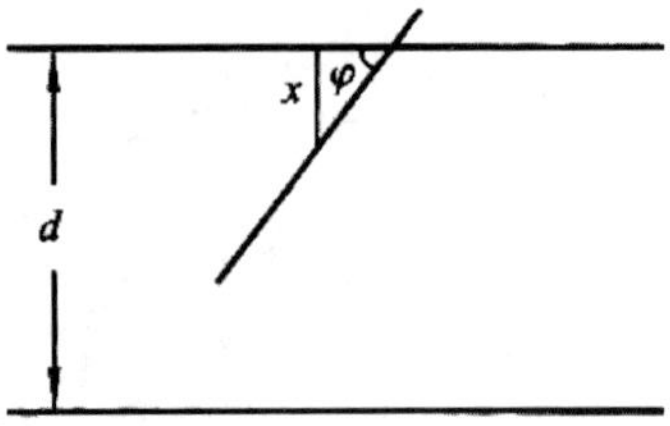

图 1.10

易知样本空间 Ω 满足

$$0 \leqslant x \leqslant d/2, 0 \leqslant \varphi \leqslant \pi.$$

由这两式可以确定 $x-\varphi$ 平面上的一个矩形 Ω 就是样本空间，其面积为 $S_\Omega=\frac{d\pi}{2}$. 这时针与平行线相交(记为事件 A)的充要条件是

$$x \leqslant \frac{l}{2}\sin\varphi,$$

由这个不等式表示的区域是图 1.11 中的阴影部分.

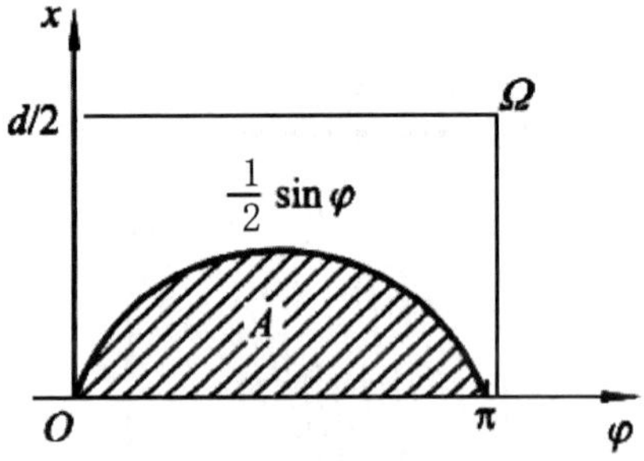

图 1.11

由于针是向平面任意投掷的，所以由等可能性知这是一个几何概型问题. 由此得

$$P(A)=\frac{S_A}{S_\Omega}=\frac{\int_0^\pi \frac{l}{2}\sin\varphi d\varphi}{\frac{d}{2}\pi}=\frac{2l}{d\pi}.$$

如果 l, d 为已知，则以 π 的值代入上式即可计算得 $P(A)$ 之值. 反之，如果已知 $P(A)$ 的值，则也可以利用上式去求 π，而关于 $P(A)$ 的值，可用从试验中获得的频率去近似它，即投针 N 次，其中针与平行线相交 n 次，则频率 $\frac{n}{N}$ 可作为 $P(A)$ 的估计值，于是由

$$\frac{n}{N} \approx P(A)=\frac{2l}{d\pi},$$

可得

$$\pi \approx \frac{2lN}{dn}.$$

历史上有一些学者曾亲自做过这个试验，表 1.3 记录了他们的试验结果.

表 1.3

试验者	年份	$\frac{l}{d}$	投掷次数	相交次数	π 的近似值
Wolf	1850	0.80	5000	2532	3.1596
Fox	1884	0.75	1030	489	3.1595
Lazzerini	1901	0.83	3408	1808	3.1415
Reina	1925	0.54	2520	859	3.1795

这是一个颇为奇妙的方法：只要设计一个随机试验，使一个事件的概率与某个未知数有关，然后通过重复试验，以频率估计概率，即可求得未知数的近似解. 一般来说，试验次数越多，则求得的近似解就越精确. 随着计算机的出现，人们便可利用计算机来大量重复地模拟所设计的随机试验. 这种方法得到了迅速的发展和广泛的应用. 人们称这种方法为**随机模拟法**，也称为**蒙特卡罗(Monte Carlo)法**.

§1.4 条件概率

一、条件概率

在讨论事件的概率时，我们经常会遇到这样的情况：已经知道某个事件 A 发生，要求事件 B 发生的概率. 例如，在桥牌游戏中，已经知道对家手中有两张 K，想知道草花 K 在他手中的概率；又如在医学上，我们已经知道了随机选取的某人有糖尿病的家庭史，问该人患有糖尿病的概率有多大. 这种带有条件的概率称为**条件概率**，记为 $P(B \mid A)$.

如何来定义条件概率 $P(B \mid A)$ 呢？既然已经知道事件 A 发生，那么试验产生的可能结果总包含于 A. 所以，为了计算事件 B 发生的条件概率，我们只需在 A 中考察导致 B 发生的事件，显然这一事件为 AB，见图 1.12.

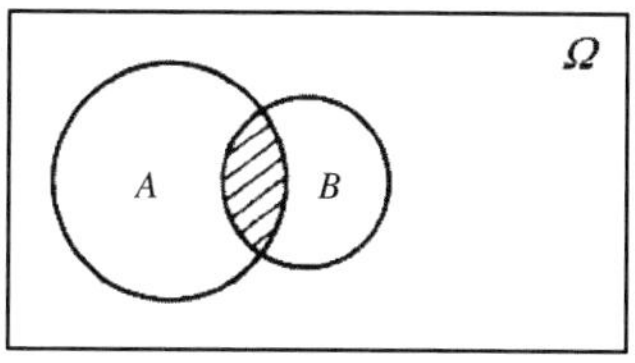

图 1.12

定义 1.3 设 A 与 B 为两个事件，若 $P(A) > 0$，则称

$$P(B \mid A)=\frac{P(AB)}{P(A)} \tag{1.12}$$

为事件 A 发生的条件下事件 B 发生的**条件概率**.

可以验证,条件概率仍然满足概率的三条公理,即

(1)对于每一个事件 B,有 $P(B \mid A) \geqslant 0$;

(2)$P(\Omega \mid A)=1$;

(3)设 $B_1,B_2,\cdots$ 是两两互不相容的事件,则有

$$P\left(\sum_{i=1}^{\infty} B_i \mid A\right)=\sum_{i=1}^{\infty} P(B_i \mid A). \tag{1.13}$$

因此,条件概率满足概率所具有的所有性质和关系式.

例如,有

$$P(\varnothing \mid A)=0,$$
$$P(\overline{B} \mid A)=1-P(B \mid A),$$
$$P(B_1+B_2 \mid A)=P(B_1 \mid A)+P(B_2 \mid A)-P(B_1B_2 \mid A).$$

条件概率 $P(B \mid A)$ 可视具体情况运用下列两种方法之一来计算.

(1)在缩减后的样本空间 Ω_A 中计算.

事实上,在古典概型中,设试验 E 的基本事件总数为 n,即样本空间 Ω 含 n 个样本点,A 包含 m 个样本点,AB 包含 k 个样本点,则

$$P(B \mid A)=\frac{P(AB)}{P(A)}=\frac{k}{m}.$$

在这里,概率 $P(AB)$ 是在试验 E 的整个含有 n 个样本点的样本空间 Ω 中考虑的,而 $P(B \mid A)$ 是在得知事件 A 已经发生的信息之后,再考虑 B 发生的概率. $P(B \mid A)$ 是在缩减了的样本空间 Ω_A 中讨论的.

(2)在原来的样本空间 Ω 中,直接按定义计算.

例 1.14 一盒子装有 5 只产品,其中 3 只是一等品,2 只是二等品. 从中取产品两次,每次任取一只,作不放回抽样. 设事件 A 为"第一次取到的是一等品",事件 B 为"第二次取到的是一等品",试求条件概率 $P(B \mid A)$.

解法一 在缩减后的样本空间 Ω_A 中计算.

由于事件 A 已经发生,即第一次取到的是一等品,所以第二次取产品时,所有产品只有 4 只,即 Ω_A 所含的基本事件数为 4,而其中一等品只剩下 2 只,所以 $P(B \mid A)=\frac{1}{2}$.

解法二 在原来的样本空间 Ω 中,直接按定义计算.

由于是不放回抽样,所以有

$$P(A)=\frac{3}{5},P(AB)=\frac{3\times 2}{5\times 4}=\frac{3}{10}.$$

由定义,$P(B \mid A)=\dfrac{P(AB)}{P(A)}=\dfrac{1}{2}$.

二、乘法公式

由条件概率的定义,可直接得到下面的乘法公式.

定理 1.1(乘法公式) 设 A 与 B 为两个事件,若 $P(A)>0$,则

$$P(AB)=P(A)P(B\mid A). \tag{1.14}$$

这一定理还可以推广到 n 个事件的情况:

如果 $A_1,A_2,\cdots,A_n$ 是 n 个事件,并且 $P(A_1A_2\cdots A_{n-1})>0$,则有

$$P(A_1A_2\cdots A_n)=P(A_1)P(A_2\mid A_1)\cdots P(A_{n-1}\mid A_1A_2\cdots A_{n-2})P(A_n\mid A_1A_2\cdots A_{n-1}).$$

事实上,由 $P(A_1)\geqslant P(A_1A_2)\geqslant\cdots\geqslant P(A_1A_2\cdots A_{n-1})>0$,有

$$\begin{aligned}&P(A_1)P(A_2\mid A_1)P(A_3\mid A_1A_2)\cdots P(A_n\mid A_1A_2\cdots A_{n-1})\\&=P(A_1)\frac{P(A_1A_2)}{P(A_1)}\cdots\frac{P(A_1A_2\cdots A_{n-1}A_n)}{P(A_1A_2\cdots A_{n-1})}=P(A_1A_2\cdots A_{n-1}A_n).\end{aligned}$$

例 1.15 在一个盒子中装有 10 个灯泡,其中 4 个灯泡为甲厂生产的,6 个灯泡为乙厂生产的,从中任取两次,每次任取一个,第一次取完不放回,问两次都取到甲厂生产的灯泡的概率是多少?

解 记事件 $A=$“第一次取到的灯泡是甲厂生产的”,$B=$“第二次取到的灯泡是甲厂生产的”,则两次都取到甲厂生产的灯泡为 AB,而 $P(A)=\frac{4}{10}=\frac{2}{5}$,$P(B\mid A)=\frac{3}{9}=\frac{1}{3}$,故 $P(AB)=P(A)P(B\mid A)=\frac{2}{15}$.

例 1.16 设袋中有 4 张红心扑克牌、3 张黑心扑克牌和 3 张梅花扑克牌,按不放回抽样连续摸牌 3 次,求第三次摸到梅花扑克牌的概率.

解 设 $A_i=$“第 i 次摸到梅花扑克牌”,$i=1,2,3$,则所求的概率为

$$P(\overline{A}_1\overline{A}_2A_3)=P(\overline{A}_1)P(\overline{A}_2\mid\overline{A}_1)P(A_3\mid\overline{A}_1\overline{A}_2)=\frac{7}{10}\cdot\frac{6}{9}\cdot\frac{3}{8}=\frac{7}{40}.$$

例 1.17 假设在空战中,若甲机先向乙机开火,则击落飞机的概率为 0.2;若乙机未被击落,就进行还击,击落甲机的概率是 0.3;若甲机亦未被击落,则再次进攻乙机,击落乙机的概率为 0.4;在这几个回合中,分别计算甲机、乙机被击落的概率.

解 设 $A_i=$“乙机在第 i 次被击落”,$i=1,2$. $A=$“乙机被击落”,$B=$“甲机被击落”,显然,A_1 与 A_2 互不相容,且 $A=A_1+A_2$,$B\subset\overline{A}_1$,$A_2\subset\overline{A}_1\overline{B}$,依题意,有 $P(A_1)=0.2$,$P(B|\overline{A}_1)=0.3$,$P(A_2|\overline{A}_1\overline{B})=0.4$,故

$$P(B)=P(\overline{A}_1B)=P(\overline{A}_1)P(B\mid\overline{A}_1)=0.8\times0.3=0.24,$$

$$P(A_2)=P(\overline{A}_1\overline{B}A_2)=P(\overline{A}_1)P(\overline{B}\mid\overline{A}_1)P(A_2\mid\overline{A}_1\overline{B})=0.8\times0.7\times0.4=0.224,$$

由概率可加性,得

$$P(A)=P(A_1+A_2)=P(A_1)+P(A_2)=0.2+0.224=0.424.$$

§1.5 事件的独立性

所谓两个事件 A 与 B 相互独立,直观上说就是它们互不影响,即事件 A 发生与否不会影响

事件 B 发生的可能性，同时事件 B 发生与否也不会影响事件 A 发生的可能性，用数学式子来表示，就是

$$P(B \mid A)=P(B), P(A \mid B)=P(A).$$

但上面两个式子分别要求 $P(B)>0$ 及 $P(A)>0$，考虑到更一般的情形，给出如下定义.

定义 1.4 设 A 与 B 为两个事件，若下式成立

$$P(AB)=P(A)P(B), \tag{1.15}$$

则称**事件 A 与 B 相互独立.**

由定义可推知，概率为零的事件与任何事件相互独立.

需要强调的一点是，事件的独立性与事件的互不相容是两个完全不同的概念. 事实上，从上面的定义可以推出，如果两个概率大于零的事件是互不相容的，那么它们一定不是相互独立的；反之，如果两个概率大于零的事件是相互独立的，那么它们不可能互不相容.

定理 1.2 若事件 A 与 B 相互独立，则 A 与 $\overline{B}$，$\overline{A}$ 与 B，$\overline{A}$ 与 $\overline{B}$ 也相互独立.

证明 这里只证明 A 与 $\overline{B}$ 相互独立，其余的留给读者自己证明.

由 $P(AB)=P(A)P(B)$，得

$$\begin{aligned} P(A\overline{B}) &= P(A-B)=P(A-AB)=P(A)-P(AB) \\ &= P(A)-P(A)P(B)=P(A)[1-P(B)]=P(A)P(\overline{B}). \end{aligned}$$

所以，A 与 $\overline{B}$ 相互独立.

事件的独立性有时需利用定义进行计算来判断，但在许多实际问题中，事件的独立性常常是根据问题的实际意义来判断.

例 1.18 某工人同时看管两台独立工作的机床，在单位时间内，甲、乙机床不需要看管的概率分别为 0.9 和 0.8，求：

(1)在单位时间内这两台机床都不需要看管的概率；

(2)在单位时间内这两台机床都需要看管的概率；

(3)在单位时间内甲机床需要看管而乙机床不需要看管的概率.

解 设事件 A="在单位时间内甲机床不需要看管"，则 $P(A)=0.9$；设事件 B="单位时间内乙机床不需要看管"，则 $P(B)=0.8$.

因为事件 A 与 B 相互独立，故

(1) 在单位时间内这两台机床都不需要看管的概率为

$$P(AB)=P(A)P(B)=0.9\times 0.8=0.72;$$

(2) 在单位时间内这两台机床都需要看管的概率为

$$P(\overline{A}\overline{B})=P(\overline{A})P(\overline{B})=0.1\times 0.2=0.02;$$

(3) 在单位时间内甲机床需要看管而乙机床不需要看管的概率为

$$P(\overline{A}B)=P(\overline{A})P(B)=0.1\times 0.8=0.08.$$

下面，给出三个事件相互独立的定义.

定义 1.5 对任意三个事件 A,B,C，如果如下四个等式

$$\begin{cases} P(AB)=P(A)P(B), \\ P(AC)=P(A)P(C), \\ P(BC)=P(B)P(C), \\ P(ABC)=P(A)P(B)P(C) \end{cases} \tag{1.16}$$

成立，则称**事件**A,B,C **相互独立**.

上述定义中的前三个等式说明事件 A,B,C 是两两相互独立的. 那么“A,B,C 中任意两个事件都是相互独立的”与“事件 A,B,C 是相互独立的”这两者之间难道有什么不同吗？难道由前三个等式推不出第四个等式吗？

下面通过一个例子来回答这些问题.

例 1.19 如果将一枚硬币抛掷两次，观察正面 H 和反面 T 的出现情况，则此时样本空间 $\Omega=\{HH,HT,TH,TT\}$，令

$$A=\{HH,HT\},B=\{HH,TH\},C=\{HH,TT\},$$

则 $AB=AC=BC=ABC=\{HH\}$，$P(A)=P(B)=P(C)=\frac{1}{2}$，故有

$$P(AB)=P(AC)=P(BC)=P(ABC)=\frac{1}{4}.$$

利用定义 1.5 可知，A,B,C 中任意两个事件都是相互独立的，但是 $P(ABC)=\frac{1}{4}\neq\frac{1}{8}=P(A)P(B)P(C)$，不满足定义，也就是说事件 A,B,C 并不相互独立.

定义 1.6 设 $A_1,A_2,\cdots,A_n$ 为 n 个事件，如果对于任意正整数 $m(2\leqslant m\leqslant n)$ 以及正整数 $i_1,i_2,\cdots,i_m(1\leqslant i_1<i_2<\cdots<i_m\leqslant n)$，都有

$$P(A_{i_1}A_{i_2}\cdots A_{i_m})=P(A_{i_1})P(A_{i_2})\cdots P(A_{i_m}),$$

则称事件 $A_1,A_2,\cdots,A_n$ **相互独立**.

从上述定义可以看出，n 个相互独立的事件中的任意一部分仍是相互独立的，而且任意一部分与另一部分也是独立的. 与定理 1.2 类似可以证明：将相互独立事件中的任一部分换为对立事件，所得的诸事件仍为相互独立的. 另外，称无穷多个事件 $A_1,A_2,\cdots,A_n,\cdots$ 相互独立，是指其中任意有限多个事件都相互独立.

例 1.20 设每一名机枪射击手击落飞机的概率都是 0.2，若 10 名机枪射击手同时向一架飞机射击，问击落飞机的概率是多少？

解 设 $A_i=$“第 i 名射击手击落飞机”，$i=1,2,\cdots,10$. $B=$“飞机被击落”，则有 $B=A_1+A_2+\cdots+A_{10}$. 由事件的独立性可得

$$\begin{aligned}P(B)&=P(A_1+A_2+\cdots+A_{10})=1-P(\overline{A_1+A_2+\cdots+A_{10}})\\&=1-P(\overline{A}_1\overline{A}_2\cdots\overline{A}_{10})=1-P(\overline{A}_1)P(\overline{A}_2)\cdots P(\overline{A}_{10})=1-(0.8)^{10}\approx0.893.\end{aligned}$$

§1.6 全概率公式与贝叶斯公式

一、全概率公式

在计算随机事件的概率时，为了求比较复杂事件的概率，通常将它分解成若干个互不相容的简单事件之和，通过分别计算这些简单事件的概率，再利用概率的可加性得到所需结果. 在

这一方法的运用上，全概率公式起着重要的作用.

定理 1.3 若 $A_1,A_2,\cdots,A_n$ 为一个完备事件组，且 $P(A_i)>0, i=1,2,\cdots,n$，则对任一事件 B，有

$$P(B)=\sum_{i=1}^{n}P(A_i)P(B\mid A_i). \tag{1.17}$$

这一公式称为**全概率公式**.

事实上，$A_1,A_2,\cdots,A_n$ 为一个完备事件组，见图 1.13. 对任一事件 B，都有

$$B=\sum_{i=1}^{n}A_iB. \tag{1.18}$$

这里的 $A_iB(i=1,2,\cdots,n)$ 互不相容，从而由概率的有限可加性及概率的乘法公式可得全概率公式.

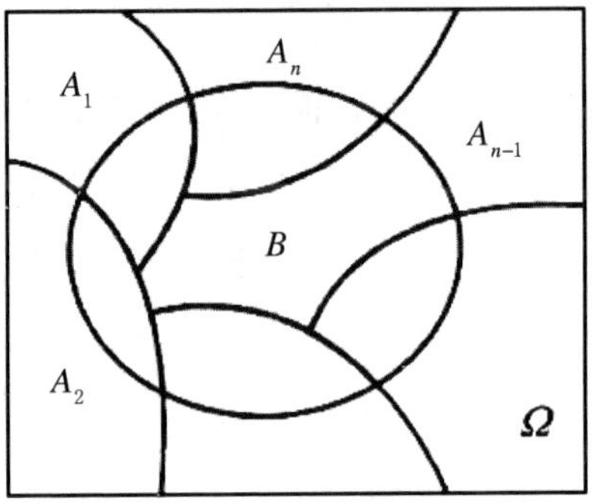

图 1.13

显然，对于可列个事件 $A_1,A_2,\cdots,A_n$ 构成的完备事件组，定理 1.3 也成立.

使用全概率公式的关键，是找出与事件 B 的发生相联系的完备事件组 $A_1,A_2,\cdots,A_n$. 我们经常遇到的比较简单的完备事件组由 2 个或 3 个事件组成，即 $n=2$ 或 $n=3$. 需要注意的是，$A_1,A_2,\cdots,A_n$ 构成一个完备事件组并不是全概率公式的必要条件. 事实上，只要 $\sum\limits_{i=1}^{n}A_i\supset B$，并且 $A_1B,A_2B,\cdots,A_nB$ 两两互不相容或者更弱的条件，即可有全概率公式.

例 1.21 人们为了预测一只股票未来一段时期内的价格变化，往往会去分析影响股票价格的基本因素，比如利率的变化. 现假设人们经分析，估计利率下调的概率为 60%，利率不变的概率为 40%(假设不存在利率上调的情况). 根据经验，人们估计，在利率下调的情况下，该只股票价格上涨的概率为 80%，而在利率不变的情况下，其价格上涨的概率为 50%，求该只股票价格上涨的概率.

解 记事件 A ="利率下调"，则事件 $\overline{A}$ 为"利率不变"；记事件 B 为"股票价格上涨"，则由题可知 $P(A)=60\%, P(\overline{A})=40\%, P(B\mid A)=80\%, P(B\mid\overline{A})=50\%$.

由全概率公式得

$P(B)=P(A)P(B\mid A)+P(\overline{A})P(B\mid\overline{A})=60\%\times80\%+40\%\times50\%=68\%$.

例 1.22 某工厂三条生产流水线生产同一种产品，它们的产量各占 45%、40%、15%，而在各自生产的产品中不合格率分别为 2%、3%、4%. 假定三条生产流水线生产的产品混合在一起，现从中任取一件，求它是不合格品的概率.

解 记事件 $B=$“所取产品为不合格品”，事件 $A_i=$“所取产品为第 i 条生产流水线生产”，$i=1,2,3$. 显然 A_1,A_2,A_3 构成一个完备事件组，则

$$P(A_1)=0.45, P(A_2)=0.40, P(A_3)=0.15,$$
$$P(B\mid A_1)=0.02, P(B\mid A_2)=0.03, P(B\mid A_3)=0.04.$$

由全概率公式得

$$P(B)=\sum_{i=1}^{3}P(A_i)P(B\mid A_i)=0.45\times0.02+0.40\times0.03+0.15\times0.04=0.027.$$

例 1.23 甲、乙、丙三人同时射击某一目标，命中的概率分别为 0.3、0.2、0.1，若目标中 1 弹、2 弹、3 弹被摧毁的概率分别是 0.1，0.3，0.8，求三人各射一弹时目标被摧毁的概率.

解 设事件 $B=$“目标被摧毁”，事件 $A_i=$“命中目标 i 弹”，$i=1,2,3$，则

$$P(A_1)=0.3\times0.8\times0.9+0.7\times0.2\times0.9+0.7\times0.8\times0.1=0.398,$$
$$P(A_2)=0.3\times0.2\times0.9+0.3\times0.8\times0.1+0.7\times0.2\times0.1=0.092,$$
$$P(A_3)=0.3\times0.2\times0.1=0.006,$$
$$P(B)=\sum_{i=1}^{3}P(A_i)P(B\mid A_i)$$
$$=0.398\times0.1+0.092\times0.3+0.006\times0.8=0.0722.$$

注意 A_1,A_2,A_3 并不构成完备事件组，因为 $P(B\mid A_0)=0$，所以没有必要考虑 A_0.

二、贝叶斯公式

设 $A_1,A_2,\cdots,A_n$ 是一个完备事件组，$P(A_i)>0$，$i=1,2,\cdots,n$，B 为任一满足 $P(B)>0$ 的事件，则

$$P(A_i\mid B)=\frac{P(A_i)P(B\mid A_i)}{\sum_{i=1}^{n}P(A_i)P(B\mid A_i)},\quad i=1,2,\cdots,n. \tag{1.19}$$

上式称为**贝叶斯公式**.

对贝叶斯公式，假定 $A_1,A_2,\cdots,A_n$ 是导致试验结果 B 发生的“原因”，$P(A_i)$ 称为**先验概率**，它反映了各种“原因”发生的可能性的大小，它往往是根据以往的经验，在试验前就已确定的. 现在若试验产生了事件 B，这一信息将有助于探究事件 B 发生的“原因”. 条件概率 $P(A_i\mid B)$ 称为**后验概率**，它反映了试验后对各种“原因”发生的可能性大小的新见解. 因此贝叶斯公式主要用于由“结果”B 的发生来探求导致这一结果的各种“原因”A_i 发生的可能性大小，在各类推断问题中有广泛应用.

例 1.24 在例 1.22 的假设下，若所取产品为不合格品时，求该产品分别为第一、二、三条流水线所生产的概率.

解 这里 B,A_1,A_2,A_3 如同例 1.22 所设，则由贝叶斯公式，有

$$P(A_1\mid B)=\frac{P(A_1B)}{P(B)}=\frac{0.45\times0.02}{0.027}=\frac{1}{3},$$
$$P(A_2\mid B)=\frac{P(A_2B)}{P(B)}=\frac{0.40\times0.03}{0.027}=\frac{4}{9},$$

$$P(A_3 \mid B)=\frac{P(A_3B)}{P(B)}=\frac{0.15\times 0.04}{0.027}=\frac{2}{9}.$$

由上面的计算结果可以看出，所取不合格品为第二条流水线生产的可能性最大.

例 1.25(疾病检验) 根据以往的临床记录，在人口中患有癌症的概率为 0.006，现用某种试验方法对某单位人群进行癌症普查，由于技术及其他原因，该方法的效果如下：A =“试验反应为阳性”，B =“被检查者患有癌症”，则 $P(A \mid B)=0.95$，$P(\overline{A} \mid \overline{B})=0.95$. 现已知某人被检出为阳性，问此人真正患癌症的概率是多少？

解 由题设

$$P(B)=0.006, P(\overline{B})=0.994, P(A \mid \overline{B})=1-P(\overline{A} \mid \overline{B})=0.05.$$

由贝叶斯公式有

$$\begin{aligned}P(B \mid A)&=\frac{P(B)P(A \mid B)}{P(B)P(A \mid B)+P(\overline{B})P(A \mid \overline{B})}\\&=\frac{0.006\times 0.95}{0.006\times 0.95+0.994\times 0.05}\approx 0.103.\end{aligned}$$

其结果表明，即使被检出阳性，也不能断定此人真的患癌症了，事实上，这种可能性尚不足 11%.

仔细分析此例是很有意思的，对于一个不懂概率的人来说，由于 $P(A \mid \overline{B})=0.05$，即不患癌症而被检出阳性的可能性才 5%，现在呈阳性，说明有 95% 的可能性患上癌症. 其实不然，这是把 $P(A \mid B)$ 和 $P(B \mid A)$ 搞混造成的不良后果. 故在实际诊断中应注意到这一点，否则会出现误诊. 此外，若提高检验的精确度，比如 $P(A \mid B)=0.99$，$P(\overline{A} \mid \overline{B})=0.99$，则 $P(B \mid A)=0.374$，这样检验结果的精确性将大大提高. 这说明提高设备的精确度在这类检验中极为重要.

习 题 一

(A)

1. 写出下列随机试验的样本空间：

(1) 抛三枚硬币，观察正、反面出现的情况；

(2) 掷三颗骰子，观察出现点数组合的情况；

(3) 一射手对某目标进行射击，直到击中目标为止，观察其射击次数；

(4) 掷两颗骰子，观察它们出现的点数之和；

(5) 记录某地某天全天气温，全天最低温记为 T_0，最高温记为 T_1.

2. A,B,C 分别表示三个事件，用 A,B,C 的运算关系表示下列事件：

(1) A 发生，而 B,C 都不发生；

(2) A,B 发生，而 C 不发生；

(3) A 或 B 发生，而 C 不发生；

(4) A,B,C 都不发生；

(5) A,B,C 中至少有一个发生；

(6) A,B,C 中恰有一个发生；

(7) A,B,C 中恰有两个发生；

(8) A,B,C 中至少有两个发生；

(9) A,B,C 中至多有两个发生.

3. 在分别标有 1,2,3,4,5,6,7,8 的八张卡片中任取一张. 设事件 $A=$"抽得一张标号不大于 4 的卡片"，事件 $B=$"抽得一张标号为偶数的卡片"，事件 $C=$"抽得一张标号为奇数的卡片". 请用基本结果表示如下事件：

$$A\cup B, AB, A-B, B-A, BC, \overline{B\cup C}, (A\cup B)C.$$

4. 设 A,B,C 为三个随机事件，求证：

(1) $(A-AB)\cup B=A\cup B$；　　(2) $(A\cup B)-B=A-AB=A\overline{B}$；

(3) $(A\cup B)-AB=A\overline{B}\cup\overline{A}B$.

5. 设 A,B 为任意两个事件，求证：$P(AB)=1-P(\overline{A})-P(\overline{B})+P(\overline{A}\overline{B})$.

6. 设 $P(A)=p, P(B)=q, P(AB)=r$，求下列各事件的概率：

$$P(\overline{A}\cup\overline{B}), P(\overline{A}B), P(\overline{A}\cup B), P(\overline{A}\overline{B}).$$

7. 把 10 本书任意地放在书架上，试求其中指定的 3 本书放在一起的概率.

8. 从一副 52 张的扑克牌中任取 4 张，求下列事件的概率：

(1) 全是黑桃；(2) 同花；(3) 同色.

9. 某人有 5 把钥匙，但他忘了开门的是哪一把，逐把试开，求：

(1) 若 5 把中只有 1 把能打开房门，恰好第 3 次打开房门的概率；

(2) 若 5 把中只有 1 把能打开房门，3 次内打开房门的概率；

(3) 如果 5 把中有 2 把房门钥匙，3 次内打开房门的概率.

10. 从 $1\sim9$ 这 9 个正整数中，一次性任意选出 3 个不同的数字，求所得到的 3 个数之积能被 10 整除的概率.

11. 将 12 个球随意地放入 3 个盒子中，试求第一个盒子中有 3 个球的概率.

12. 某单位一科室中有男士 7 人，女士 4 人，现要选出 3 个代表. 选的 3 个代表中至少有 1 位女士的概率为多少？

13. 某城市有三种报纸 A,B,C. 该城市中有 60% 的家庭订阅 A 报，40% 的家庭订阅 B 报，30% 的家庭订阅 C 报. 又知有 20% 的家庭同时订阅 A 报与 B 报，有 10% 的家庭同时订阅 A 报与 C 报，有 20% 的家庭同时订阅 B 报与 C 报，有 5% 的家庭三份报都订阅. 试求该城市中有多少家庭一份报纸都没订.

*14. 甲、乙两人相约 8 点到 9 点在某处会面，先到者最多等半小时离开，若每人在该时段内到达的时间是等可能的，求两人能会面的概率.

*15. 把长为 a 的线段在任意两点处折断成 3 段，求它们可以构成一个三角形的概率.

16. 在有三个小孩的家庭中，已知至少有一个女孩. 求该家庭至少有一个男孩的概率(设男孩与女孩是等可能的).

17. 若 M 件产品中有 m 件废品，今从其中任取两件，求：

(1) 已知取出的两件中有一件是废品的条件下，另一件也是废品的条件概率；

(2) 已知两件中有一件不是废品的条件下，另一件是废品的条件概率；

(3) 取出的两件中至少有一件是废品的概率.

18. 设某种动物由出生活到 10 岁的概率为 0.8，而活到 15 岁的概率为 0.4. 问现年为 10 岁的这种动物能活到 15 岁的概率是多少？

19. 已知 $P(A)=0.4,P(B)=0.3$，且 A,B 相互独立，试求：

$$P(A\mid B),P(A+B),P(\overline{A}B),P(\overline{AB}),P(\overline{A}+B).$$

20. 甲、乙两人每枪射中同一目标的概率分别为 0.4，0.3，甲射 1 枪，乙射 5 枪，各枪独立，求目标被射中的概率.

21. 在 4 次独立重复试验中，事件 A 至少出现一次的概率等于 65/81，求事件 A 在每次试验中发生的概率.

22. 一个电子元件由三个部分组成，每一部分正常工作的概率都是 0.99. 如果两个或两个以上部分都不能正常工作，这个元件就失效. 假定各个部分是否正常工作不依赖其他部分的工作情况，确定这个电子元件失效的概率是多少？

23. 袋中有 20 个球，其中 7 个是红色的，5 个是黄色的，4 个是黄蓝两色的，1 个是红黄蓝三色的，其余 3 个是无色的. A,B,C 分别表示事件从袋中任意摸出 1 球有红色，有黄色，有蓝色，证明：$P(ABC)=P(A)P(B)P(C)$，但 A,B,C 两两不独立.

24. 设有 4 张卡片分别标以数字 1，2，3，4，今任取 1 张，设事件 A 为“取到 4 或 2”，事件 B 为“取到 4 或 3”，事件 C 为“取到 4 或 1”. 试验证：

$$P(AB)=P(A)P(B),P(BC)=P(B)P(C),$$
$$P(AC)=P(A)P(C),P(ABC)\neq P(A)P(B)P(C).$$

25. 设有甲、乙两口袋，甲袋中装有 n 只白球、m 只红球；乙袋中装有 N 只白球、M 只红球. 今从甲袋中任意取 1 只球放入乙袋中，再从乙袋中任意取 1 只球，试问取到白球的概率是多少？

26. 某商店收进甲、乙厂生产的同种商品分别为30箱、20箱，甲厂产品每箱装100个，次品率为0.06，乙厂产品每箱装120个，次品率为0.05.

(1) 任取一箱，从中任取一个产品，求其为次品的概率；

(2) 所有产品混装，任取一个产品，求其为次品的概率.

27. 某校射击队共有20名射手，其中一级射手4人，二级射手8人，三级射手7人，四级射手1人，一、二、三、四级射手能通过预选赛进入正式比赛的概率分别为0.9,0.7,0.5,0.2，求：

(1) 任选一名射手能进入正式比赛的概率；

(2) 选取一名射手已进入正式比赛，此人为一级射手的概率.

(B)

1. 设 $P(A)=a$，$P(B)=0.3$，$P(\overline{A}\cup B)=0.7$，问：

(1) 若事件 A 与事件 B 互不相容，a 取何值？

(2) 若事件 A 与事件 B 相互独立，a 取何值？

2. 在1到100的自然数中任取一数，已知此数不大于50，求此数是2或3的倍数的概率.

3. 甲、乙两人轮流射击，先击中目标者为胜. 设甲、乙击中目标的概率分别为 α，β，甲先射，求甲为胜者的概率.

4. 某城市有1%色盲者，问从这个城市里选出多少人，才能使里面至少有一位色盲者的概率不小于0.95？

5. 12个乒乓球都是新的，每次比赛时取出3个，用完后放回去，求第三次比赛时取出的3个球都是新球的概率.

6. 每箱产品有10件，其次品数为0,1,2是等可能的。开箱检验时，从中任取一件，如果检验为次品，则认为该箱产品不合格而拒收。由于检验误差，假设一件正品被误判为次品的概率是2%，一件次品被漏查误判为正品的概率是10%. 求检验一箱产品能通过验收的概率.

7. 将两信息分别编码为 A 和 B 传递出去，接收站收到时，A 被误收作 B 的概率为0.02，而 B 被误收作 A 的概率为0.01，信息 A 和 B 传送的频繁程度为2:1. 若接收站收到的信息是 A，试问原发信息是 A 的概率是多少？

8. 甲、乙两盒都有2只白球3只黑球，先从甲盒用不放回抽样抽3只放到乙盒，再从乙盒用放回抽样抽3只.

(1) 求两盒共抽得3只白球的概率；

(2) 已知两盒共抽得3只白球，求甲盒抽到1只白球的概率.

第2章 随机变量及其分布

第1章讨论了随机事件及其概率，并初步掌握了一些基本的概率计算方法. 但由于随机事件是集合，因此很难用高等数学的工具对它加以研究. 从本章开始，我们引入随机变量和分布函数这两个重要的概念. 随机变量概念的引入使对随机现象的处理更简单与直接，也更统一而有力. 本章将主要讨论一维随机变量及其分布.

§2.1 随机变量的概念

一、随机变量的概念

在随机试验中，有很多样本点本身就是用数量表示的. 例如，在产品检验问题中出现的废品数，在车间供电问题中某一时刻同时工作的车床数，测量产生的误差，抛掷一颗骰子出现的点数等，都与数值有关. 然而，有些随机试验中的样本点本身不是数，但也可以用数值来描述. 例如，在抛掷硬币问题中，每次出现的结果是正面(记为 H) 或反面(记为 T)，与数值没关系，但我们可以用下面的方法使它与数值联系起来. 当出现正面时对应数字“1”，而出现反面时对应数字“0”，即相当于引入一个定义在样本空间 $\Omega=\{H,T\}$ 上的变量 $X(\omega)$，其中

$$X(\omega)=\begin{cases}1, & \omega=H,\\ 0, & \omega=T.\end{cases}$$

由于试验结果是随机的，所以 $X(\omega)$ 的取值也是随机的.

通过以上分析可以看出，无论是哪种情况，都可以看作试验结果(样本点 ω) 和实数 $X(\omega)$ 之间的一个对应关系. 实际上，$X(\omega)$ 是样本点 ω 的函数，此函数定义在样本空间 Ω 上，取值为实数.

定义 2.1 设随机试验的样本空间为 Ω，如果 $X=X(\omega)$ 是定义在样本空间 Ω 上的实值函

数，即对于每一个 $\omega \in \Omega$，总有一个确定的实数 $X(\omega)$ 与其对应，则称 $X=X(\omega)$ 为**随机变量**. 通常用大写英文字母 X,Y,Z 等表示随机变量，其可能的取值用小写字母 x,y,z 等表示.

随机变量具有如下的特点：

(1)随机变量是一个函数，但它与普通的函数有着本质的差别. 这是因为，普通函数是定义在数集上的，而随机变量是定义在样本空间上的；

(2)随机变量的取值随着试验结果的不同而变化，因此其取值具有随机性，即在试验前不能确定它取哪一个值；

(3)由于试验的各个结果的出现具有一定的概率，因此随机变量的取值也有一定的概率规律，即可以确定它取每一个可能值的概率.

随机变量按其取值可分为两大类：离散型和非离散型. 离散型随机变量仅取数轴上的有限个或无限可列多个散点？非离散型随机变量的情况比较复杂. 本课程只讨论连续型随机变量. 连续型随机变量的可能取值充满数轴上的一个或若干个区间.

二、随机变量的分布函数

为了掌握 X 的统计规律性，我们需要掌握 X 取各种值的概率. 由于

$$\{a < X \leqslant b\} = \{X \leqslant b\} - \{X \leqslant a\},$$
$$\{X > c\} = \Omega - \{X \leqslant c\},$$

因此只要对任意实数 x，知道了事件 $\{X \leqslant x\}$ 的概率就够了. 另外，这个概率与 x 有关，不同的 x，此概率的值也不同，为此记 $F(x)=P\{X \leqslant x\}$. 由于 $F(x)$ 对所有的 $x \in (-\infty,+\infty)$ 都有定义，因而 $F(x)$ 是定义在 $(-\infty,+\infty)$ 上，取值于 $[0,1]$ 的一个函数. 这就是我们下面要给出的分布函数.

定义 2.2 设 X 是一个随机变量，对任意实数 x，称

$$F(x)=P\{X \leqslant x\} \tag{2.1}$$

为随机变量 X 的**分布函数**，且称 X **服从** $F(x)$，记为 $X \sim F(x)$. 有时也可用 $F_X(x)$ 表明是 X 的分布函数.

分布函数 $F(x)$ 具有下列四个基本性质：

(1) $0 \leqslant F(x) \leqslant 1$；

(2) 若 $x_1 < x_2$，则 $F(x_1) \leqslant F(x_2)$，即 $F(x)$ 单调不减；

(3) $F(-\infty)=\lim\limits_{x \to -\infty} F(x)=0$，$F(+\infty)=\lim\limits_{x \to +\infty} F(x)=1$；

(4) $\lim\limits_{x \to x_0^+} F(x)=F(x_0)$，对任意的 $x_0 \in R$，即 $F(x)$ 为右连续函数.

以上性质是分布函数必须具有的性质，还可以证明：任意满足性质(2)、(3)、(4)的函数，一定可以作为某个随机变量的分布函数.

有了随机变量 X 的分布函数，有关 X 的各种事件的概率就都可以用分布函数来表示了. 例如，对任意的 a,b，有

$$P\{X \leqslant a\}=F(a),$$
$$P\{X > a\}=1-F(a),$$
$$P\{a < X \leqslant b\}=F(b)-F(a),$$
$$P\{X < a\}=F(a-0),$$
$$P\{X \geqslant a\}=1-F(a-0),$$
$$P\{X=a\}=F(a)-F(a-0),$$

$$P\{a \leqslant X \leqslant b\} = F(b) - F(a-0),$$
$$P\{a < X < b\} = F(b-0) - F(a),$$
$$P\{a \leqslant X < b\} = F(b-0) - F(a-0).$$

其中,

$$F(a-0) = \lim_{x \to a^-} F(x).$$

由以上讨论可知,只要知道一个随机变量的分布函数,就能知道该随机变量取值于任何一个区间,乃至取任一实数值的概率.所以,随机变量的分布函数全面地描述了随机变量的情况.只要知道分布函数,也就把握住了随机变量取值的统计规律.由此可以领会分布函数对于随机变量的重要意义.

例 2.1 设随机变量 X 只取一个值 c,即

$$P\{X = c\} = 1,$$

求 X 的分布函数.

解 由定义可知

$$F(x) = \begin{cases} 0, & x < c, \\ 1, & x \geqslant c. \end{cases}$$

$F(x)$ 的图形见图 2.1.

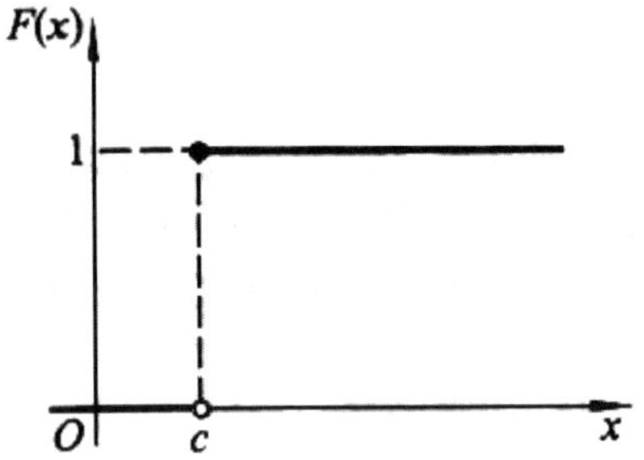

图 2.1

显然,X 不是随机的,为了方便把它作为随机变量的退化情况,称此 X 服从**退化分布**.

§2.2 随机变量的分布

一、离散型随机变量及其概率分布

定义 2.3 如果随机变量 X 只可能取有限个或至多可列个值,则称 X 为**离散型随机变量**.

定义 2.4 设离散型随机变量 X 的所有可能取值为 $x_1, x_2, \cdots, x_n, \cdots$,则称

$$P\{X = x_k\} = p_k, k = 1, 2, \cdots \tag{2.2}$$

为离散型随机变量 X 的**概率分布**或**概率分布律(概率分布列)**,可简称为**分布律(分布列)**.

分布律也表示成如下的表格形式:

X	x_1	x_2	$\cdots$	x_n	$\cdots$
P	p_1	p_2	$\cdots$	p_n	$\cdots$

或 $X \sim \begin{pmatrix} x_1 & x_2 & \cdots & x_n & \cdots \\ p_1 & p_2 & \cdots & p_n & \cdots \end{pmatrix}$.

由概率的性质，离散型随机变量的分布律具有以下两个基本性质：

(1) **非负性**：$p_k \geqslant 0,\quad k=1,2,\cdots$;

(2) **正则性**：$\sum_{k=1}^{\infty} p_k = 1$.

这两个性质也是判断一个数列 $p_1, p_2, \cdots, p_n, \cdots$ 能否成为某个随机变量的分布律的充分必要条件. 对于集合 $\{x_k, k=1,2,\cdots,n,\cdots\}$ 中的任何一个子集 A，事件"X 在 A 中的取值"即"$X \in A$"的概率为 $P\{X \in A\} = \sum_{x_k \in A} p_k$.

例 2.2 袋中有 4 个白球和 3 个黑球，从中任意取出 3 个，试求取到白球个数的分布律.

解 设随机变量 X 为取到白球的个数，则 X 的所有可能取值为 0,1,2,3.

$$P\{X=0\} = \frac{C_3^3}{C_7^2} = \frac{1}{35}, P\{X=1\} = \frac{C_4^1 C_3^2}{C_7^3} = \frac{12}{35},$$

$$P\{X=2\} = \frac{C_4^2 C_3^1}{C_7^3} = \frac{18}{35}, P\{X=3\} = \frac{C_4^3}{C_7^3} = \frac{4}{35}.$$

故所求分布律为

X	0	1	2	3
P	$\frac{1}{35}$	$\frac{12}{35}$	$\frac{18}{35}$	$\frac{4}{35}$

例 2.3 袋中有标号为 1,2,3,4,5 的卡片若干张，从中任取一张，若取到各卡片的概率与卡片上的数字成正比，求取到的卡片上的数字 X 这个随机变量的概率分布.

解 由题可知随机变量 X 的可能取值为 1,2,3,4,5，依题意

$$P\{X=n\} = p_n = n\lambda, n=1,2,3,4,5,$$

其中 λ 是大于 0 的待定常数，则有

$$\sum_{n=1}^{5} p_n = \lambda + 2\lambda + 3\lambda + 4\lambda + 5\lambda = 1,$$

即 $15\lambda = 1, \lambda = \frac{1}{15}$. 把 $\lambda = \frac{1}{15}$ 代入 p_n，得到 X 的概率分布为

X	1	2	3	4	5
P	$\frac{1}{15}$	$\frac{2}{15}$	$\frac{1}{5}$	$\frac{4}{15}$	$\frac{1}{3}$

例 2.4 假定一个试验成功的概率为 $p(0<p<1)$，不断进行重复试验，直到首次成功为止，用随机变量 X 表示试验的次数，求 X 的概率分布.

解　X 可以取一切正整数值，事件“ $X=1$”表示仅试验一次就停止了试验，即第一次试验就取得成功，其概率为 p . 当 $n>1$ 时，事件“ $X=n$ ”表示一共进行 n 次重复试验，前 $n-1$ 次均失败，第 n 次试验才首次成功. 由于重复试验中，各次试验的结果是相互独立的，因此“ $X=n$ ”的概率为 $pq^{n-1}(q=1-p)$ ，于是 X 的概率分布为

$$P\{X=n\}=pq^{n-1}, n=1,2,\cdots.$$

由于此概率分布中的概率 $P\{X=n\},(n=1,2,\cdots)$ 恰好是一个几何数列，因此称此分布为参数为 p 的**几何分布**.

从以上几个例子可以看出，要求出离散型随机变量 X 的分布律，就是要确定两点：

(1) 随机变量 X 的所有可能的取值；

(2) 随机变量 X 取这些值的概率.

例 2.5　设离散型随机变量 X 的分布律为

X	-2	1	2
P	0.3	0.5	0.2

试求：$P\{X\leqslant -1.5\}$，$P\{-2.5<X\leqslant 1.5\}$，并写出 X 的分布函数.

解

$$P\{X\leqslant -1.5\}=P\{X=-2\}=0.3,$$

$$P\{-1.5<X\leqslant 1.5\}=P\{X=-2\}+P\{X=1\}=0.8,$$

类似可得 X 的分布函数为

$$F(x)=\begin{cases}0, & x<-2,\\ 0.3, & -2\leqslant x<1,\\ 0.8, & 1\leqslant x<2,\\ 1, & x\geqslant 2.\end{cases}$$

其分布函数见图 2.2.

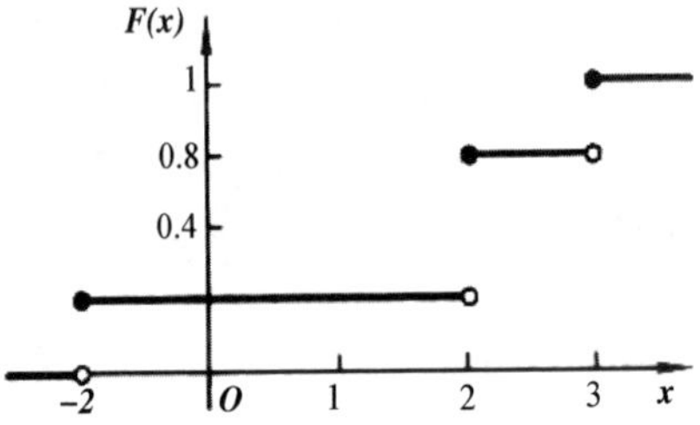

图 2.2

由此例可以看出，离散型随机变量 X 的分布函数 $F(x)$ 为分段函数，其图形为阶梯形曲线，在 X 的可能取值点处有跳跃，跳跃度为该可能取值点的概率.

例 2.6　设 X 的分布函数为

$$F(x)=\begin{cases}0, & x<-1,\\ 0.15, & -1\leqslant x<2,\\ 0.75, & 2\leqslant x<5,\\ 1, & x\geqslant 5.\end{cases}$$

求 X 的分布律.

解

X	-1	2	5
P	0.15	0.6	0.25

二、连续型随机变量及其概率密度

定义 2.5 设随机变量 X 的分布函数为 $F(x)$，如果存在实数域上的一个非负可积函数 $f(x)$，使对任意实数 x 有

$$F(x)=\int_{-\infty}^{x} f(t)\mathrm{d}t, \tag{2.3}$$

则称 X 为**连续型随机变量**，称 $f(x)$ 为 X 的**概率密度函数**，简称为**密度函数**或**密度**，X 具有概率密度 $f(x)$，可简记作 $X \sim f(x)$.

密度函数 $f(x)$ 满足下面两条基本性质：

(1) **非负性** $f(x) \geqslant 0$；

(2) **正则性** $\int_{-\infty}^{+\infty} f(x)\mathrm{d}x=1.$ (2.4)

证明 (1) 由定义即知.

(2) $\int_{-\infty}^{+\infty} f(x)\mathrm{d}x=\lim\limits_{x\to+\infty}\int_{-\infty}^{x} f(t)\mathrm{d}t=\lim\limits_{x\to+\infty} F(x)=1.$

以上两条基本性质是密度函数必须具有的性质，也是确定或判别某个函数是否为密度函数的充要条件.

如果随机变量 X 的密度函数为 $f(x)$，分布函数为 $F(x)$，则对任意的 $a,b,a<b$，有

$$\begin{aligned}P\{a<X\leqslant b\}&=F(b)-F(a)=\int_{-\infty}^{b} f(x)\mathrm{d}x-\int_{-\infty}^{a} f(x)\mathrm{d}x\\&=\int_{a}^{b} f(x)\mathrm{d}x.\end{aligned} \tag{2.5}$$

由定积分的几何意义可知，式(2.4)表示整个密度曲线 $y=f(x)$ 以下(x 轴以上)的面积为1.式(2.5)表示的是 X 落在$(a,b]$中的概率恰好等于在区间$(a,b]$上由曲线 $y=f(x)$ 形成的曲边梯形的面积(图 2.3 中的阴影部分).

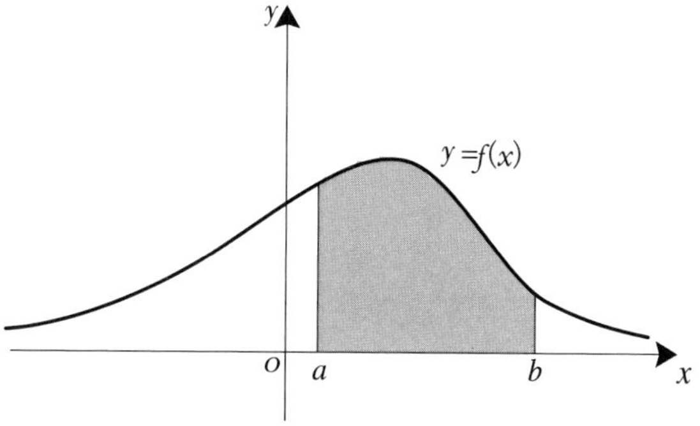

图 2.3

下面来讨论连续型随机变量的其他性质.

性质 1 设 $F(x)$ 为连续型随机变量 X 的分布函数,则 $F(x)$ 处处连续.

性质 2 若 X 是连续型随机变量,则对任意实数 a,有

$$P\{X=a\}=0. \tag{2.6}$$

在概率论中,概率为零的事件称为**零概率事件**. 它与不可能事件是 $\varnothing$ 有差别的,不可能事件 $\varnothing$ 是零概率事件,但零概率事件不全是不可能事件. 例如,对连续型随机变量而言,事件 $\{X=a\}$ 是零概率事件,但这并不意味着事件 $\{X=a\}$ 是不可能事件,因为连续型随机变量取任何一点都是有可能发生的. 类似地,必然事件的概率为 1,但概率为 1 的事件不全是必然事件. 在概率论中把概率为 1 的事件称为**几乎必然发生事件**.

由性质 2 可得,对连续型随机变量而言,

$$\begin{aligned}P\{a\leqslant X\leqslant b\}&=P\{a\leqslant X<b\}=P\{a<X\leqslant b\}\\&=P\{a<X<b\}=\int_a^b f(x)\mathrm{d}x,\end{aligned} \tag{2.7}$$

即在计算连续型随机变量 X 落入某一区间的概率时,增加和减少有限个点其概率不变.

性质 3 设 $F(x)$ 和 $f(x)$ 分别是连续型随机变量 X 的分布函数和密度函数,则在 $f(x)$ 的连续点 x 上有

$$F'(x)=f(x). \tag{2.8}$$

性质3表明,对连续型随机变量而言,当已知其分布函数 $F(x)$ 时,用导数可求得其密度函数 $f(x)$. 对 $f(x)$ 的不连续点,可定义 $f(x)$ 为任意有限值,因为在有限个点上改变密度函数的函数值不影响我们计算 X 落入任何区间的概率. 另外,已知连续型随机变量 X 的密度函数 $f(x)$,可由 $F(x)=\int_{-\infty}^{x}f(t)\mathrm{d}t$ 求得分布函数 $F(x)$. 因此,对连续型随机变量来说,$F(x)$ 和 $f(x)$ 可以相互表示.

例 2.7 设随机变量 X 的密度函数为

$$f(x)=\begin{cases}kx, & 0<x\leqslant 1,\\ 2-x, & 1<x\leqslant 2,\\ 0, & \text{其他}.\end{cases}$$

求:(1) 常数 k;(2) 随机变量 X 的分布函数;(3)$P\left\{\dfrac{1}{2}\leqslant X\leqslant\dfrac{5}{2}\right\}$.

解 (1)由 $\int_{-\infty}^{+\infty}f(x)\mathrm{d}x=1$ 可知,

$$\int_0^1 kx\,\mathrm{d}x+\int_1^2(2-x)\mathrm{d}x=\frac{k}{2}x^2\Big|_0^1+\left(2x-\frac{1}{2}x^2\right)\Big|_1^2=\frac{k}{2}+\frac{1}{2}=1,$$

解得 $k=1$. 所以

$$f(x)=\begin{cases}x, & 0<x\leqslant 1,\\ 2-x, & 1<x\leqslant 2,\\ 0, & \text{其他}.\end{cases}$$

$$(2)F(x)=\int_{-\infty}^{x}f(t)\mathrm{d}t=\begin{cases}0, & x\leqslant 0,\\ \int_0^x t\mathrm{d}t=\dfrac{x^2}{2}, & 0<x\leqslant 1,\\ \int_0^1 t\mathrm{d}t+\int_1^x(2-t)\mathrm{d}t=-\dfrac{x^2}{2}+2x-1, & 1<x\leqslant 2,\\ \int_0^1 t\mathrm{d}t+\int_1^2(2-t)\mathrm{d}t=1, & x>2.\end{cases}$$

(3) 所求概率为

$$P\left\{\frac{1}{2}\leqslant X\leqslant\frac{5}{2}\right\}=F\left(\frac{5}{2}\right)-F\left(\frac{1}{2}\right)=\frac{7}{8},$$

或 $P=\left\{\frac{1}{2}\leqslant X\leqslant\frac{5}{2}\right\}=\int_{\frac{1}{2}}^{\frac{5}{2}}f(x)\mathrm{d}x=\int_{\frac{1}{2}}^{1}xdx+\int_1^2(2-x)\mathrm{d}x+\int_2^{\frac{5}{2}}0\mathrm{d}x=\frac{7}{8}.$

例 2.8 设连续型随机变量 X 的分布函数为

$$F(x)=\begin{cases}A+B\mathrm{e}^{-\frac{x^2}{2}}, & x>0,\\ 0, & x\leqslant 0.\end{cases}$$

试求:(1) 常数 A 和 B;(2) 随机变量 X 的密度函数 $f(x)$;(3) 随机变量 X 落入区间(1,3)内的概率.

解 (1) 由分布函数的性质,$F(+\infty)=\lim\limits_{x\to+\infty}F(x)=\lim\limits_{x\to+\infty}(A+B\mathrm{e}^{-\frac{x^2}{2}})=A=1$,再由 $F(x)$ 在点 $x=0$ 处连续,$\lim\limits_{x\to0^+}(A+B\mathrm{e}^{-\frac{x^2}{2}})=A+B=F(0)=0$,所以 $B=-1$,

$$F(x)=\begin{cases}1-\mathrm{e}^{-\frac{x^2}{2}}, & x>0,\\ 0, & x\leqslant 0.\end{cases}$$

(2) 密度函数为

$$f(x)=F'(x)=\begin{cases}x\mathrm{e}^{-\frac{x^2}{2}}, & x>0,\\ 0, & x\leqslant 0.\end{cases}$$

(3) 所求概率为

$$P\{1<X<3\}=F(3)-F(1)=(1-\mathrm{e}^{-\frac{9}{2}})-(1-\mathrm{e}^{\frac{1}{2}})=\mathrm{e}^{-\frac{1}{2}}-\mathrm{e}^{-\frac{9}{2}},$$

或 $P\{1<X<3\}=\int_1^3 f(x)\mathrm{d}x=\int_1^3 x\mathrm{e}^{-\frac{x^2}{2}}\mathrm{d}x=\mathrm{e}^{-\frac{1}{2}}-\mathrm{e}^{-\frac{9}{2}}.$

§2.3 随机变量函数的分布

假设 X 是一个随机变量,其分布律或密度函数已知,$g(x)$ 是一个已知函数,则随机变量 X 的函数 $Y=g(X)$ 也是一个随机变量,我们需要从 X 的分布导出 Y 的分布. 下面就离散型随机变量和连续型随机变量分别加以讨论.

一、离散型随机变量函数的分布

设 X 是离散型随机变量,X 的分布律为

X	x_1	x_2	…	x_n	…
P	p_1	p_2	…	p_n	…

则 $Y=g(X)$ 也是一个离散型随机变量,此时 Y 的分布律可简单地表示为

Y	$g(x_1)$	$g(x_2)$	…	$g(x_n)$	…
P	p_1	p_2	…	p_n	…

当 $g(x_1),g(x_2),\cdots,g(x_n),\cdots$ 中某些值相等时,则把那些相等的值分别合并,并把对应的概率相加即可.

例 2.9 设随机变量 X 的分布律为

X	$-\frac{\pi}{3}$	0	$\frac{\pi}{3}$	$\frac{2\pi}{3}$
P	0.1	0.2	0.4	0.3

求 $Y=3X+1$ 和 $Z=\cos X$ 的分布律.

解 (1)随机变量 Y 的可能取值为 $-\pi+1,1,\pi+1,2\pi+1$,且

$$P\{Y=-\pi+1\}=P\{X=-\frac{\pi}{3}\}=0.1,$$

$$P\{Y=1\}=P\{X=0\}=0.2,$$

$$P\{Y=\pi+1\}=P\{X=\frac{\pi}{3}\}=0.4,$$

$$P\{Y=2\pi+1\}=P\{X=\frac{2\pi}{3}\}=0.3.$$

所以 Y 的分布律为

Y	$-\pi+1$	1	$\pi+1$	$2\pi+1$
P	0.1	0.2	0.4	0.3

随机变量 Z 的可能取值为 $-\frac{1}{2},\frac{1}{2},1$,且

$$P\{Z=-\frac{1}{2}\}=P\{X=\frac{2\pi}{3}\}=0.3,$$

$$P\{Z=\frac{1}{2}\}=P\{\{X=\frac{\pi}{3}\}\cup\{X=-\frac{\pi}{3}\}\}=0.1+0.4=0.5,$$

$$P\{Z=1\}=P\{X=0\}=0.2.$$

所以 Z 的分布律为

Z	$-\frac{1}{2}$	$\frac{1}{2}$	1
P	0.3	0.5	0.2

二、连续型随机变量函数的分布

一般地,连续型随机变量的函数不一定是连续型随机变量.但我们主要讨论连续型随机变量的函数还是连续型随机变量的情况.已知连续型随机变量 X 的密度函数为 $f_X(x)$,$Y=g(X)$ 也为连续型随机变量,如何求得 $Y=g(X)$ 的密度函数 $f_Y(y)$?下面通过实例说明解决此类问题的一般思路.

例 2.10 设随机变量 X 的密度函数 $f_X(x)$,$Y=aX+b(a\neq 0)$,求 Y 的密度函数.

解 先求分布函数

$$F_Y(y)=P\{aX+b\leqslant y\}=\begin{cases}P\left\{X\leqslant\frac{y-b}{a}\right\}=F_X\left(\frac{y-b}{a}\right), & a>0,\\ P\left\{X\geqslant\frac{y-b}{a}\right\}=1-F_X\left(\frac{y-b}{a}\right), & a<0.\end{cases}$$

对上式两边求导,有

$$f_Y(y)=F'_Y(y)=\begin{cases}\frac{1}{a}f_X\left(\frac{y-b}{a}\right), & a>0,\\ -\frac{1}{a}f_X\left(\frac{y-b}{a}\right), & a<0\end{cases}=\frac{1}{|a|}f_X\left(\frac{y-b}{a}\right).$$

上例表明,要想求连续型随机变量函数 $Y=g(X)$ 的密度函数,可先由 Y 的分布函数 $F_Y(y)$ 入手,将有关 Y 的概率计算转化为有关 X 的概率计算后再通过求导而得.这种方法称为**分布函数法**.依照这一思路不难证得下面的定理.

定理 2.1 设 X 是连续型随机变量,其密度函数为 $f_X(x)$,$y=g(x)$ 是严格单调函数,其反函数 $h(y)$ 有连续导函数,则 $Y=g(X)$ 是连续型随机变量,其密度函数为

$$f_Y(y)=\begin{cases}f_X[h(y)]\,|h'(y)|, & a<y<b,\\ 0, & \text{其他},\end{cases}\tag{2.9}$$

其中 $a=\min\{g(-\infty),g(+\infty)\}$,$b=\max\{g(-\infty),g(+\infty)\}$.

证明略.

例 2.11 已知 $X\sim f_X(x)$,$Y=\mathrm{e}^X$,求随机变量 Y 的密度函数 $f_Y(y)$,其中

$$f_X(x)=\frac{1}{\sqrt{2\pi}}e^{-\frac{x^2}{2}},\quad -\infty<x<+\infty.$$

解 由于函数 $y=e^x$ 是单调函数，并且 $y>0$，其反函数 $x=\ln y$ 可导且 $(\ln y)'=\frac{1}{y}>0$，由定理 2.1，有

$$f_Y(y)=\begin{cases}\frac{1}{\sqrt{2\pi}y}e^{-\frac{\ln^2 y}{2}}, & y>0,\\ 0, & y\leqslant 0.\end{cases}$$

例 2.12 设随机变量 X 的密度函数 $f_X(x)$，求 $Y=X^2$ 的密度函数 $f_Y(y)$.

解 对于随机变量 Y，由于 $y=x^2$ 不是单调函数，故利用"分布函数法"求其概率密度. Y 的分布函数为

$$F_Y(y)=P\{X^2\leqslant y\}.$$

当 $y\leqslant 0$ 时，$F_Y(y)=0$；当 $y>0$ 时，有

$$F_Y(y)=P\{X^2\leqslant y\}=P\{-\sqrt{y}\leqslant X\leqslant\sqrt{y}\}=F_X(\sqrt{y})-F_X(-\sqrt{y}),$$

将上式两端对 y 求导，得 $f_Y(y)=f_X(\sqrt{y})\frac{1}{2\sqrt{y}}+f_X(-\sqrt{y})\frac{1}{2\sqrt{y}}$，从而 $Y=X^2$ 的密度函数为

$$f_Y(y)=\begin{cases}f_X(\sqrt{y})\frac{1}{2\sqrt{y}}+f_X(-\sqrt{y})\frac{1}{2\sqrt{y}}, & y>0,\\ 0, & y\leqslant 0.\end{cases}$$

§2.4 随机变量的数字特征

随机变量的分布函数全面描述了这个随机变量的统计规律，但是在很多实际问题中并不需要知道随机变量的分布规律，而只要知道这个随机变量的某些数字特征就够了. 例如，知道了某工厂生产的产品的平均合格率和合格率差异的大小，就对这工厂生产的产品质量有了比较直观的了解. 这些数字特征是由随机变量的分布所决定的一些常数. 随机变量的数字特征主要包括位置特征、散布特征、形态特征和随机变量之间关系特征等，它们以不同方式"浓缩"了随机变量分布函数所包含的信息，并从不同的角度刻画了随机变量的性质和特点.

一、数学期望的概念和性质

描述 X 分布"中心"所在位置的最重要和最常用的数字特征是数学期望.

1. 离散型随机变量的数学期望

定义 2.6 设离散型随机变量 X 的分布律为

$$p_k=P\{X=x_k\},\quad k=1,2,\cdots.$$

如果级数 $\sum_{k=1}^{\infty}|x_k|p_k$ 收敛，则称 $EX=\sum_{k=1}^{\infty}x_kp_k$ 为**随机变量 X 的数学期望**，或称为该**分布的数学期望**，简称**期望**或**均值**. 若级数 $\sum_{k=1}^{\infty}|x_k|p_k$ 不收敛，则称 **X 的数学期望不存在**.

例 2.13 设随机变量 X 的分布律为

X	-2	0	1	4
P	0.1	0.4	0.3	0.2

求 EX.

解 $EX=-2\times0.1+0\times0.4+1\times0.3+4\times0.2=0.9$.

2. 连续型随机变量的数学期望

定义 2.7 设连续型随机变量 X 的密度函数是 $f(x)$，如果 $\int_{-\infty}^{+\infty}|x|f(x)\mathrm{d}x$ 收敛，则称 $\int_{-\infty}^{+\infty}xf(x)\mathrm{d}x$ 为随机变量 X 的**数学期望**或**均值**，记作 EX. 如果 $\int_{-\infty}^{+\infty}|x|f(x)\mathrm{d}x$ 发散，则称随机变量 X 的**数学期望不存在.**

连续型随机变量 X 的数学期望 EX 与离散型随机变量的数学期望一样，体现了随机变量取值的集中位置或平均水平. 这一数字特征在实际中有着广泛的应用.

例 2.14 设连续型随机变量 X 的密度函数为

$$f(x)=\begin{cases}\frac{1}{2}x, & 0<x<2,\\ 0, & \text{其他},\end{cases}$$

求 EX.

解 $EX=\int_{-\infty}^{+\infty}xf(x)\mathrm{d}x=\int_0^2 x\cdot\frac{1}{2}x\mathrm{d}x=\frac{4}{3}$.

3. 随机变量函数的数学期望

对于随机变量 X 的函数 $Y=g(X)$，当已知随机变量 X 的概率分布或密度函数时，可先求出 $Y=g(X)$ 的概率分布或密度函数，再由数学期望的定义求 EY，但是，这样做往往比较烦琐. 我们可以根据下面的定理，直接利用 X 的概率分布或密度函数去求出 $E[g(X)]$.

定理 2.2 设 $Y=g(X)$ 为随机变量 X 的函数，且 $g(X)$ 的数学期望存在.

(1) 若 X 为离散型随机变量，其概率分布为

$$P\{X=x_k\}=p_k,\quad k=1,2,\cdots,$$

则

$$EY=E[g(X)]=\sum_{k=1}^{\infty}g(x_k)p_k. \tag{2.10}$$

(2) 若 X 为连续型随机变量，其密度函数为 $f(x)$，则

$$EY=E[g(X)]=\int_{-\infty}^{+\infty}g(x)f(x)\mathrm{d}x. \tag{2.11}$$

证明略.

4. 数学期望的性质

(1)若 C 是常数,则 $EC=C$.

(2) 设 X 是一个随机变量,$Y=aX+b$,则 $EY=aEX+b$(a,b 为常数).

证明

(1) 将常数 C 看作特殊的随机变量 $X=C$,则其概率分布为 $P\{X=C\}=1$,从而

$$EC=C\cdot P\{X=C\}=C.$$

(2) 仅证连续型情形

$$\begin{aligned}E(aX+b)&=\int_{-\infty}^{+\infty}(ax+b)f(x)\mathrm{d}x\\&=a\int_{-\infty}^{+\infty}xf(x)\mathrm{d}x+b\int_{-\infty}^{+\infty}f(x)\mathrm{d}x\\&=aEX+b.\end{aligned}$$

例 2.15 设随机变量 X 的分布律为

X	-1	0	2	3
P	0.2	0.1	0.4	0.3

求 EX^2.

解 $EX^2=(-1)^2\times0.2+0^2\times0.1+2^2\times0.4+3^2\times0.3=4.5$.

例 2.16 设随机变量 X 的密度函数为

$$f(x)=\begin{cases}4x^3, & 0<x<1,\\0, & 其他.\end{cases}$$

求 EX^2.

解 $EX^2=\int_{-\infty}^{+\infty}x^2f(x)\mathrm{d}x=\int_0^1x^2\cdot4x^3\mathrm{d}x=\frac{2}{3}x^6\Big|_0^1=\frac{2}{3}$.

例 2.17 假定世界市场对我国某种出口商品的需求量 X(吨)是$[2000,4000]$上的一个随机变量,其密度函数为

$$f_X(x)=\begin{cases}\dfrac{1}{2000}, & 2000\leqslant x\leqslant4000,\\0, & 其他.\end{cases}$$

设该商品每售出一吨,可获利 3 万美元外汇,但若销售不出去积压于库,则每吨需支付保养费 1 万美元外汇,问如何计划年出口量能使国家期望获利最多?

解 设计划年出口量为 y 吨,年获利额为 Y 万美元,显然 $y\in[2000,4000]$,且有

$$Y=g(X)=\begin{cases}3y, & X\geqslant y,\\3X-(y-X), & X<y,\end{cases}$$

$$\begin{aligned}EY&=\int_{-\infty}^{+\infty}g(x)f(x)\mathrm{d}x=\frac{1}{2000}\int_{2000}^{4000}g(x)\mathrm{d}x\\&=\frac{1}{2000}\left[\int_{2000}^{y}(4x-y)\mathrm{d}x+\int_{y}^{4000}3y\mathrm{d}x\right]\\&=\frac{1}{1000}(-y^2+7000y-4000000).\end{aligned}$$

这是 y 的一个二次函数,由微积分知识可以算出,当 $y=3500$ 时,EY 最大,因此计划年出口量安排 3500 吨为最佳决策.

二、方差的概念及性质

我们已经知道,数学期望描述了随机变量取值的平均值,它位于分布的中心,随机变量的取值总在其周围波动.方差则是度量此种波动大小最重要的数字特征,下面给出它的定义.

1.方差的概念

定义 2.8 设 X 是一个随机变量,若 $E(X-EX)^2$ 存在,则称 $E(X-EX)^2$ 为 X 的**方差**,记为 DX 或 $\mathrm{Var}X$,即 $DX=E(X-EX)^2$.方差的正平方根$\sqrt{DX}$ 称为**标准差或根方差**.

若 X 为离散型随机变量,其概率分布为 $p_k=P\{X=x_k\}$,$k=1,2,\cdots$,则按方差定义有

$$DX=E(X-EX)^2=\sum_{k=1}^{\infty}(x_k-EX)^2p_k.$$

若 X 为连续型随机变量,其密度函数为 $f(x)$,则按方差定义有

$$DX=E(X-EX)^2=\int_{-\infty}^{+\infty}(x-EX)^2f(x)\mathrm{d}x.$$

通常方差的计算可以简化为

$$DX=EX^2-(EX)^2.$$

证明 仅以 X 为连续型随机变量为例.

$$\begin{aligned}DX&=E(X-EX)^2=\int_{-\infty}^{+\infty}(x-EX)^2f(x)\mathrm{d}x\\&=\int_{-\infty}^{+\infty}[x^2f(x)-2xEXf(x)+(EX)^2f(x)]\mathrm{d}x\\&=\int_{-\infty}^{+\infty}x^2f(x)\mathrm{d}x-\int_{-\infty}^{+\infty}2xEXf(x)\mathrm{d}x+\int_{-\infty}^{+\infty}(EX)^2f(x)\mathrm{d}x\\&=EX^2-2EX\cdot EX+(EX)^2\\&=EX^2-(EX)^2.\end{aligned}$$

2.方差的性质

(1)若 C 为常数,则 $D(C)=0$;

(2)若 X 是一个随机变量,$Y=aX+b$,则 $DY=a^2DX$(a,b 为常数).

证明 (1)若 C 为常数,则 $D(C)=E(C-EC)^2=E(C-C)^2=0$;

(2)$D(aX+b)=E[aX+b-E(aX+b)]^2=E[a(X-EX)]^2=a^2DX$.

例 2.18 设 X 是掷一颗骰子出现的点数,试求 DX.

解 X 的分布律为 $P\{x=n\}=\dfrac{1}{6}$,$n=1,2,3,4,5,6$.

$$EX=\frac{1}{6}(1+2+3+4+5+6)=\frac{7}{2},$$

$$EX^2=\frac{1}{6}(1^2+2^2+3^2+4^2+5^2+6^2)=\frac{91}{6},$$

$$DX=\frac{91}{6}-\frac{49}{4}=\frac{35}{12}.$$

例 2.19 设 X 是一个随机变量，其概率密度为

$$f(x)=\begin{cases}2x, & 0<x<1,\\ 0, & \text{其他},\end{cases}$$

求 DX.

解 $EX=\int_{-\infty}^{+\infty}xf(x)\mathrm{d}x=\int_{0}^{1}2x^2\mathrm{d}x=\dfrac{2}{3}$,

$$EX^2=\int_{-\infty}^{+\infty}x^2f(x)\mathrm{d}x=\int_{0}^{1}x^2\cdot 2x\mathrm{d}x+2\int_{-\infty}^{+\infty}x^3\mathrm{d}x=\frac{1}{2},$$

于是 $DX=EX^2-(EX)^2=\dfrac{1}{18}$.

三、矩

随机变量的另一个数字特征是矩，包括原点矩和中心矩，它们在数理统计中有重要的应用.

定义 2.9 设 X 是随机变量，若

$$EX^k,\quad k=1,2,\cdots \tag{2.12}$$

存在，称它为 X 的**k 阶原点矩**，简称**k 阶矩**.

若

$$E(X-EX)^k,\quad k=2,3,\cdots \tag{2.13}$$

存在，称它为 X 的**k 阶中心矩**.

显然，X 的数学期望 EX 是 X 的一阶原点矩，方差 DX 是 X 的二阶中心矩.

§2.5 几种重要的离散型分布

一、0-1 分布

定义 2.10 设随机变量的概率分布为

$$P\{X=k\}=p^k(1-p)^{1-k},\quad k=0,1;0<p<1, \tag{2.14}$$

或写为

X	0	1
P	$1-p$	p

则称随机变量 X 服从参数为 p 的 0-1 **分布**.

容易计算，$EX=p$，$DX=p(1-p)$. 若某个试验只有两个可能结果，即某一事件 A 发生或不发生，称这种试验为**伯努利试验**. 若独立地重复进行 n 次伯努利试验称为**n 重伯努利试验**或简称为**伯努利概型**.

由定义可知，任何一个伯努利试验，都可以用服从 0-1 分布的随机变量来描述.

例 2.20 从一批产品中随机地抽取一件产品进行观察，并设

$$X=\begin{cases}1, & \text{产品为次品},\\ 0, & \text{产品为正品},\end{cases}$$

且 $P\{X=1\}=p, 0<p<1$，则 X 就表示这一次观察中次品的个数. 显然 X 服从参数为 p 的 0-1 分布，其中 p 就是次品率.

二、超几何分布

定义 2.11 设随机变量 X 的概率分布为

$$P\{X=k\}=\frac{C_M^k C_{N-M}^{n-k}}{C_N^n},\quad k=0,1,\cdots,n, M\leqslant N, n\leqslant M, \tag{2.15}$$

则称随机变量 X 服从参数为 N,M,n 的**超几何分布**.

利用组合性质：$\sum\limits_{k=0}^{n}C_M^k C_{N-M}^{n-k}=C_N^n$，可以证明 $EX=n\dfrac{M}{N}, DX=n\dfrac{M}{N}\dfrac{N-M}{N}\dfrac{N-n}{N-1}$. 从有限个元素中进行不放回抽样常会遇到超几何分布.

设有 N 件产品，其中有 M 件不合格品. 若从中不放回抽样地随机抽取 n 件，则其中含有的不合格品的件数 X 服从超几何分布.

超几何分布是一种常用的离散型分布，它在抽样理论中占有重要地位.

例 2.21 一批产品共 20 件，其中有 5 件不合格品，从中一次性抽取 4 件产品，记 X 为取到的不合格品件数，求随机变量 X 的概率分布.

解 依题意，X 服从超几何分布，可以取到 0,1,2,3,4 这 5 个值，相应的概率按下式计算：

$$P\{X=k\}=\frac{C_5^k C_{15}^{4-k}}{C_{20}^4},\qquad k=0,1,2,3,4,$$

X	0	1	2	3	4
P	0.2817	0.4696	0.2167	0.0310	0.0010

例 2.22 厂家将产品发给商家时，商家按合同规定需要随机抽取一定数量的产品做检验，以决定是否接收这批产品. 若厂家发给商家 20 件产品，其中有 3 件不合格，商家从中任取 2 件进行检验，只有 2 件都合格时才接收这批产品. 求商家拒收这批产品的概率.

解 设随机变量 X 为商家抽到的不合格品数，依题意，X 服从超几何分布.

令 $A=$“商家拒收这批产品”，则

$$P(A)=P\{X=1\}+P\{X=2\}=1-P\{X=0\}=1-\frac{C_3^0\cdot C_{17}^2}{C_{20}^2}=\frac{27}{95}.$$

三、二项分布

定义 2.12 若随机变量 X 的所有可能取值为 $0,1,\cdots,n$，且它的分布为

$$p_k=P\{X=k\}=C_n^k p^k q^{n-k},\quad k=0,1,\cdots,n. \tag{2.16}$$

其中 $q=1-p, 0<p<1$，则称随机变量 X 服从参数为 n,p 的**二项分布**(Binomialdistribution)，记作 $X\sim B(n,p)$.

我们容易验证：

(1) $p_k \geqslant 0$， $k=0,1,\cdots,n$；

(2) $\sum_{k=0}^{n} p_k = \sum_{k=0}^{n} C_n^k p^k q^{n-k} = (p+q)^n = 1$.

由于 $p_k = C_n^k p^k q^{n-k}$ 恰好是二项式 $(q+p)^n$ 展开式中的第 $k+1$ 项，二项分布便由此得名. 我们还常常记

$$b(k;n,p) = C_n^k p^k q^{n-k}, \quad k=0,1,\cdots,n.$$

利用二项式展开公式及方差性质计算可得：$EX=np$，$DX=npq$.

由定义不难发现，二项分布的背景是伯努利概型，用 X 表示 n 重伯努利试验中事件 A 出现的次数，则 X 服从二项分布，即 $X \sim B(n,p)$.

二项分布是离散型分布中最重要的分布之一，它概括了许多实际问题，具有非常重要的实用价值.

例 2.23　已知口袋中有 10 个球，其中 3 个红球，今从中摸取若干次，每次摸出 1 个球，试求在放回抽样下的 4 次摸取中，摸得红球个数的分布律.

解　设随机变量 X 为摸得的红球个数，则 $X \sim B(4,0.3)$，于是，所求分布律为

$$p_k = P\{X=k\} = C_4^k 0.3^k 0.7^{4-k}, k=0,1,2,3,4,$$

即

X	0	1	2	3	4
P	0.2401	0.4116	0.2646	0.0756	0.0081

例 2.24　已知一公司生产某零件的次品率为 0.01，并设各零件是否为次品是相互独立的. 该公司将每 10 个零件装成一盒出售，并承诺若发现某盒内次品多于 1 个则可退款，问售出的各盒零件将被退回公司的概率为多少？

解　设 X 表示“某盒零件中次品的个数”，又因为各零件是否为次品是相互独立的，则 X 显然服从二项分布，即 $X \sim B(10,0.01)$，所以

$$P\{X=k\} = C_{10}^k 0.01^k 0.99^{10-k}, \quad k=0,1,\cdots,10.$$

又因为“售出的各盒零件被退回公司”等价于事件 $\{X>1\}$，所以售出的各盒零件被退回公司的概率为

$$\begin{aligned} P\{X>1\} &= \sum_{k=2}^{10} P\{X=k\} = 1 - \sum_{k=0}^{1} P\{X=k\} \\ &= 1 - C_{10}^0 0.01^0 \times 0.99^{10} - C_{10}^1 0.01 \times 0.99^9 \approx 0.00427. \end{aligned}$$

附表 1 中给出了二项分布累计概率值.

二项分布 $B(n,p)$ 中，$P\{X=k\}$ 实际上是事件 A 出现 k 次的概率. 对于固定的 n,p，概率 $P\{X=k\} = C_n^k p^k q^{n-k}$ 随着 k 的变化取值是有规律的：$P\{X=k\}$ 一般先是随着 k 的增加而增加，直到达到一个最大值，然后随着 k 的增加而减小.

事实上，考虑

$$\frac{P\{X=k\}}{P\{X=k-1\}} = \frac{C_n^k p^k q^{n-k}}{C_n^{k-1} p^{k-1} q^{n-k+1}} = \frac{(n-k+1)p}{kq} = 1 + \frac{(n+1)p-k}{kq}.$$

(1) 当 $k<(n+1)p$ 时，$P\{X=k\} > P\{X=k-1\}$，即 $P\{X=k\}$ 随着 k 的增加而增加；

(2)当 $k=(n+1)p$ 时，$P\{X=k\}=P\{X=k-1\}$；

(3)当 $k>(n+1)p$ 时，$P\{X=k\}<P\{X=k-1\}$，即 $P\{X=k\}$ 随着 k 的增加而减小.

因此，当 $k=k_0$ 时，$P\{X=k\}$ 取最大值，其中

$$k_0=\begin{cases}(n+1)p \text{ 或 } (n+1)p-1, & (n+1)p \text{ 是整数}, \\ [(n+1)p], & (n+1)p \text{ 不是整数}.\end{cases}$$

这里，$[(n+1)p]$ 表示不超过 $(n+1)p$ 的最大整数，对于 $(n+1)p$ 这个正数而言，它就是指 $(n+1)p$ 的整数部分. 达到最大值的 k_0 也就是随机变量 X 最可能取的值，是最可能出现的次数.

四、泊松分布

定义 2.13 若随机变量 X 的取值为非负整数，且其概率分布为

$$p_k=P\{X=k\}=\frac{\lambda^k}{k!}e^{-\lambda}, \quad k=0,1,2,\cdots, \tag{2.17}$$

其中 $\lambda>0$ 为常数，则称随机变量 X 服从参数为 λ 的**泊松分布**(Poissondistribution)，记作 $X\sim P(\lambda)$.

我们容易验证：

(1) $p_k\geqslant 0, k=0,1,2,\cdots$；

(2) $\sum\limits_{k=0}^{\infty}p_k=\sum\limits_{k=0}^{\infty}\frac{\lambda^k}{k!}e^{-\lambda}=e^{-\lambda}\sum\limits_{k=0}^{\infty}\frac{\lambda^k}{k!}=e^{-\lambda}\cdot e^{\lambda}=1.$

同样利用函数的幂级数展开，可得 $EX=\lambda, DX=\lambda$.

泊松分布是概率论中最重要的概率分布之一. 在各种服务系统中大量出现泊松分布. 例如，某电话交换台在单位时间内收到用户的呼叫次数、某公共汽车站在单位时间内来车站乘车的乘客数等均是服从泊松分布的，所以在运筹学及管理科学中泊松分布有着广泛的应用. 在工业生产中，每匹布的疵点数、纺织机上的断头数、每件钢铁铸件的缺陷数等也近似服从泊松分布. 另外，像宇宙中单位体积内星球的个数、放射性分裂落到某区域的质点数等也近似服从泊松分布. 由于许多实际问题中的随机变量都可以用泊松分布来描述，从而使泊松分布对于概率论的应用来说有着很重要的作用，而概率论理论的研究又表明泊松分布在理论上也有其特殊重要的地位.

例 2.25 某计算机内的存储器由 3000 个存储单元组成，存储单元损坏的个数服从参数为 1.5 的泊松分布，如果任一存储单元损坏时，计算机便停止工作，求计算机停止工作的概率.

解 设随机变量 X 为存储单元损坏的个数，则 $X\sim P(1.5)$.

$$P\{X=0\}=\frac{1.5^0}{0!}e^{-1.5}\approx 0.22313,$$

$$P\{X\geqslant 1\}=1-P\{X=0\}\approx 1-0.22313=0.77687,$$

故计算机停止工作的概率为 0.77687.

泊松分布的概率值表见附表 2.

五、几种分布的关系

1.二项分布与 0-1 分布的关系

0-1 分布就是二项分布 $B(1,p)$，即 0-1 分布是二项分布 $n=1$ 时的特例.

2.超几何分布与二项分布的关系

当 $n \leqslant N$ 时，即抽取个数 n 远小于产品总数 N 时，每次抽取后，总体中的不合格品率 $p=M/N$ 改变甚微，所以不放回抽样可近似地看成放回抽样，这时超几何分布可用二项分布近似：

$$\frac{C_M^k C_{N-M}^{n-k}}{C_N^n} \approx C_n^k p^k (1-p)^{n-k}，其中\ p=\frac{M}{N}. \tag{2.18}$$

例 2.26 一麻袋种子的发芽率为 90%，从中取出 10 粒，问取出的种子中有 2 粒不发芽的概率为多少？

解 此模型属于超几何分布，从 N 粒种子中取出 10 粒，求有 2 粒不发芽的概率. 但由于一麻袋的种子数量 N 很大，超几何分布可以近似看成二项分布.

令 X 为取出的不发芽种子的个数，则 $X \sim B(10,0.1)$，有

$$P\{X=k\}=C_{10}^k 0.1^k 0.9^{10-k},$$

故 $P\{X=2\}=C_{10}^2 0.1^2 0.9^{10-2} \approx 0.1937$.

独立重复试验的实际原型是有放回的抽样检验问题，但在实际应用中，从大批产品中抽取少量样品的不放回检验，可以近似看作此类型.

3.泊松分布与二项分布的关系

在二项分布 $B(n,p)$ 中，当 n 较大时，计算量是令人烦恼的，而在 p 较小时使用以下的泊松定理，可以减少二项分布中的计算量.

定理 2.3(泊松定理) 在 n 重伯努利试验中，事件 A 发生的次数 X 服从二项分布，记事件 A 在一次试验中发生的概率为 p_n(与试验次数 n 有关)，如果当 $n \to \infty$ 时，有 $np_n \to \lambda > 0$，则对于任何非负整数 k，有

$$\lim_{n\to\infty} P\{X=k\} = \lim_{n\to\infty} C_n^k p_n^k (1-p_n)^{n-k} = \frac{\lambda^k}{k!} e^{-\lambda}. \tag{2.19}$$

证明 记 $np_n=\lambda_n$，即 $p_n=\frac{\lambda_n}{n}$，我们可得

$$\begin{aligned} C_n^k p_n^k (1-p_n)^{n-k} &= \frac{n(n-1)\cdots(n-k+1)}{k!}\left(\frac{\lambda_n}{n}\right)^k \left(1-\frac{\lambda_n}{n}\right)^{n-k} \\ &= \frac{\lambda_n^k}{k!}\left(1-\frac{1}{n}\right)\left(1-\frac{2}{n}\right)\cdots\left(1-\frac{k-1}{n}\right)\left(1-\frac{\lambda_n}{n}\right)^{n-k}. \end{aligned}$$

对固定的 k 有

$$\lim_{n\to\infty} \lambda_n = \lambda,$$

$$\lim_{n\to\infty}\left(1-\frac{\lambda_n}{n}\right)^{n-k} = e^{-\lambda},$$

$$\lim_{n\to\infty}\left(1-\frac{1}{n}\right)\cdots\left(1-\frac{k-1}{n}\right)=1.$$

从而

$$\lim_{n\to\infty}C_n^k p_n^k(1-p_n)^{n-k}=\frac{\lambda^k}{k!}e^{-\lambda}$$

对任意的$k(k=0,1,2,\cdots)$成立,定理得证.

根据泊松定理,当n很大,p很小,np是一个不大的数时,可以用泊松分布作为二项分布的近似,即

$$C_n^k p^k(1-p)^{n-k}\approx\frac{(np)^k}{k!}e^{-np},\quad k=0,1,2,\cdots.\tag{2.20}$$

表2.1给出了按二项分布直接计算与利用泊松分布作近似的一些具体数据.从表2.1中可以看出,两者的结果是很接近的,而且当n越大和p越小时,近似程度越好.

表2.1

k	二项分布 按$C_n^k p^k(1-p)^{n-k}$计算				泊松近似 按$\frac{(np)^k}{k!}e^{-np}$计算
	$n=10$ $p=0.1$	$n=20$ $p=0.05$	$n=40$ $p=0.025$	$n=100$ $p=0.01$	$\lambda=np=1$
0	0.349	0.358	0.363	0.366	0.368
1	0.385	0.377	0.372	0.370	0.368
2	0.194	0.189	0.186	0.185	0.184
3	0.057	0.060	0.060	0.061	0.061
4	0.011	0.013	0.014	0.015	0.015
>4	0.004	0.003	0.005	0.003	0.004

例2.27 某工厂有同类设备400台,每台发生故障的概率为0.02,试求同时发生故障的设备超过1台的概率.

解法一 设随机变量X为“设备同时发生故障的台数”,则$X\sim B(400,0.02)$.于是,所求概率为

$$P\{X>1\}=1-C_{400}^0 0.02^0 0.98^{400}-C_{400}^1 0.02^1 0.98^{399}\approx 0.997.$$

解法二 由于n较大,p较小,$np\to\lambda=400\times0.02=8$,所以$X$近似服从参数为$\lambda$的泊松分布.故

$$P\{X>1\}=1-P\{X=0\}-P\{X=1\}=1-0.0027-0.0003=0.997.$$

显然,把该问题视为泊松分布比视为二项分布解法简单.

六、常用离散型分布及数字特征

常用离散型分布及其数字特征如表2.2所示:

表 2.2

分布名称	概率分布	数学期望	方差
0-1 分布	$P\{X=k\}=p^k(1-p)^{1-k}$ $k=0,1$	p	$p(1-p)$
二项分布 $B(n,p)$	$P\{X=k\}=C_n^k p^k q^{n-k}$, $k=0,1,\cdots,n$	np	$np(1-p)$
泊松分布 $P(\lambda)$	$P\{X=k\}=\dfrac{\lambda^k}{k!}e^{-\lambda}$, $k=0,1,2,\cdots$	λ	λ
超几何 分布	$P\{X=k\}=\dfrac{C_M^k C_{N-M}^{n-k}}{C_N^n}$, $k=0,1,\cdots,n;M\leqslant N;n\leqslant M$	$\dfrac{nM}{N}$	$n\dfrac{M}{N}\dfrac{N-M}{N}\dfrac{N-n}{N-1}$

§2.6　几种重要的连续型分布

一、均匀分布

定义 2.14　设 X 是一个连续型随机变量,如果其密度函数为

$$f(x)=\begin{cases}\dfrac{1}{b-a}, & a\leqslant x\leqslant b,\\ 0, & \text{其他},\end{cases}\tag{2.21}$$

则称随机变量 X 服从区间$[a,b]$上的**均匀分布**,记作 $X\sim U(a,b)$.

计算可得 $EX=\dfrac{a+b}{2}$,$DX=\dfrac{(b-a)^2}{12}$.

其分布函数为

$$F(x)=\begin{cases}0, & x<a\\ \dfrac{x-a}{b-a}, & a\leqslant x<b,\\ 1, & x\geqslant b.\end{cases}\tag{2.22}$$

于是,对于任意的 $x_1,x_2\in(a,b)$,$(x_1<x_2)$,有

$$P\{x_1<X<x_2\}=F(x_2)-F(x_1)=\frac{x_2-x_1}{b-a}.$$

这表明,均匀分布随机变量落入$[a,b]$的任意子区间内的概率与子区间的长度成正比,而与子区间的位置没关系.均匀分布的密度函数和分布函数见图 2.4.

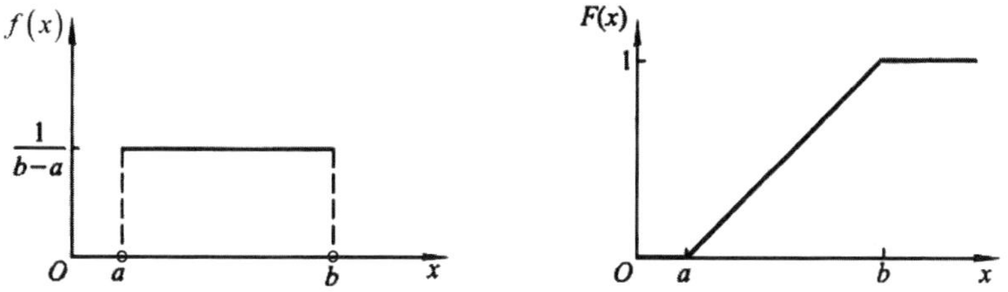

(a) 密度函数 $f(x)$　　　　(b) 分布函数 $F(x)$

图 2.4　均匀分布的密度函数和分布函数

例 2.28　某公共汽车站每 15 分钟发一趟车，一乘客某天要乘坐该公共汽车，他到达车站的时间是等可能的，则此乘客候车时间服从[0,15]上的均匀分布.

均匀分布是常见的连续型分布之一，在随机模拟中也有广泛的应用.

例 2.29　设电阻的阻值 X 是一个随机变量，均匀分布在 900Ω 至 1100Ω 范围，求 X 的概率密度及 X 落入[950,1050]的概率.

解　按题意，X 的密度为

$$f(x)=\begin{cases}\dfrac{1}{200}, & 900\leqslant x\leqslant 1100,\\ 0, & \text{其他},\end{cases}$$

$$P\{950\leqslant X\leqslant 1050\}=\int_{950}^{1050}\frac{1}{200}\mathrm{d}x=\frac{1}{2}.$$

二、指数分布

定义 2.15　设 X 是一个连续型随机变量，其密度函数为

$$f(x)=\begin{cases}\lambda \mathrm{e}^{-\lambda x}, & x>0,\\ 0, & x\leqslant 0,\end{cases}\tag{2.23}$$

其中 $\lambda>0$ 为常数，则称 X 服从参数为 λ 的**指数分布**，记作 $X\sim E(\lambda)$.

可以验证，$EX=\dfrac{1}{\lambda}$，$DX=\dfrac{1}{\lambda^2}$. 其分布函数为

$$F(x)=\begin{cases}1-\mathrm{e}^{-\lambda x}, & x>0,\\ 0, & x\leqslant 0.\end{cases}\tag{2.24}$$

指数分布的密度函数图象见图 2.5.

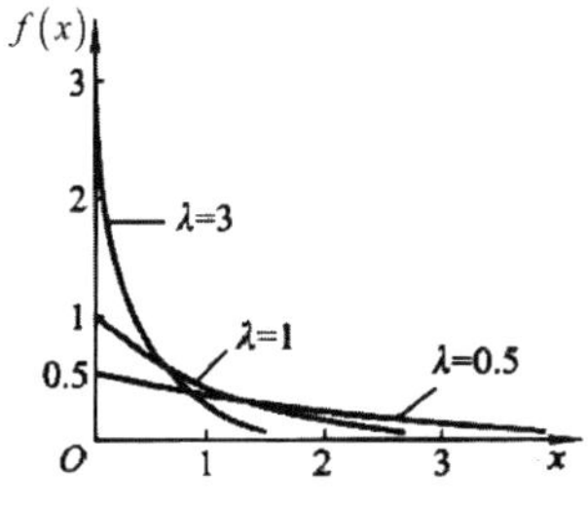

图 2.5　指数分布的密度函数

指数分布在可靠性问题中有重要的应用，一般认为元件的寿命是服从指数分布的. 另外，

在排队服务系统中的等候时间及服务时间、电话的通话时间等都被认为服从指数分布.

例 2.30 某种元件的寿命(小时)服从$\lambda=\frac{1}{2000}$的指数分布,试求下列事件的概率:

(1)任取其中的 1 只,正常使用 1000 小时以上;

(2)若任取的一只已经使用了 1000 小时,以后继续使用 1000 小时以上.

解 设随机变量 X 为元件的寿命,由题设有 $X\sim E\left(\frac{1}{2000}\right)$.

(1)$P\{X>1000\}=\int_{1000}^{+\infty}\frac{1}{2000}e^{-\frac{x}{2000}}dx=e^{-0.5}=0.6065$;

(2)$P\{X>2000|X>1000\}=\frac{P\{X>2000\}}{P\{X>1000\}}=\frac{e^{-1}}{e^{-0.5}}=0.6065$.

上述两个问题的概率相等,说明某些寿命相当长的考察对象,已经使用时间 T 以后,再继续使用时间 t 的概率与前面已经使用的时间 T 无关,好像把前面已经使用很长时间 T 忘记了,所以,有人说指数分布"永远年轻",这就是指数分布的明显特征.

三、正态分布

1. 正态分布

定义 2.16 设 X 是一个连续型随机变量,其密度函数为

$$f(x)=\frac{1}{\sqrt{2\pi}\sigma}e^{-\frac{(x-\mu)^2}{2\sigma^2}},\quad x\in(-\infty,+\infty).\tag{2.25}$$

其中 μ,σ 为常数,且 $\sigma>0$,则称 X 服从参数为 μ 和 σ 的**正态分布**,记作 $X\sim N(\mu,\sigma^2)$,计算得 $EX=\mu,DX=\sigma^2$.

其分布函数为

$$F(x)=\frac{1}{\sqrt{2\pi}\sigma}\int_{-\infty}^{x}e^{-\frac{(t-\mu)^2}{2\sigma^2}}dt,\quad x\in(-\infty,+\infty).\tag{2.26}$$

正态分布的密度函数及分布函数见图 2.6.

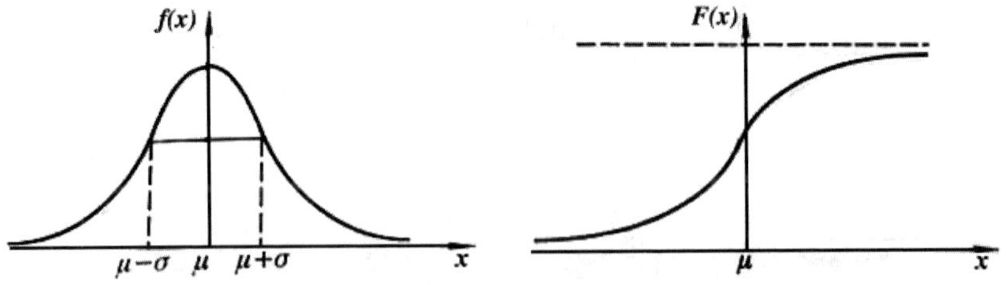

(a)密度函数f(x)　(b)分布函数F(x)

图 2.6 正态分布

图 2.7 给出了 μ 和 σ 变化时，相应正态密度曲线的变化情况.

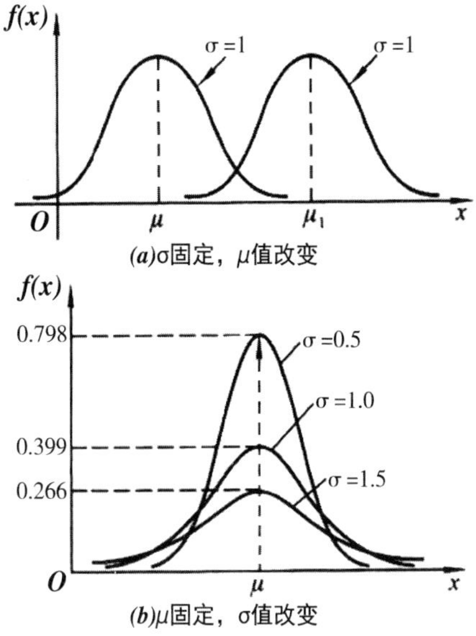

图 2.7 正态分布的密度函数

由图 2.6、图 2.7 可以看出，正态分布有以下一些特点：

(1) 正态分布的密度函数 $f(x)$ 在直角坐标系内呈钟形，并且以 x 轴为其渐近线；

(2) 正态分布的密度函数 $f(x)$ 在 $x=\mu$ 处达到极大，极大值为 $\frac{1}{\sqrt{2\pi}\sigma}$，并且 $f(x)$ 关于 $x=\mu$ 对称；

(3) 正态分布的随机变量落入相等长度区间内的概率越靠近 μ 就越大；

(4) 正态分布的参数 μ（σ 固定）决定其密度函数 $f(x)$ 图形的中心位置，因此有时也称 μ 为正态分布的**位置参数**；

(5) 正态分布的参数 σ（μ 固定）决定其密度函数 $f(x)$ 图形的形状，因此有时也称 σ 为正态分布的**形状参数**.

2. 标准正态分布

特别地，称 $\mu=0,\sigma=1$ 时的正态分布为**标准正态分布**，记作 $N(0,1)$. 相应的密度函数和分布函数分别用 $\varphi(x)$ 和 $\Phi(x)$ 表示，即

$$\varphi(x)=\frac{1}{\sqrt{2\pi}}e^{-\frac{x^2}{2}},\quad x\in(-\infty,+\infty). \tag{2.27}$$

$$\Phi(x)=\frac{1}{\sqrt{2\pi}}\int_{-\infty}^{x}e^{-\frac{t^2}{2}}dt,\quad x\in(-\infty,+\infty). \tag{2.28}$$

已知标准正态分布 $N(0,1)$ 的分布函数 $\Phi(x)$ 具有以下性质：

(1) $\Phi(-x)=1-\Phi(x)$；

(2) $\Phi(0)=0.5$；

(3)若 $X\sim N(0,1)$,则 $P\{|X|<c\}=2\Phi(c)-1,(c\geqslant 0)$.

附表 3 为标准正态分布函数,$\Phi(x)$的值可通过查附表 3 得到.

例 2.31 设 $X\sim N(0,1)$,求:(1)$P\{X\leqslant 2.5\}$;(2)$P\{X\leqslant -1.52\}$;(3)$P\{X>2.33\}$;(4)$P\{-1.85\leqslant X\leqslant 0.04\}$.

解 (1)$P\{X\leqslant 2.5\}=\Phi(2.5)=0.99379$;

(2)$P\{X\leqslant -1.52\}=\Phi(-1.52)=1-\Phi(1.52)$
$=1-0.93574=0.06426$;

(3)$P\{X>2.33\}=1-\Phi(2.33)=1-0.99010=0.0099$;

(4)$P\{-1.85\leqslant X\leqslant 0.04\}=\Phi(0.04)-\Phi(-1.85)$
$=\Phi(0.04)+\Phi(1.85)-1$
$=0.516+0.96784-1=0.48384$.

3. 正态变量的标准化

定理 2.4 若随机变量 $X\sim N(\mu,\sigma^2)$,则 $Y=\dfrac{X-\mu}{\sigma}\sim N(0,1)$.

证明 记 X 与 Y 的分布函数分别为 $F_X(x)$与 $F_Y(y)$,其密度函数分别为 $f_X(x)$与 $f_Y(y)$,则由分布函数的定义知

$$F_Y(y)=P\{Y\leqslant y\}=P\left\{\frac{X-\mu}{\sigma}\leqslant y\right\}=P\{X\leqslant \mu+\sigma y\}=F_X(\mu+\sigma y).$$

由于正态分布的分布函数是严格单调增函数,且处处可导,则有

$$f_Y(y)=\frac{\mathrm{d}}{\mathrm{d}y}F_X(\mu+\sigma y)=f_X(\mu+\sigma y)\cdot\sigma=\frac{1}{\sqrt{2\pi}}\mathrm{e}^{-\frac{y^2}{2}}.$$

由此得

$$Y=\frac{X-\mu}{\sigma}\sim N(0,1).$$

由以上定理,我们可以得到一些在实际中有用的计算公式,若随机变量 $X\sim N(\mu,\sigma^2)$,则

$$P\{X\leqslant c\}=\Phi\left(\frac{c-\mu}{\sigma}\right), \tag{2.29}$$

$$P\{a<X\leqslant b\}=\Phi\left(\frac{b-\mu}{\sigma}\right)-\Phi\left(\frac{a-\mu}{\sigma}\right). \tag{2.30}$$

例 2.32 设 $X\sim N(4,9)$,试求:

(1)$P\{2.5\leqslant X<7\}$;

(2)决定 c,使 $P\{X>c\}=P\{X<c\}$的 c 的取值.

解 (1)$P\{2.5\leqslant X<7\}=P\left\{\dfrac{2.5-4}{3}\leqslant\dfrac{X-4}{3}<\dfrac{7-4}{3}\right\}=\Phi(1)-\Phi(0.5)$
$=\Phi(1)+\Phi(0.5)-1$
$\approx 0.8413+0.6915-1$
$=0.5328$

(2) $P\{X>c\}=1-P\{X\leqslant c\}=P\{X<c\}$，又 $P\{X\leqslant c\}=P\{X<c\}$，则 $P\{X\leqslant c\}=0.5$，即 $\Phi\left(\frac{c-4}{3}\right)=0.5$，即 $\frac{c-4}{3}=0$，所以 $c=4$.

例 2.33 设某项竞赛成绩 $X\sim N(65,100)$，若按参赛人数的10%发奖，问获奖分数线应定为多少？

解 设获奖分数线定为 a，则求使 $P\{X\geqslant a\}=0.1$ 成立的 a. 由题意知 $\mu=65,\sigma=10$，则

$$\begin{aligned}P\{X\geqslant a\}&=1-P\{X<a\}\\&=1-P\left\{\frac{X-65}{10}<\frac{a-65}{10}\right\}\\&=1-\Phi\left(\frac{a-65}{10}\right)\\&=0.1.\end{aligned}$$

即 $\Phi\left(\frac{a-65}{10}\right)=0.9$，查表得 $\frac{a-65}{10}=1.28$，解得 $a=77.8$，故分数线可定为78分.

定义 2.17 设 $X\sim N(0,1)$，对于给定的 $\alpha\in(0,1)$，称满足条件

$$P\{X>u_\alpha\}=\alpha \tag{2.31}$$

的 u_α 为标准正态分布 α **水平的上侧分位数.**

很多数理统计问题最后都归结为求解标准正态分布的上侧分位数，标准正态分布的上侧分位数可由标准正态分布表反向查出.

四、常用连续型分布及数字特征

常用连续型分布及其数字特征如表2.3所示。

表2.3

分布名称	概率密度函数	数学期望	方差
均匀分布 $U(a,b)$	$f(x)=\frac{1}{b-a},x\in[a,b]$	$\frac{a+b}{2}$	$\frac{(b-a)^2}{12}$
指数分布 $E(\lambda)$	$f(x)=\lambda e^{-\lambda x}$，$x>0,\lambda>0$	$\frac{1}{\lambda}$	$\frac{1}{\lambda^2}$
正态分布 $N(\mu,\sigma^2)$	$f(x)=\frac{1}{\sqrt{2\pi}\sigma}e^{-\frac{(x-\mu)^2}{2\sigma^2}},x\in(-\infty,+\infty)$，$-\infty<\mu<+\infty,\sigma>0$	μ	σ^2
标准正态分布 $N(0,1)$	$f(x)=\frac{1}{\sqrt{2\pi}}e^{-\frac{x^2}{2}},x\in(-\infty,+\infty)$	0	1

习　题　二

(A)

1. 设随机变量 X 的分布律为

$$P\{X=k\}=c\cdot\left(\frac{1}{2}\right)^k, k=1,2,3.$$

求 c 的值.

2. 设离散型随机变量 X 的分布律为

$$P\{X=k\}=\frac{c}{15}, k=1,2,3,4,5.$$

(1)试确定常数 c；(2)求 $P\{1\leqslant X\leqslant 3\}$；(3)求 $P\{0.5<X<2.5\}$.

3. 一筐中装有7只篮球，编号为1,2,3,4,5,6,7. 在筐中同时取3只，以 X 表示"取出的3只当中的最大号码"，试写出：(1)随机变量 X 的分布律；(2)随机变量 X 的分布函数.

4. 设随机变量 X 的分布函数为

$$F(x)=\begin{cases}0, & x<-1,\\ 0.4, & -1\leqslant x<1,\\ 0.8, & 1\leqslant x<3,\\ 1, & x\geqslant 3.\end{cases}$$

求 X 的分布律.

5. 设连续型随机变量 X 的密度函数为

$$f(x)=\begin{cases}ax+b, & 0<x<1,\\ 0, & \text{其他}.\end{cases}$$

又已知 $P\left\{X<\frac{1}{3}\right\}=P\left\{X>\frac{1}{3}\right\}$，试求常数 a 和 b.

6. 设连续型随机变量 X 的密度函数为

$$f(x)=\begin{cases}A\cos x, & |x|\leqslant\frac{\pi}{2},\\ 0, & |x|>\frac{\pi}{2}.\end{cases}$$

求：(1)常数 A；(2)X 落入区间 $\left(0,\frac{\pi}{4}\right)$ 内的概率；(3)X 的分布函数.

7. 设随机变量 X 的分布函数为

$$F(x)=\begin{cases}0, & x<1,\\ \ln x, & 1\leqslant x<\mathrm{e},\\ 1, & x\geqslant \mathrm{e}.\end{cases}$$

试求：(1)$P\{X<2\}$，$P\{1<X\leqslant 4\}$，$P\left\{X>\frac{3}{2}\right\}$；(2)概率密度函数 $f(x)$.

8. 设连续型随机变量 X 的分布函数为

$$F(x)=A+B\arctan x,-\infty<x<+\infty.$$

求:(1)常数 A 和 B; (2)X 落入区间$(-1,1)$内的概率; (3)随机变量 X 的密度函数.

9. 设连续型随机变量 X 的分布函数为

$$F(x)=\begin{cases}Ae^{x}, & x<0,\\ B, & 0\leqslant x<1,\\ 1-Ae^{-(x-1)}, & x\geqslant 1.\end{cases}$$

求:(1)常数 A 和 B; (2)随机变量 X 的密度函数; (3)$P\left\{X>\frac{1}{3}\right\}$.

10. 设随机变量 X 的分布律为

X	-1	0	1	2	2.5
P	0.2	0.1	0.1	0.3	0.3

求:(1)$2X$ 的分布律; (2)X^2 的分布律.

11. 设连续型随机变量 X 的密度函数为 $f_X(x)=\begin{cases}e^{-x}, & x\geqslant 0,\\ 0, & x<0.\end{cases}$ 求随机变量 $Y=e^X$ 的概率密度函数 $f_Y(y)$.

12. 设随机变量 X 服从标准正态分布 $N(0,1)$,其密度函数为 $\varphi(x)=\frac{1}{\sqrt{2\pi}}e^{-\frac{x^2}{2}},x\in(-\infty,+\infty)$,分布函数为 $\Phi(x)=\frac{1}{\sqrt{2\pi}}\int_{-\infty}^{x}e^{-\frac{t^2}{2}}\mathrm{d}t,x\in(-\infty,+\infty)$,试求以下随机变量 Y 的概率密度函数:(1) $Y=|X|$;(2) $Y=2X^2+1$.

13. 某地区一个月内发生重大交通事故数 X 服从如下分布:

X	0	1	2	3	4	5	6
P	0.301	0.362	0.216	0.087	0.026	0.006	0.002

试求该地区发生重大交通事故的月平均数.

14. 设连续型随机变量 X 的密度函数为

$$f(x)=\begin{cases}ax, & 0<x<2,\\ bx+c, & 2\leqslant x\leqslant 4,\\ 0, & \text{其他}.\end{cases}$$

又 $EX=2,P\{1<X<3\}=\frac{3}{4}$,求常数 a,b,c 的值.

15. 设随机变量 X 的分布律为

X	-3	0	1	3
P	0.2	0.1	0.4	0.3

求 $EX,EX^2,E(3X^2+2)$.

16. 设随机变量 X 的概率密度为

$$f(x)=\begin{cases}e^{-x}, & x>0,\\ 0, & x\leqslant 0,\end{cases}$$

$Y=2X,Z=e^{-2X}$,求 EY,EZ.

17. 已知投资一项目的收益率 R 是一随机变量,其分布为

R	1%	2%	3%	4%	5%	6%
P	0.1	0.1	0.2	0.3	0.2	0.1

一位投资者在该项目上投资 10 万元,他预期获得多少收入?收入的方差是多少?

18. 设 $X\sim f(x)=\begin{cases}\dfrac{1}{\pi\sqrt{1-x^2}}, & |x|<1,\\ 0, & \text{其他}\end{cases}$,求 EX,DX.

19. 设随机变量 X 的期望 $EX=\mu$,方差 $DX=\sigma^2$,随机变量 $Y=\dfrac{X-\mu}{\sigma}$,求 EY 和 DY.

20. 甲、乙两工人操作同一台机器生产某种产品,100 件产品中的次品数分别用 X,Y 表示,X,Y 的概率分布如下:

X	0	1	2	3
P	0.8	0.12	0.03	0.05

Y	0	1	2	3
P	0.8	0.1	0.07	0.03

试比较甲、乙两人的技术水平.

21. 有 1000 件产品,其中 900 件是正品,其余是次品. 现从中每次任取 1 件,有放回抽样地取 5 件,试求这 5 件所含次品数的分布律.

22. 一大楼装有 5 个同类型的供水设备. 调查表明在任一时刻每个设备被使用的概率为 0.1,问在同一时刻:

(1) 恰有 2 个设备被使用的概率是多少?

(2) 至少有 3 个设备被使用的概率是多少?

(3) 至多有 3 个设备被使用的概率是多少?

23. 随机变量 $X\sim B(n,p)$,$EX=0.8$,$EX^2=1.28$,问 X 取什么值的概率最大,其概率值为多少?

24. 设随机变量 X 服从泊松分布,且已知 $P\{X=1\}=P\{X=2\}$,求 $P\{X=4\}$.

25. 某商店出售某种商品,月销售量服从参数为 5 的泊松分布,问在月初进货时至少要库存多少件此种商品,才能以 0.999 的概率满足顾客的需要?

26. 设书籍中每页的印刷错误服从泊松分布,经统计发现在某本书上,有一个印刷错误的页数与有 2 个印刷错误的页数相同,求任意检验 4 页,每页上都没有印刷错误的概率.

27. 在一个繁忙的交通路口,单独 1 辆汽车发生意外事故的概率是很小的,$p=0.0001$. 如果某段时间内有 1000 辆汽车通过这个路口,问这段时间内,该路口至少发生 1 起意外事故的概率是多少?

28. 一批产品中有 10% 的不合格品,现从中任取 3 件,求其中至多有一件不合格品的概率.

29. 设随机变量 X 服从 $[-2,2]$ 上的均匀分布,则方程 $y^2+3Xy+4=0$ 有实根的概率是多少?

30. 设随机变量 $X\sim U(-1,2)$，定义

$$Y=\begin{cases}1, & X\geqslant 0,\\ -1, & X<0.\end{cases}$$

求随机变量 Y 的分布律.

31. 已知某种电子元件的寿命 X(单位：小时)服从参数 $\lambda=\dfrac{1}{1000}$ 的指数分布，求 3 个这样的元件使用 1000 小时至少有一个已损坏的概率.

32. 设随机变量 X 服从参数为 3 的指数分布，求随机变量 $Y=1-e^{-3X}$ 的概率密度函数.

33. 设 $X\sim N(0,1)$，试求：(1)$P\{X\leqslant 1.5\}$； (2)$P\{X>2\}$； (3)$P\{X\leqslant -1.8\}$；(4)$P\{-1<X\leqslant 3\}$； (5)$P\{|X|\leqslant 2\}$.

34. 设随机变量 X 服从正态分布 $N(108,3^2)$，试求：

(1)$P\{102<X<117\}$； (2)常数 a，使 $P\{X<a\}=0.95$.

35. 设随机变量 X 服从正态分布 $N(0,\sigma^2)$，若 $P\{|X|>k\}=0.1$，试求 $P\{X<k\}$.

(B)

1. 某射手的射击命中率为 3/4. 现对一目标连续射击，直到第一次命中为止. 令 X 表示第一次命中为止所用的射击次数，求 X 的概率分布，并计算 X 取偶数的概率.

2. 假设一设备开机的无故障工作的时间 X 服从指数分布，平均无故障工作的时间为 5 小时，设备定时开机，出现故障时自动关机，而在无故障的情况下工作 2 小时便关机. 试求该设备每次开机无故障工作的时间的分布函数 $F(y)$.

3. 假设一部机器在一天内发生故障的概率为 0.2，机器发生故障时全天停止工作. 若一周 5 个工作日里无故障，可获利润 10 万元；发生一次故障仍可获利润 5 万元；发生两次故障所获利润 0 元；发生三次或三次以上故障就要亏损 2 万元. 一周内的期望利润是多少？

4. 设连续型随机变量 X 的密度函数为 $f(x)=\begin{cases}\dfrac{x}{a^2}e^{-\frac{x^2}{2a^2}}, & x>0,\\ 0, & \text{其他}.\end{cases}$ 试求 $Y=\dfrac{1}{X}$ 的数学期望.

5. 游客乘电梯从底层到电视塔顶层观光，电梯于每个整点的第 5 分钟、第 25 分钟、第 55 分钟从底层起行. 假设一游客在早上 8 点的第 X 分钟到达底层的候梯处，且 X 服从$[0,60]$上的均匀分布，求该游客等候时间的数学期望.

6. 某人家中在时间间隔 t(小时) 内接到电话的次数 X 服从参数为 $2t$ 的泊松分布.

(1) 若他外出计划用时 10 分钟，问其间电话铃响一次的概率是多少？

(2) 若他希望外出时没有电话的概率至少为 0.5，问他外出应控制最长时间是多少？

第3章 多维随机变量及其分布

在研究随机现象时，常需要同时引入多个随机变量. 比如，在调查购房者的基本信息时，会涉及个人收入、购置面积等项内容；又如，在研究受到随机干扰的正弦信号时，要同时考虑振幅、相位和角频率三个随机变量.

§3.1 二维随机变量及其分布

一、二维随机变量及其分布函数的概念

定义 3.1 由 n 个一维随机变量 $X_1,X_2,\cdots,X_n$ 构成的有序组 $(X_1,X_2,\cdots,X_n)$ 称为 **n 维随机变量**，其中 X_i 称为 $(X_1,X_2,\cdots,X_n)$ 的**第 i 个分量**，n 元实值函数

$$F(x_1,x_2,\cdots,x_n)=P\{X_1\leqslant x_1,X_2\leqslant x_2,\cdots,X_n\leqslant x_n\},(x_1,x_2,\cdots,x_n)\in R^n \tag{3.1}$$

称为 $(X_1,X_2,\cdots,X_n)$ 的**分布函数**或 $X_1,X_2,\cdots,X_n$ 的**联合分布函数**.

由于 $n(n>2)$ 维和二维随机变量没有本质差异，为了简化，以下仅就二维情形展开讨论.

二维随机变量 (X,Y) 的分布函数为

$$F(x,y)=P\{X\leqslant x,Y\leqslant y\},\quad (x,y)\in R^2. \tag{3.2}$$

几何上，$F(x,y)$ 表示平面 R^2 上的随机点 (X,Y) 落在以点 (x,y) 为右上顶点的广义矩形 D 内的概率，见图 3.1.

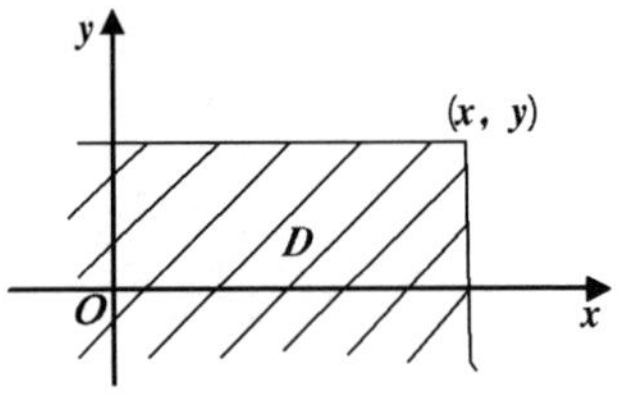

图 3.1

二、二维离散型随机变量的概率分布

定义 3.2 如果二维随机变量 (X,Y) 的所有可能取值为有限对或可列对 (x_i,y_j)，则称 (X,Y) 为**二维离散型随机变量**，并称

$$p_{ij}=P\{X=x_i,Y=y_j\},\quad i,j=1,2,\cdots \tag{3.3}$$

为 (X,Y) 的**概率分布**或 X 与 Y 的**联合概率分布**. 为了直观，习惯上可写成表 3.1 的形式.

表 3.1

$X \backslash Y$	y_1	y_2	$\cdots$	y_j	$\cdots$
x_1	p_{11}	p_{12}	$\cdots$	p_{1j}	$\cdots$
x_2	p_{21}	p_{22}	$\cdots$	p_{2j}	$\cdots$
$\vdots$	$\vdots$	$\vdots$	$\vdots$	$\vdots$	$\vdots$
x_i	p_{i1}	p_{i2}	$\cdots$	p_{ij}	$\cdots$
$\vdots$	$\vdots$	$\vdots$	$\vdots$	$\vdots$	$\vdots$

显然，二维随机变量 (X,Y) 是离散型的当且仅当分量 X 与 Y 都是离散型的.

易见，(X,Y) 的概率分布 p_{ij} 满足下面两条基本性质：

(1) $p_{ij}\geqslant 0,i,\quad j=1,2,\cdots$; (3.4)

(2) $\sum\limits_i\sum\limits_j p_{ij}=1$. (3.5)

由概率的可列可加性知

$$P\{(X,Y)\in D)\}=\sum_{(x_i,y_j)\in D}\sum p_{ij},\quad D\subseteq R^2. \tag{3.6}$$

特别地，

$$F(x,y)=\sum_{x_i\leqslant x,y_j\leqslant y}\sum p_{ij}. \tag{3.7}$$

例 3.1 袋中有 3 张红心扑克牌，2 张黑心扑克牌，若每次抽取一张扑克牌，连续抽取两次，记

$$X_i=\begin{cases}1, & \text{第 } i \text{ 次抽到黑心扑克牌},\\ 0, & \text{第 } i \text{ 次抽到红心扑克牌},\end{cases}\quad i=1,2.$$

求 (X_1,X_2) 的概率分布.

解 (X_1,X_2)的所有可能取值为$(0,0),(0,1),(1,0),(1,1)$.

(1) 不放回抽样:

由乘法公式知

$$P\{X_1=0,X_2=0\}=P\{X_1=0\}\cdot P\{X_2=0\mid X_1=0\}=\frac{3}{5}\times\frac{2}{4}=\frac{3}{10},$$

$$P\{X_1=0,X_2=1\}=P\{X_1=0\}\cdot P\{X_2=1\mid X_1=0\}=\frac{3}{5}\times\frac{2}{4}=\frac{3}{10},$$

$$P\{X_1=1,X_2=0\}=P\{X_1=1\}\cdot P\{X_2=0\mid X_1=1\}=\frac{2}{5}\times\frac{3}{4}=\frac{3}{10},$$

$$P\{X_1=1,X_2=1\}=P\{X_1=1\}\cdot P\{X_2=1\mid X_1=1\}=\frac{2}{5}\times\frac{1}{4}=\frac{1}{10}.$$

从而(X_1,X_2)的概率分布如下:

X_1 \ X_2	0	1
0	$\frac{3}{10}$	$\frac{3}{10}$
1	$\frac{3}{10}$	$\frac{1}{10}$

(2)放回抽样:

因为事件$\{X_1=0\}$与$\{X_2=0\}$相互独立,所以

$$P\{X_1=0,X_2=0\}=P\{X_1=0\}\cdot P\{X_2=0\}=\frac{3}{5}\times\frac{3}{5}=\frac{9}{25},$$

类似可得

$$P\{X_1=0,X_2=1\}=P\{X_1=1,X_2=0\}=\frac{6}{25},\quad P\{X_1=1,X_2=1\}=\frac{4}{25}.$$

故(X_1,X_2)的概率分布如下:

X_1 \ X_2	0	1
0	$\frac{9}{25}$	$\frac{6}{25}$
1	$\frac{6}{25}$	$\frac{4}{25}$

例 3.2 设随机变量 (X,Y) 的概率分布由表 3.2 确定,求:(1)$F(0,1)$; (2)$P\{X=1\}$.

表 3.2

X \ Y	0	1	2
−1	0.2	0	0.1
0	0.1	0.3	0
1	0	0.2	0.1

解 (1) $F(0,1)=P\{X\leqslant 0,Y\leqslant 1\}$

$$=P\{X=-1,Y=0\}+P\{X=-1,Y=1\}+P\{X=0,Y=0\}+P\{X=0,Y=1\}$$

$$=0.2+0+0.1+0.3=0.6.$$

(2)$P\{Y=1\}=P\{X=-1,Y=1\}+P\{X=0,Y=1\}+P\{X=1,Y=1\}=0+0.3+0.2=0.5.$

三、二维连续型随机变量的概率密度

定义 3.3 设二维随机变量 (X,Y) 的分布函数为 $F(x,y)$,如果存在非负函数 $f(x,y)$,使对于任意的 $x,y\in R$,都有

$$F(x,y)=\int_{-\infty}^{x}\int_{-\infty}^{y}f(s,t)\mathrm{d}s\mathrm{d}t, \tag{3.8}$$

则称(X,Y)为**二维连续型随机变量**,$f(x,y)$为(X,Y)的**概率密度**或 X 与 Y 的**联合概率密度**,简记为$(X,Y)\sim f(x,y)$.

显然,二维连续型随机变量(X,Y)的分布函数 $F(x,y)$ 是连续的.

(X,Y) 的概率密度函数 $f(x,y)$ 满足下面两条基本性质:

(1)$f(x,y)\geqslant 0$; (3.9)

(2)$\int_{-\infty}^{+\infty}\int_{-\infty}^{+\infty}f(x,y)\mathrm{d}x\mathrm{d}y=1.$ (3.10)

注意 式(3.9)和式(3.10)是二元函数 $f(x,y)$ 成为概率密度的充要条件.

若 $f(x,y)$ 在点(x,y)处连续,则

$$f(x,y)=\frac{\partial^2 F(x,y)}{\partial x\partial y}. \tag{3.11}$$

利用定义 3.3,可以证明

$$P\{(X,Y)\in G\}=\iint_G f(x,y)\mathrm{d}x\mathrm{d}y. \tag{3.12}$$

几何上,$P\{(X,Y)\in G\}$是指密度曲面$z=f(x,y)$向平面区域G投影所形成的曲顶柱体的体积V.

定义 3.4 若二维随机变量(X,Y)的概率密度为

$$f(x,y)=\begin{cases}\dfrac{1}{S_D}, & (x,y)\in D,\\ 0, & (x,y)\notin D,\end{cases} \tag{3.13}$$

其中 S_D 是平面 R^2 上可度量的有界区域 D 的面积,称(X,Y)服从区域 D 上的**均匀分布**.

例 3.3 设二维随机变量(X,Y)的概率密度为

$$f(x,y)=\frac{k}{(1+x^2)(1+y^2)},$$

试求:(1) 常数 k; (2)$P\{0<X<1,0<Y<1\}$.

解 (1) 由式(3.10),有

$$\begin{aligned}1&=\int_{-\infty}^{+\infty}\int_{-\infty}^{+\infty}\frac{k}{(1+x^2)(1+y^2)}\mathrm{d}x\mathrm{d}y\\&=k\int_{-\infty}^{+\infty}\frac{1}{1+x^2}\mathrm{d}x\int_{-\infty}^{+\infty}\frac{1}{1+y^2}\mathrm{d}y\\&=k(\arctan x\big|_{-\infty}^{+\infty})(\arctan y\big|_{-\infty}^{+\infty})\\&=k\pi^2,\end{aligned}$$

即 $k=\frac{1}{\pi^2}$.

(2)令 $D=\{(x,y)\mid 0<x<1,0<y<1\}$,则

$$\begin{aligned}P\{0<X<1,0<Y<1\}&=\frac{1}{\pi^2}\iint_D\frac{1}{(1+x^2)(1+y^2)}\mathrm{d}x\mathrm{d}y\\&=\frac{1}{\pi^2}\int_0^1\frac{1}{1+x^2}\mathrm{d}x\int_0^1\frac{1}{1+y^2}\mathrm{d}y\\&=\frac{1}{\pi^2}(\arctan x\big|_0^1)(\arctan y\big|_0^1)\\&=\frac{1}{16}.\end{aligned}$$

例 3.4 设二维随机变量(X,Y)的概率密度为

$$f(x,y)=\begin{cases}2\mathrm{e}^{-(2x+y)} & x,y>0,\\0, & 其他,\end{cases}$$

试求:(1) 分布函数 $F(x,y)$; (2)$P\{(X,Y)\in D\}$,其中 D 为图 3.2 中阴影部分.

解 (1)$F(x,y)=\int_{-\infty}^{x}\int_{-\infty}^{y}f(s,t)\mathrm{d}s\mathrm{d}t$

$$\begin{aligned}&=\begin{cases}\int_0^x\int_0^y 2\mathrm{e}^{-(2s+t)}\mathrm{d}s\mathrm{d}t, & x,y>0,\\0, & 其他,\end{cases}\\&=\begin{cases}2\int_0^x\mathrm{e}^{-2s}\mathrm{d}s\int_0^y\mathrm{e}^{-t}\mathrm{d}t, & x,y>0,\\0, & 其他,\end{cases}\\&=\begin{cases}(1-\mathrm{e}^{-2x})(1-\mathrm{e}^{-y}), & x,y>0,\\0, & 其他.\end{cases}\end{aligned}$$

(2) $$P\{(X,Y)\in D\}=\iint\limits_D f(x,y)\mathrm{d}x\mathrm{d}y=\int_0^1\mathrm{d}x\int_0^{2-2x}2\mathrm{e}^{-(2x+y)}\mathrm{d}y=\int_0^1 2(\mathrm{e}^{-2x}-\mathrm{e}^{-2})\mathrm{d}x=1-3\mathrm{e}^{-2}.$$

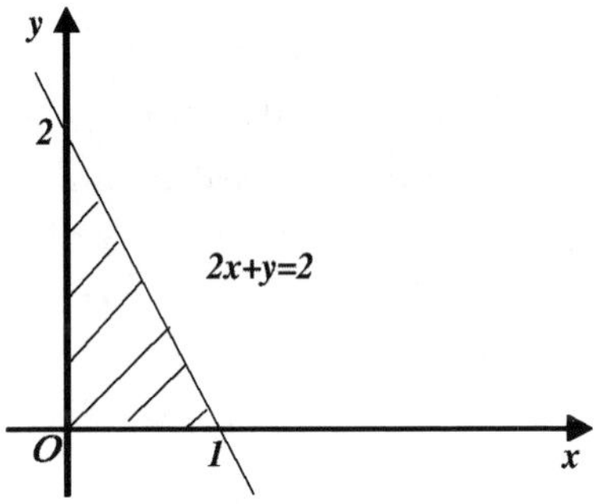

图 3.2

*定义 3.5 设二维随机变量 (X,Y) 的概率密度为

$$\varphi(x,y)=\frac{1}{2\pi\sigma_1\sigma_2\sqrt{1-\rho^2}}exp\left\{-\frac{1}{2(1-\rho^2)}\left[\frac{(x-\mu_1)^2}{\sigma_1^2}-2\rho\frac{(x-\mu_1)(y-\mu_2)}{\sigma_1\sigma_2}+\frac{(y-\mu_2)^2}{\sigma_2^2}\right]\right\},\quad (x,y)\in R^2,$$

其中 $\mu_1,\mu_2,\sigma_1,\sigma_2,\rho$ 为常数,并且 $\sigma_1,\sigma_2>0$, $-1<\rho<1$,称 (X,Y) 服从**二维正态分布**,记为 $(X,Y)\sim N(\mu_1,\sigma_1^2;\mu_2,\sigma_2^2;\rho)$.

§3.2 边缘分布

一、离散型随机变量的边缘概率分布

n 维随机变量 $(X_1,X_2,\cdots,X_n)$ 中分量 $X_i(i=1,2,\cdots,n)$ 的分布,称为关于 X_i 的**边缘分布**.特别地,二维随机变量 (X,Y) 中分量 X、Y 的分布,分别称为**关于 X、Y 的边缘分布**.

设二维离散型随机变量 (X,Y) 的概率分布为 $p_{ij}=P\{X=x_i,Y=y_j\}$,则关于 X、Y 的边缘概率分布分别为

$$p_{i\cdot}\triangleq P\{X=x_i\}=\sum_j p_{ij},\quad i=1,2,\cdots,\tag{3.14}$$

$$p_{\cdot j} \triangleq P\{Y=y_j\}=\sum_i p_{ij}, \quad j=1,2,\cdots, \tag{3.15}$$

证明 $p_{i\cdot}=P\{X=x_i\}=P\left\{X=x_i, \sum_j \{Y=y_j\}\right\}$

$$=\sum_j P\{X=x_i, Y=y_j\}=\sum_j p_{ij}, \quad i=1,2,\cdots.$$

类似可得式(3.15).

事实上,在(X,Y)的概率分布表中,若将各行(或列)元素相加后置于最后一列(或行)就是关于X(或Y)的边缘概率分布,见表3.3.

表 3.3

$X \backslash Y$	y_1	y_2	$\cdots$	$p_{i\cdot}$
x_1	p_{11}	p_{12}	$\cdots$	$p_{1\cdot}$
x_2	p_{21}	p_{22}	$\cdots$	$p_{2\cdot}$
$\vdots$	$\vdots$	$\vdots$	$\vdots$	$\vdots$
$p_{\cdot j}$	$p_{\cdot 1}$	$p_{\cdot 2}$	$\cdots$	1

例 3.5 求例3.1中二维随机变量(X_1,X_2)关于X_1以及X_2的边缘概率分布.

解 (1)不放回抽样

$X_1 \backslash X_2$	0	1	$p_{i\cdot}$
0	$\frac{3}{10}$	$\frac{3}{10}$	$\frac{3}{5}$
1	$\frac{3}{10}$	$\frac{1}{10}$	$\frac{2}{5}$
$p_{\cdot j}$	$\frac{3}{5}$	$\frac{2}{5}$	1

(2)放回抽样

$X_1 \backslash X_2$	0	1	$p_{i\cdot}$
0	$\frac{9}{25}$	$\frac{6}{25}$	$\frac{3}{5}$
1	$\frac{6}{25}$	$\frac{4}{25}$	$\frac{2}{5}$
$p_{\cdot j}$	$\frac{3}{5}$	$\frac{2}{5}$	1

由式(3.14)和式(3.15)知,联合概率分布完全确定边缘概率分布.而例3.5则表明,反之不成立.

例 3.6 求例 3.2 中二维随机变量 (X,Y) 关于 X 的边缘概率分布以及条件概率 $P\{Y=2 \mid X=-1\}$.

解 关于 X 的边缘概率分布为

$$\begin{aligned}P\{X=-1\}&=P\{X=-1,Y=0\}+P\{X=-1,Y=1\}+P\{X=-1,Y=2\}\\&=0.2+0+0.1=0.3,\end{aligned}$$

类似可得 $P\{X=0\}=0.4, P\{X=1\}=0.3$.

列表如下：

X	-1	0	1
$p_{i\cdot}$	0.3	0.4	0.3

于是

$$P\{Y=2 \mid X=-1\}=\frac{P\{Y=2,X=-1\}}{P\{X=-1\}}=\frac{0.1}{0.3}=\frac{1}{3}.$$

二、连续型随机变量的边缘概率密度

设二维连续型随机变量 $(X,Y)\sim f(x,y)$，则关于 X、Y 的边缘概率密度分别为

$$f_1(x)=\int_{-\infty}^{+\infty} f(x,y)\mathrm{d}y, \tag{3.16}$$

$$f_2(y)=\int_{-\infty}^{+\infty} f(x,y)\mathrm{d}x. \tag{3.17}$$

证明(分布函数法) 设关于 X 的边缘分布函数为 $F_1(x)$，则

$$\begin{aligned}F_1(x)&=P\{X\leqslant x\}=P\{X\leqslant x,-\infty<Y<+\infty\}\\&=\int_{-\infty}^{x}\int_{-\infty}^{+\infty} f(s,y)\mathrm{d}s\mathrm{d}y,\end{aligned}$$

故 $f_1(x)=F_1'(x)=\int_{-\infty}^{+\infty} f(x,y)\mathrm{d}y$.

同理可得式(3.17).

例 3.7 设二维随机变量(X,Y) 服从区域 D 上的均匀分布，其中 D 为图 3.3 中阴影部分，求关于 X 以及 Y 的边缘概率密度 .

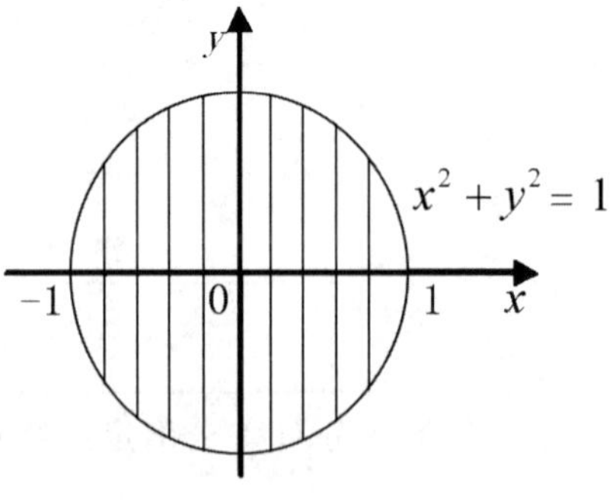

图 3.3

解 设 $(X,Y)\sim f(x,y)$，则由题意知

$$f(x,y)=\begin{cases}\dfrac{1}{\pi}, & x^2+y^2\leqslant 1,\\ 0, & \text{其他}.\end{cases}$$

于是，关于 X 的边缘概率密度为

$$\begin{aligned}f_1(x)&=\int_{-\infty}^{+\infty}f(x,y)\mathrm{d}y\\&=\begin{cases}\displaystyle\int_{-\sqrt{1-x^2}}^{\sqrt{1-x^2}}\frac{1}{\pi}\mathrm{d}y, & -1\leqslant x\leqslant 1,\\ 0, & \text{其他}.\end{cases}\\&=\begin{cases}\dfrac{2}{\pi}\sqrt{1-x^2}, & -1\leqslant x\leqslant 1,\\ 0, & \text{其他}.\end{cases}\end{aligned}$$

同理，关于 Y 的边缘概率密度为

$$f_2(y)=\begin{cases}\dfrac{2}{\pi}\sqrt{1-y^2}, & -1\leqslant y\leqslant 1,\\ 0, & \text{其他}.\end{cases}$$

***例 3.8** 设二维随机变量 $(X,Y)\sim N(0,1;0,1;\rho)$，求关于 X 和 Y 的边缘概率密度.

解 设 $(X,Y)\sim\varphi(x,y)$，则由定义 3.5 知

$$\varphi(x,y)=\frac{1}{2\pi\sqrt{1-\rho^2}}exp\left\{-\frac{x^2-2\rho xy+y^2}{2(1-\rho^2)}\right\},\quad (x,y)\in R^2.$$

于是，关于 X 的边缘概率密度为

$$\begin{aligned}\varphi_X(x)&=\int_{-\infty}^{+\infty}\varphi(x,y)\mathrm{d}y\\&=\frac{1}{2\pi\sqrt{1-\rho^2}}\int_{-\infty}^{+\infty}exp\left\{-\frac{x^2-2\rho xy+y^2}{2(1-\rho^2)}\right\}\mathrm{d}y\\&=\frac{1}{2\pi\sqrt{1-\rho^2}}\int_{-\infty}^{+\infty}exp\left\{-\frac{1}{2}\left[x^2+\left(\frac{y-\rho x}{\sqrt{1-\rho^2}}\right)^2\right]\right\}\mathrm{d}y.\end{aligned}$$

令 $t=\dfrac{y-\rho x}{\sqrt{1-\rho^2}}$，有

$$\begin{aligned}\varphi_X(x)&=\frac{1}{2\pi}\int_{-\infty}^{+\infty}exp\left[-\frac{1}{2}(x^2+t^2)\right]\mathrm{d}t\\&=\frac{1}{2\pi}\mathrm{e}^{-\frac{1}{2}x^2}\int_{-\infty}^{+\infty}\mathrm{e}^{-\frac{1}{2}t^2}\mathrm{d}\\&=\frac{1}{\sqrt{2\pi}}\mathrm{e}^{-\frac{1}{2}x^2},\quad x\in R,\end{aligned}$$

即 $X\sim N(0,1)$. 由对称性可知 $Y\sim N(0,1)$.

一般地，设二维随机变量 $(X,Y)\sim N(\mu_1,\sigma_1^2;\mu_2,\sigma_2^2;\rho)$，则 $X\sim N(\mu_1,\sigma_1^2)$，$Y\sim N(\mu_2,\sigma_2^2)$.

由式(3.16)和式(3.17)知，联合概率密度完全确定边缘概率密度．而例3.8则表明，反之不成立．

*§3.3 条件分布

在研究二维随机变量(X,Y)的统计规律时，经常要考虑某个分量取固定值的条件下另外一个分量的分布，这就是条件分布．

一、离散型随机变量的条件概率分布

定义3.6 设二维随机变量(X,Y)是离散型的，对于固定的j，如果$p_{\cdot j}=P\{Y=y_j\}>0$，则称

$$P\{X=x_i \mid Y=y_j\}=\frac{P\{X=x_i,Y=y_j\}}{P\{Y=y_j\}}=\frac{p_{ij}}{p_{\cdot j}},\quad i=1,2,\cdots \tag{3.18}$$

为**在$Y=y_j$条件下随机变量X的条件概率分布**，对于固定的i，如果$p_{i\cdot}=P\{X=x_i\}>0$，则称

$$P\{Y=y_j \mid X=x_i\}=\frac{P\{X=x_i,Y=y_j\}}{P\{X=x_i\}}=\frac{p_{ij}}{p_{i\cdot}},\quad j=1,2,\cdots \tag{3.19}$$

为**在$X=x_i$条件下随机变量Y的条件概率分布**，写成表格形式见表3.4、表3.5．

表3.4

X	x_1	x_2	$\cdots$	x_i	$\cdots$
$P\{X=x_i \mid Y=y_j\}$	$\frac{p_{1j}}{p_{\cdot j}}$	$\frac{p_{2j}}{p_{\cdot j}}$	$\cdots$	$\frac{p_{ij}}{p_{\cdot j}}$	$\cdots$

表3.5

Y	y_1	y_2	$\cdots$	y_j	$\cdots$
$P\{Y=y_j \mid X=x_i\}$	$\frac{p_{i1}}{p_{i\cdot}}$	$\frac{p_{i2}}{p_{i\cdot}}$	$\cdots$	$\frac{p_{ij}}{p_{i\cdot}}$	$\cdots$

条件概率分布满足下面两条基本性质：

(1)$P\{X=x_i \mid Y=y_j\}\geqslant 0,\quad i=1,2,\cdots$；

(2)$\sum\limits_i P\{X=x_i \mid Y=y_j\}=1$．

这是因为

$$\sum_i P\{X=x_i \mid Y=y_j\}=\sum_i \frac{p_{ij}}{p_{\cdot j}}=\frac{\sum\limits_i p_{ij}}{p_{\cdot j}}=\frac{p_{\cdot j}}{p_{\cdot j}}=1.$$

同样，$P\{Y=y_j \mid X=x_i\}$也具有类似性质，$j=1,2,\cdots$．

例3.9 已知二维随机变量(X,Y)的概率分布为

X \ Y	-1	0	1
1	0.1	0.4	0
2	0.3	0	0.2

求 Y 的条件概率分布.

解 关于 X 的边缘概率分布为

$$P\{X=1\}=P\{X=2\}=0.5.$$

在 $X=1$ 的条件下 Y 的条件概率分布为

$$P\{Y=-1 \mid X=1\}=\frac{P\{X=1,Y=-1\}}{P\{X=1\}}=\frac{0.1}{0.5}=0.2,$$

$$P\{Y=0 \mid X=1\}=\frac{P\{X=1,Y=0\}}{P\{X=1\}}=\frac{0.4}{0.5}=0.8,$$

$$P\{Y=1 \mid X=1\}=\frac{P\{X=1,Y=1\}}{P\{X=1\}}=\frac{0}{0.5}=0.$$

列表如下:

Y	-1	0	1
$P\{Y=y_j \mid X=1\}$	0.2	0.8	0

类似地,在 $X=2$ 的条件下 Y 的条件概率分布为

Y	-1	0	1
$P\{Y=y_j \mid X=2\}$	0.6	0	0.4

二、连续型随机变量的条件概率密度

定义 3.7 设二维连续型随机变量 (X,Y) 的概率密度为 $f(x,y)$,对于固定的 y,如果 $f_Y(y)=\int_{-\infty}^{+\infty}f(x,y)\mathrm{d}x>0$,则称

$$f_{X|Y}(x \mid y)=\frac{f(x,y)}{f_Y(y)} \tag{3.20}$$

为**在 $Y=y$ 条件下 X 的条件概率密度**,对于固定的 x,如果 $f_X(x)=\int_{-\infty}^{+\infty}f(x,y)\mathrm{d}y>0$,则称

$$f_{Y|X}(y \mid x)=\frac{f(x,y)}{f_X(x)} \tag{3.21}$$

为**在 $X=x$ 条件下 Y 的条件概率密度.**

例 3.10 设 X 为区间$(0,1)$上的随机数,并且当 X 取值为 $x(0<x<1)$ 时,Y 服从区间$(x,1)$上的均匀分布,试求:

(1) 二维随机变量(X,Y)的概率密度 $f(x,y)$;

(2) 关于 Y 的边缘概率密度 $f_Y(y)$.

解 (1) 设 $X\sim f_X(x)$,则由题意知

$$f_X(x)=\begin{cases}1, & 0<x<1,\\ 0, & \text{其他},\end{cases}$$

并且

$$f_{Y|X}(y\mid x)=\begin{cases}\dfrac{1}{1-x}, & x<y<1,\\ 0, & \text{其他}.\end{cases}$$

于是

$$f(x,y)=f_X(x)\cdot f_{Y|X}(y\mid x)=\begin{cases}\dfrac{1}{1-x}, & 0<x<y<1,\\ 0, & \text{其他}.\end{cases}$$

(2) $f_Y(y)=\int_{-\infty}^{+\infty}f(x,y)\mathrm{d}x$

$$=\begin{cases}\displaystyle\int_0^y\frac{1}{1-x}\mathrm{d}x, & 0<y<1,\\ 0, & \text{其他},\end{cases}\quad\text{(积分限的确定见图 3.4)}$$

$$=\begin{cases}-\ln(1-y), & 0<y<1,\\ 0, & \text{其他}.\end{cases}$$

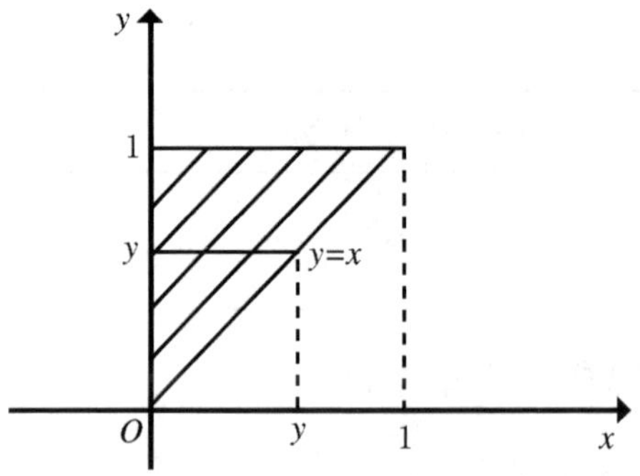

图 3.4

§3.4 随机变量的独立性

在多维随机变量中,各分量的取值之间或存在某种联系,或相互独立.比如,学习成绩 X 必然会受到作业量 Y 的影响,但一般不会受到生活费 Z 的影响.下面我们正式给出随机变量独立性的严格定义.

定义 3.8 设二维随机变量 (X,Y) 的分布函数和关于 X、Y 的边缘分布函数分别为 $F(x,y)$ 以及 $F_X(x)$、$F_Y(y)$,如果对于任意的 $x,y\in R$,都有

$$F(x,y)=F_X(x)\cdot F_Y(y), \tag{3.22}$$

则称随机变量 X 与 Y **相互独立**.

显然，随机变量 X 与 Y 相互独立本质上是事件$\{X \leqslant x\}$与事件$\{Y \leqslant y\}$相互独立，其中 x 和 y 为任意实数. 在独立场合下，边缘分布可以反向确定联合分布.

例 3.11 设随机变量 X 与 Y 相互独立，$a,b,c,d \in R$，证明：

$$P\{a < X \leqslant b, c < Y \leqslant d\} = P\{a < X \leqslant b\} \cdot P\{c < Y \leqslant d\}.$$

证明 由式(3.2)和定义 3.8 知

$$\begin{aligned} P\{a < X \leqslant b, c < Y \leqslant d\} &= F(b,d) - F(a,d) - F(b,c) + F(a,c) \\ &= F_X(b) \cdot F_Y(d) - F_X(a) \cdot F_Y(d) - F_X(b) \cdot F_Y(c) + F_X(a) \cdot F_Y(c) \\ &= [F_X(b) - F_X(a)] \cdot [F_Y(d) - F_Y(c)] \\ &= P\{a < X \leqslant b\} \cdot P\{c < Y \leqslant d\}. \end{aligned}$$

可以证明，若(X,Y)是二维离散型随机变量，则 X 与 Y 相互独立等价于

$$p_{ij} = p_{i\cdot} \cdot p_{\cdot j}, \tag{3.23}$$

其中 p_{ij} 和 $p_{i\cdot}$、$p_{\cdot j}$ 分别为(X,Y)的概率分布以及关于 X、Y 的边缘概率分布.

例 3.12 例 3.5 中随机变量 X_1 与 X_2 是否独立？

解 (1) 不放回抽样：

因为$\frac{3}{10} = P\{X_1 = 0, X_2 = 0\} \neq P\{X_1 = 0\} \cdot P\{X_2 = 0\} = \frac{3}{5} \times \frac{3}{5} = \frac{9}{25}$，由式(3.23)知，$X_1$ 与 X_2 不独立.

(2)放回抽样：

容易验证 $P\{X_1 = i, X_2 = j\} = P\{X_1 = i\} \cdot P\{X_2 = j\}$，$i = 0,1$，$j = 0,1$，由式(3.23)知，$X_1$ 与 X_2 相互独立.

例 3.13 设随机变量 X、Y 的概率分布分别为

X	-1	0
P	0.3	0.7

Y	2	0	1
P	0.1	0.4	0.5

并且 X 与 Y 相互独立，求二维随机变量(X,Y)的概率分布.

解 由于 X 与 Y 相互独立，有

$$P\{X = -1, Y = -2\} = P\{X = -1\} \cdot P\{Y = -2\} = 0.3 \times 0.1 = 0.03.$$

类似可得其他乘积事件的概率. 列表如下：

表 3.6

X \ Y	-2	0	1
-1	0.03	0.12	0.15
0	0.07	0.28	0.35

若(X,Y)是二维连续型随机变量，则 X 与 Y 相互独立等价于

$$f(x,y) = f_X(x) \cdot f_Y(y). \tag{3.24}$$

其中 $f(x,y)$ 和 $f_X(x)$，$f_Y(y)$ 分别为(X,Y)的概率密度以及关于 X，Y 的边缘概率密度.

事实上，设(X,Y)的分布函数和关于 X、Y 的边缘分布函数分别为 $F(x,y)$ 以及 $F_X(x)$、$F_Y(y)$. 若 $f(x,y) = f_X(x) \cdot f_Y(y)$，则

$$\int_{-\infty}^{x}\int_{-\infty}^{y} f(s,t)\mathrm{d}s\mathrm{d}t=\int_{-\infty}^{x}\int_{-\infty}^{y} f_X(s)\cdot f_Y(t)\mathrm{d}s\mathrm{d}t=\int_{-\infty}^{x} f_X(s)\mathrm{d}s\cdot\int_{-\infty}^{y} f_Y(t)\mathrm{d}t,$$

即 $F(x,y)=F_X(x)\cdot F_Y(y)$. 由定义 3.8 知,$X$ 与 Y 相互独立.

反之,若 X 与 Y 相互独立,则 $F(x,y)=F_X(x)\cdot F_Y(y)$. 现假设 $f(x,y)$ 连续(一般情形的证明略),因而有

$$\frac{\partial^2 F(x,y)}{\partial x\partial y}=\frac{\partial^2[F_X(x)\cdot F_Y(y)]}{\partial x\partial y}=\frac{\mathrm{d}F_X(x)}{\mathrm{d}x}\cdot\frac{\mathrm{d}F_Y(y)}{\mathrm{d}y},$$

即 $f(x,y)=f_X(x)\cdot f_Y(y)$.

例 3.14 设随机变量 (X,Y) 服从区域 $D=\{(x,y)\mid 0<x<1,0<y<1\}$ 上的均匀分布,X 与 Y 是否独立?

解 由题设知,(X,Y) 的概率密度为

$$f(x,y)=\begin{cases}1, & 0<x<1,0<y<1,\\ 0, & \text{其他}.\end{cases}$$

于是,关于 X 的边缘概率密度为

$$f_X(x)=\int_{-\infty}^{+\infty} f(x,y)\mathrm{d}y=\begin{cases}\int_0^1 1\mathrm{d}y, & 0<x<1,\\ 0, & \text{其他},\end{cases}=\begin{cases}1, & 0<x<1,\\ 0, & \text{其他}.\end{cases}$$

类似地,关于 Y 的边缘概率密度为

$$f_Y(y)=\begin{cases}1, & 0<y<1,\\ 0, & \text{其他}.\end{cases}$$

因此 $f(x,y)=f_X(x)\cdot f_Y(y)$,即 X 与 Y 相互独立.

***例 3.15** 设二维随机变量 $(X,Y)\sim N(\mu_1,\sigma_1^2;\mu_2,\sigma_2^2;\rho)$,证明:$X$ 与 Y 相互独立等价于 $\rho=0$.

证明 由题意知,随机变量 (X,Y) 的概率密度为

$$\varphi(x,y)=\frac{1}{2\pi\sigma_1\sigma_2\sqrt{1-\rho^2}}exp\left\{-\frac{1}{2(1-\rho^2)}\left[\frac{(x-\mu_1)^2}{\sigma_1^2}-2\rho\frac{(x-\mu_1)(y-\mu_2)}{\sigma_1\sigma_2}+\frac{(y-\mu_2)^2}{\sigma_2^2}\right]\right\},$$

$$(x,y)\in R^2.$$

若 $\rho=0$,则

$$\varphi(x,y)=\frac{1}{2\pi\sigma_1\sigma_2}exp\left\{-\frac{1}{2}\left[\frac{(x-\mu_1)^2}{\sigma_1^2}+\frac{(y-\mu_2)^2}{\sigma_2^2}\right]\right\}=\varphi_X(x)\cdot\varphi_Y(y),\quad (x,y)\in R^2,$$

其中 φ_X,φ_Y 分别为 X,Y 的概率密度,即 X 与 Y 相互独立.

反之,若 X 与 Y 相互独立,令 $x=\mu_1,y=\mu_2$,由式(3.24),则有

$$\frac{1}{2\pi\sigma_1\sigma_2\sqrt{1-\rho^2}}=\frac{1}{2\pi\sigma_1\sigma_2},$$

故 $\rho=0$.

定义 3.9 设 n 维随机变量 $(X_1,X_2,\cdots,X_n)$ 的分布函数和关于 X_i 的边缘分布函数分别为 $F(x_1,x_2,\cdots,x_n)$ 以及 $F_i(x_i)$，$i=1,2,\cdots,n$，若对于任意的实数 $x_1,x_2,\cdots,x_n$，都有

$$F(x_1,x_2,\cdots,x_n)=\prod_{i=1}^{n}F_i(x_i), \tag{3.25}$$

则称随机变量 $X_1,X_2,\cdots,X_n$ **相互独立**.

定义 3.10 若随机变量序列 $X_1,X_2,\cdots,X_n,\cdots$ 中任意 n 个随机变量相互独立($n\geqslant 2$)，则称 $X_1,X_2,\cdots,X_n,\cdots$ **相互独立**. 进一步地，若所有 X_i 的分布还相同，则称 $X_1,X_2,\cdots,X_n,\cdots$ 为**独立同分布的随机变量序列**.

§3.5 多维随机变量函数的分布

在许多实际问题中，需要研究多维随机变量函数的分布. 比如，设向靶心 O 射击时弹着点 (X,Y) 服从二维均匀分布，现考虑上述两点间的距离 $Z=\sqrt{X^2+Y^2}$ 的分布.

一、二维离散型随机变量函数的分布

设二维离散型随机变量 (X,Y) 的概率分布为

$$P\{X=x_i,Y=y_j\}=p_{ij},\quad i,j=1,2,\cdots,$$

则函数 $Z=g(X,Y)$ 是一维离散型随机变量，并且其概率分布为

$$P\{Z=z_k\}=\sum_{(x_i,y_j)\in D_k}p_{ij},\quad k=1,2,\cdots,$$

其中 $D_k=\{(x_i,y_j)\mid g(x_i,y_j)=z_k\}$.

例 3.16 设随机变量 (X,Y) 的概率分布见表 3.6，试求：

(1) $Z=X-Y$ 的概率分布；

(2) $m=\min\{X,Y\}$ 的概率分布.

解 (1) Z 的可能取值为 $-2,-1,0,1,2$，

$$P=\{Z=-2\}=P\{X=-1,Y=1\}=0.15,$$

类似可得其他事件的概率，从而 $Z=X-Y$ 的概率分布为

$Z=X-Y$	-2	-1	0	1	2
P	0.15	0.47	0.28	0.03	0.07

(2) m 的可能取值为 $-2,-1,0$，

$$P=\{m=-2\}=P\{X=-1,Y=-2\}+P\{X=0,Y=-2\}=0.1,$$

类似可得其他事件的概率，从而 $m=\min\{X,Y\}$ 的概率分布为

$m=\min\{X,Y\}$	-2	-1	0
P	0.1	0.27	0.63

二、二维连续型随机变量函数的分布

分布函数法是求概率密度的标准方法. 设二维连续型随机变量 $(X,Y) \sim f(x,y)$，并且函数$Z=g(X,Y)$ 也是连续型的，则 Z 的分布函数为

$$F_Z(z)=P\{g(X,Y)\leqslant z\}=\iint_{g(x,y)\leqslant z} f(x,y)\mathrm{d}x\mathrm{d}y,$$

求导后可得 Z 的概率密度为

$$f_Z(z)=\begin{cases} F_Z'(z), & z \text{ 是 } f_Z(z) \text{ 的连续点}, \\ 0, & \text{其他}. \end{cases}$$

1. $Z=X+Y$ 的分布

设二维随机变量(X,Y) 的概率密度为 $f(x,y)$，则 $Z=X+Y$ 的分布函数为

$$\begin{aligned} F_Z(z) &= P\{X+Y\leqslant z\} \\ &= \iint_{x+y\leqslant z} f(x,y)\mathrm{d}x\mathrm{d}y. \text{（积分区域见图 3.5）} \end{aligned}$$

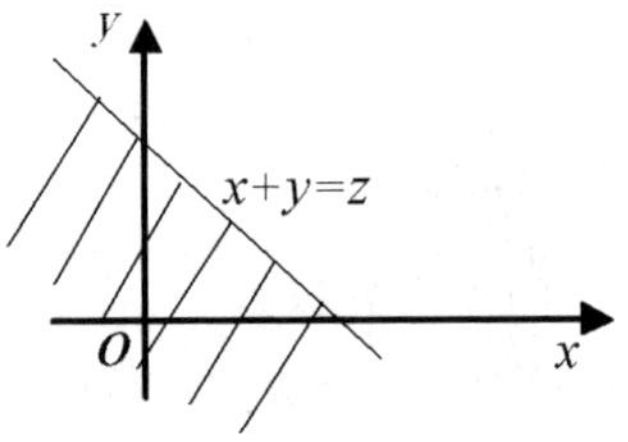

图 3.5

化累次积分得

$$F_Z(z)=\int_{-\infty}^{+\infty}\mathrm{d}y\int_{-\infty}^{z-y} f(x,y)\mathrm{d}x,$$

固定 z,y，令 $u=x+y$，则

$$\begin{aligned} F_Z(z) &= \int_{-\infty}^{+\infty}\mathrm{d}y\int_{-\infty}^{z} f(u-y,y)\mathrm{d}u \\ &= \int_{-\infty}^{z}\mathrm{d}u\int_{-\infty}^{+\infty} f(u-y,y)\mathrm{d}y. \end{aligned}$$

因此，Z 的概率密度为

$$\begin{aligned} f_Z(z)=F_Z'(z) &= \left[\int_{-\infty}^{z}\mathrm{d}u\int_{-\infty}^{+\infty} f(u-y,y)\mathrm{d}y\right]' \\ &= \int_{-\infty}^{+\infty} f(z-y,y)\mathrm{d}y. \end{aligned} \tag{3.26}$$

由对称性知

$$f_Z(z)=\int_{-\infty}^{+\infty} f(x,z-x)\mathrm{d}x. \tag{3.27}$$

特别地,若 X 与 Y 相互独立,设关于 X、Y 的边缘概率密度分别为 $f_X(x)$、$f_Y(y)$,则

$$f_Z(z)=\int_{-\infty}^{+\infty} f_X(z-y)f_Y(y)\mathrm{d}y, \tag{3.28}$$

$$f_Z(z)=\int_{-\infty}^{+\infty} f_X(x)f_Y(z-x)\mathrm{d}x. \tag{3.29}$$

通常称式(3.28)、式(3.29)为**卷积公式**.

例 3.17 设随机变量 X 与 Y 相互独立,并且 $X\sim N(0,1)$,$Y\sim N(0,1)$,证明:$Z=X+Y\sim N(0,2)$.

证明 由卷积公式知,Z 的概率密度为

$$\begin{aligned} f_Z(z)&=\int_{-\infty}^{+\infty}\varphi_X(x)\varphi_Y(z-x)\mathrm{d}x \\ &=\frac{1}{2\pi}\int_{-\infty}^{+\infty}\mathrm{e}^{-\frac{x^2}{2}}\mathrm{e}^{-\frac{(z-x)^2}{2}}\mathrm{d}x \\ &=\frac{1}{2\pi}\mathrm{e}^{-\frac{z^2}{4}}\int_{-\infty}^{+\infty}\mathrm{e}^{-\left(x-\frac{z}{2}\right)^2}\mathrm{d}x . \end{aligned}$$

令 $t=x-\dfrac{z}{2}$,则

$$\begin{aligned} f_Z(z)&=\frac{1}{2\pi}\mathrm{e}^{-\frac{z^2}{4}}\int_{-\infty}^{+\infty}\mathrm{e}^{-t^2}\mathrm{d}t \\ &=\frac{1}{2\sqrt{\pi}}\mathrm{e}^{-\frac{z^2}{4}},\quad z\in R. \end{aligned}$$

即 $Z\sim N(0,2)$.

一般地,设 $X\sim N(\mu_1,\sigma_1^2)$,$Y\sim N(\mu_2,\sigma_2^2)$,并且 X 与 Y 相互独立,则 $Z=X+Y\sim N(\mu_1+\mu_2,\sigma_1^2+\sigma_2^2)$,即正态分布具有参数可加性. 进一步地,由归纳推理可以证明:设随机变量 $X_i\sim N(\mu_i,\sigma_i^2)$,$i=1,2,\cdots,n$,并且 $X_1,X_2,\cdots,X_n$ 相互独立,则

$$\sum_{i=1}^{n}a_iX_i\sim N\left(\sum_{i=1}^{n}a_i\mu_i,\sum_{i=1}^{n}a_i^2\sigma_i^2\right),$$

其中 $a_1,a_2,\cdots,a_n$ 为不全为零的常数.

*2. $Z=\dfrac{X}{Y}$ 的分布

设二维随机变量(X,Y)的概率密度为 $f(x,y)$,并且 $Z=\dfrac{X}{Y}$,则 Z 的分布函数为

$$F_Z(z)=P\{Z\leqslant z\}=\iint_{x/y\leqslant z} f(x,y)\mathrm{d}x\mathrm{d}y,$$

积分区域见图 3.6.

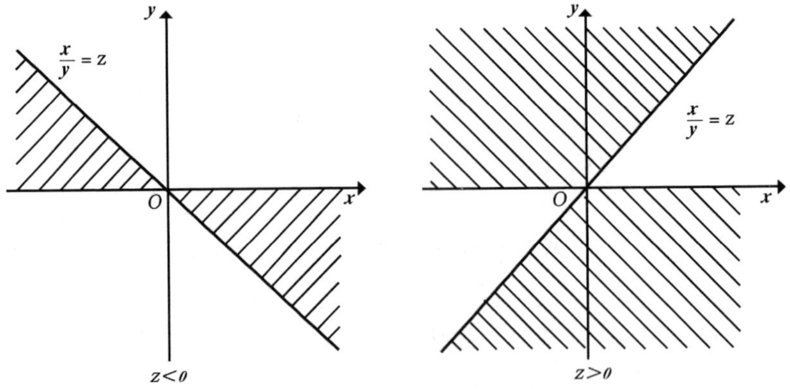

图 3.6

化累次积分得

$$F_Z(z)=\int_{-\infty}^{0}\mathrm{d}y\int_{yz}^{+\infty}f(x,y)\mathrm{d}x+\int_{0}^{+\infty}\mathrm{d}y\int_{-\infty}^{yz}f(x,y)\mathrm{d}x.$$

令 $x=uy$，则

$$\begin{aligned}F_Z(z)&=\int_{-\infty}^{0}\mathrm{d}y\int_{z}^{-\infty}yf(uy,y)\mathrm{d}u+\int_{0}^{+\infty}\mathrm{d}y\int_{-\infty}^{z}yf(uy,y)\mathrm{d}u\\&=\int_{-\infty}^{z}\left[\int_{0}^{+\infty}yf(uy,y)\mathrm{d}y-\int_{-\infty}^{0}yf(uy,y)\mathrm{d}y\right]\mathrm{d}u.\end{aligned}$$

于是

$$\begin{aligned}f_Z(z)=F_Z'(z)&=\int_{0}^{+\infty}yf(zy,y)\mathrm{d}y-\int_{-\infty}^{0}yf(zy,y)\mathrm{d}y\\&=\int_{-\infty}^{+\infty}|y|f(zy,y)\mathrm{d}y.\end{aligned}\tag{3.30}$$

特别地，若 X 与 Y 相互独立，设关于 X、Y 的边缘概率密度分别为 $f_X(x)$、$f_Y(y)$，则

$$f_Z(z)=\int_{-\infty}^{+\infty}|y|f_X(zy)f_Y(y)\mathrm{d}y.\tag{3.31}$$

§3.6 多维随机变量的数字特征

一、多维随机变量的数学期望和方差

定义 3.11 设 $(X_1,X_2,\cdots,X_n)$ 是 n 维随机变量，若每个 EX_i 都存在，$i=1,2,\cdots,n$，则称 $(EX_1,EX_2,\cdots,EX_n)$ 为 n 维随机变量 $(X_1,X_2,\cdots,X_n)$ 的**数学期望或均值**.

求二维随机变量函数的数学期望有下面简单做法.

定理 3.1 设 $Z=g(X,Y)$ 是二维随机变量 (X,Y) 的函数，

(1) 若(X,Y)是离散型随机变量,其概率分布为$P\{X=x_i,Y=y_j\}=p_{ij},i,j=1,2,\cdots$,并且$\sum_i\sum_j|g(x_i,y_j)|p_{ij}<+\infty$,则

$$EZ=E[g(X,Y)]=\sum_i\sum_j g(x_i,y_j)p_{ij}. \tag{3.32}$$

(2) 若(X,Y)是连续型随机变量,其概率密度为$f(x,y)$,并且$\int_{-\infty}^{+\infty}\int_{-\infty}^{+\infty}|g(x,y)|f(x,y)\mathrm{d}x\mathrm{d}y<+\infty$,则

$$EZ=E[g(X,Y)]=\int_{-\infty}^{+\infty}\int_{-\infty}^{+\infty}g(x,y)f(x,y)\mathrm{d}x\mathrm{d}y. \tag{3.33}$$

证明略.

特别地,令$Z=X$,则有

$$EX=\begin{cases}\sum_i\sum_j x_ip_{ij}, & (X,Y)\text{ 是离散型的},\\ \int_{-\infty}^{+\infty}\int_{-\infty}^{+\infty}xf(x,y)\mathrm{d}x\mathrm{d}y, & (X,Y)\text{ 是连续型的}.\end{cases} \tag{3.34}$$

以下总假设所论及的期望与方差都存在,我们介绍它们的重要性质.

性质1 $E(X\pm Y)=EX\pm EY.$ (3.35)

证明 若(X,Y)是连续型的,设$(X,Y)\sim f(x,y)$,则

$$\begin{aligned}E(X\pm Y)&=\int_{-\infty}^{+\infty}\int_{-\infty}^{+\infty}(x\pm y)f(x,y)\mathrm{d}x\mathrm{d}y\\&=\int_{-\infty}^{+\infty}\int_{-\infty}^{+\infty}xf(x,y)\mathrm{d}x\mathrm{d}y\pm\int_{-\infty}^{+\infty}\int_{-\infty}^{+\infty}yf(x,y)\mathrm{d}x\mathrm{d}y\\&=EX\pm EY.\end{aligned}$$

同样,对于离散型变量(X,Y)结论也成立.

推论 $E(X_1+X_2+\cdots+X_n)=EX_1+EX_2+\cdots+EX_n.$ (3.36)

性质2 设X与Y相互独立,则

$$E(XY)=EX\cdot EY. \tag{3.37}$$

证明 若(X,Y)是连续型的,设其概率密度和关于X、Y的边缘概率密度分别为$f(x,y)$以及$f_X(x)$、$f_Y(y)$. 由题设知$f(x,y)=f_X(x)\cdot f_Y(y)$. 于是

$$\begin{aligned}E(XY)&=\int_{-\infty}^{+\infty}\int_{-\infty}^{+\infty}xyf(x,y)\mathrm{d}x\mathrm{d}y\\&=\int_{-\infty}^{+\infty}xf_X(x)\mathrm{d}x\int_{-\infty}^{+\infty}yf_Y(y)\mathrm{d}y\\&=EX\cdot EY.\end{aligned}$$

同样,对于离散型变量(X,Y)结论也成立.

推论 设$X_1,X_2,\cdots,X_n$相互独立,则

$$E(X_1X_2\cdots X_n)=EX_1\cdot EX_2\cdots EX_n. \tag{3.38}$$

性质3 设X与Y相互独立,则

$$D(X\pm Y)=DX+DY. \tag{3.39}$$

证明 由于$D(X\pm Y)=E(X\pm Y)^2-[E(X\pm Y)]^2$

$$=E(X^2 \pm 2XY + Y^2) - [(EX)^2 \pm 2EX \cdot EY + (EY)^2]$$
$$=[EX^2 \pm 2E(XY) + EY^2] - [(EX)^2 \pm 2EX \cdot EY + (EY)^2]$$
$$=DX + DY \pm 2[E(XY) - EX \cdot EY],$$

故性质 2 与性质 3 等价，于是 $D(X \pm Y) = DX + DY$.

推论 设 $X_1, X_2, \cdots, X_n$ 相互独立，则

$$D\left(\sum_{i=1}^{n} X_i\right) = \sum_{i=1}^{n} DX_i. \tag{3.40}$$

例 3.18 设二维随机变量 (X,Y) 的概率分布为

X \ Y	-1	0	1
-1	0	$\frac{1}{4}$	0
0	$\frac{1}{4}$	0	$\frac{1}{4}$
1	0	$\frac{1}{4}$	0

试判断：(1) $E(XY)$ 与 $EX \cdot EY$ 是否相等？ (2) X 与 Y 是否独立？

解 (1) $E(XY) = (-1)\times(-1)\times 0 + (-1)\times 0 \times \frac{1}{4} + (-1)\times 1 \times 0 + 0 \times (-1) \times \frac{1}{4}$

$$+ 0\times 0\times 0 + 0\times 1\times \frac{1}{4} + 1\times(-1)\times 0 + 1\times 0\times \frac{1}{4} + 1\times 1\times 0 = 0,$$

$$EX = EY = (-1)\times 0 + (-1)\times\frac{1}{4} + (-1)\times 0 + 0\times\frac{1}{4} + 0\times 0 + 0\times\frac{1}{4} + 1\times 0$$

$$+ 1\times\frac{1}{4} + 1\times 0 = 0.$$

于是 $E(XY) = EX \cdot EY$.

(2) 由于 $0 = P\{X=0, Y=0\} \neq P\{X=0\}\cdot P\{Y=0\} = \frac{1}{4}$，故 X 与 Y 不独立.

例 3.18 表明：性质 2 和性质 3 的逆命题不成立.

例 3.19 设二维随机变量 (X,Y) 的概率密度为

$$f(x,y) = \begin{cases} 8x + 8y, & 0 \leqslant x, y \leqslant 0.5, \\ 0, & \text{其他}, \end{cases}$$

试求：(1) EX 和 EY； (2) $E(2X+Y)$.

解 (1) $EX = \int_{-\infty}^{+\infty}\int_{-\infty}^{+\infty} x f(x,y)\,\mathrm{d}x\,\mathrm{d}y$

$$= \int_0^{0.5}\int_0^{0.5} x(8x+8y)\,\mathrm{d}x\,\mathrm{d}y = 8\int_0^{0.5}\int_0^{0.5} x^2\,\mathrm{d}x\,\mathrm{d}y + 8\int_0^{0.5}\int_0^{0.5} xy\,\mathrm{d}x\,\mathrm{d}y = \frac{7}{24},$$

类似地，求得 $EY = \int_{-\infty}^{+\infty}\int_{-\infty}^{+\infty} y f(x,y)\,\mathrm{d}x\,\mathrm{d}y = \frac{7}{24}$.

(2) $E(2X+Y)=\int_{-\infty}^{+\infty}\int_{-\infty}^{+\infty}(2x+y)f(x,y)\mathrm{d}x\mathrm{d}y$

$$=\int_0^{0.5}\int_0^{0.5}(2x+y)(8x+8y)\mathrm{d}x\mathrm{d}y=\int_0^{0.5}\int_0^{0.5}(16x^2+24xy+8y^2)\mathrm{d}x\mathrm{d}y=\frac{7}{8}.$$

或者 $E(2X+Y)=2EX+EY=\frac{7}{8}$.

二、协方差和相关系数

多维随机变量的统计规律不仅依赖于每个分量的个别性质，而且与分量之间的联系有关.下面我们介绍刻画变量之间线性关系的数字特征.

定义 3.12 若 $E[(X-EX)(Y-EY)]$ 存在，称

$$\mathrm{Cov}(X,Y)=E[(X-EX)(Y-EY)] \tag{3.41}$$

为随机变量 X 与 Y 的**协方差**.

显然，$\mathrm{Cov}(X,X)=DX$，$\mathrm{Cov}(X,C)=0$，其中 C 为常量.此外，协方差还有下面重要性质.

性质 4 $\mathrm{Cov}(X,Y)=E(XY)-EX\cdot EY.$ (3.42)

证明 $\mathrm{Cov}(X,Y)=E[(X-EX)(Y-EY)]$

$$=E(XY-XEY-YEX+EX\cdot EY)$$

$$=E(XY)-EX\cdot EY.$$

注意 式(3.42)常用来计算协方差.

性质 5 设 X 与 Y 相互独立，则 $\mathrm{Cov}(X,Y)=0$.

证明 由性质 2 和性质 4 可证.

性质 6 $D(X\pm Y)=DX+DY\pm 2\mathrm{Cov}(X,Y).$ (3.43)

证明 同性质 3.

容易验证，协方差还满足：

$$\begin{cases}\mathrm{Cov}(X,Y)=\mathrm{Cov}(Y,X),\\ \mathrm{Cov}(aX,Y)=a\mathrm{Cov}(X,Y),\\ \mathrm{Cov}(X+Y,Z)=\mathrm{Cov}(X,Z)+\mathrm{Cov}(Y,Z).\end{cases} \tag{3.44}$$

定义 3.13 若 DX 和 DY 存在且大于零，称

$$\rho_{XY}=\frac{\mathrm{Cov}(X,Y)}{\sqrt{DX}\sqrt{DY}} \tag{3.45}$$

为随机变量 X 与 Y 的**相关系数**.

显然，ρ_{XY} 无量纲，并且数值上等于标准化变量 $X^*=\frac{X-EX}{\sqrt{DX}}$ 与 $Y^*=\frac{Y-EY}{\sqrt{DY}}$ 的协方差.当 X 与 Y 相互独立时，$\rho_{XY}=0$.

定理 3.2 设随机变量 X 与 Y 的相关系数 ρ_{XY} 存在，则 $|\rho_{XY}|\leqslant 1$.

证明 由于

$$\begin{cases}0 \leqslant D(X^* \pm Y^*) = DX^* + DY^* \pm 2\mathrm{Cov}(X^*, Y^*),\\ \rho_{XY} = \mathrm{Cov}(X^*, Y^*),\\ DX^* = DY^* = 1,\end{cases}$$

故 $1 \pm \rho_{XY} \geqslant 0$，即 $|\rho_{XY}| \leqslant 1$.

定理 3.3 设随机变量 X 与 Y 满足：$Y = aX + b(a \neq 0)$，则

$$\rho_{XY} = \begin{cases}1, & a > 0,\\ -1, & a < 0.\end{cases}$$

证明 由式(3.44)知，

$$\begin{aligned}\mathrm{Cov}(X, Y) &= \mathrm{Cov}(X, aX + b)\\ &= a\mathrm{Cov}(X, X) + \mathrm{Cov}(X, b) = aDX.\end{aligned}$$

而 $DY = D(aX + b) = a^2 DX$，故

$$\rho_{XY} = \frac{\mathrm{Cov}(X, Y)}{\sqrt{DX}\sqrt{DY}} = \frac{aDX}{|a|DX} = \frac{a}{|a|},$$

即 $\rho_{XY} = \begin{cases}1, & a > 0,\\ -1, & a < 0.\end{cases}$

定理 3.2 及定理 3.3 表明：ρ_{XY} 可用来度量随机变量 X 与 Y 的线性相关程度.

定义 3.14 设 ρ_{XY} 为 X 与 Y 的相关系数，

(1) 若 $\rho_{XY} \neq 0$，称 X 与 Y **相关**. 特别地，当 $|\rho_{XY}| = 1$ 时，称 X 与 Y **完全相关**；当 $\rho_{XY} > 0$ 时，称 X 与 Y **正相关**；当 $\rho_{XY} < 0$ 时，称 X 与 Y **负相关**.

(2) 若 $\rho_{XY} = 0$，称 X 与 Y **不相关**.

例 3.20 设二维随机变量 (X, Y) 的概率分布为

X \ Y	1	2	3
−1	0.1	0.2	0.1
0	0	0.2	0.1
1	0.2	0.1	0

求 X 与 Y 的协方差 $\mathrm{Cov}(X, Y)$ 以及相关系数 ρ_{XY}.

解 关于 X、Y 的边缘概率分布分别为

X	−1	0	1
P	0.4	0.3	0.3

Y	1	2	3
P	0.3	0.5	0.2

则 $EX = (-1) \times 0.4 + 0 \times 0.3 + 1 \times 0.3 = -0.1$,

$EX^2 = (-1)^2 \times 0.4 + 0^2 \times 0.3 + 1^2 \times 0.3 = 0.7$.

类似地，$EY = 1.9$，$EY^2 = 4.1$. 因此

$$DX = EX^2 - (EX)^2 = 0.7 - (-0.1)^2 = 0.69.$$

类似地，$DY = 0.49$. 又由于

$$E(XY) = (-1) \times 1 \times 0.1 + (-1) \times 2 \times 0.2 + (-1) \times 3 \times 0.1 + 0 \times 1 \times 0$$

$+0\times2\times0.2+0\times3\times0.1+1\times1\times0.2+1\times2\times0.1+1\times3\times0=-0.4.$

故 $\mathrm{Cov}(X,Y)=E(XY)-EX\cdot EY=-0.4+0.1\times1.9=-0.21.$

于是 $\rho_{XY}=\dfrac{\mathrm{Cov}(X,Y)}{\sqrt{DX}\sqrt{DY}}\approx\dfrac{-0.21}{0.83\times0.7}\approx-0.36.$

例 3.21 设随机变量 X 服从区间 $\left[-\dfrac{\pi}{2},\dfrac{\pi}{2}\right]$ 上的均匀分布，并且 $Y=\cos X$，求 X 与 Y 的相关系数 ρ_{XY}.

解 由题设知 $EX=0$，并且 X 的概率密度为

$$f_X(x)=\begin{cases}\dfrac{1}{\pi}, & x\in\left[-\dfrac{\pi}{2},\dfrac{\pi}{2}\right],\\ 0, & \text{其他}.\end{cases}$$

而 $E(XY)=E(X\cos X)=\dfrac{1}{\pi}\int_{-\frac{\pi}{2}}^{\frac{\pi}{2}}x\cos x\,\mathrm{d}x=0$，因此

$$\mathrm{Cov}(X,Y)=E(XY)-EX\cdot EY=0.$$

即 $\rho_{XY}=\dfrac{\mathrm{Cov}(X,Y)}{\sqrt{DX}\sqrt{DY}}=0.$

例 3.21 表明：X 与 Y 不相关只是说明 X 与 Y 之间没有线性关系，但仍可能存在非线性关系，如 $Y=\cos X$.

三、协方差矩阵和相关矩阵

定义 3.15 设 $(X_1,X_2,\cdots,X_n)$ 是 n 维随机变量，若 $\nu_{ij}=\mathrm{Cov}(X_i,X_j)$ 均存在，$i,j=1,2,\cdots,n$，称

$$V=\begin{pmatrix}\nu_{11} & \nu_{12} & \cdots & \nu_{1n}\\ \nu_{21} & \nu_{22} & \cdots & \nu_{2n}\\ \vdots & \vdots & \vdots & \vdots\\ \nu_{n1} & \nu_{n2} & \cdots & \nu_{nn}\end{pmatrix}$$

为 $(X_1,X_2,\cdots,X_n)$ 的**协方差矩阵**.

定义 3.16 设 $(X_1,X_2,\cdots,X_n)$ 是 n 维随机变量，若分量 X_i 与 X_j 的相关系数 ρ_{ij} 均存在，$i,j=1,2,\cdots,n$，称

$$R=\begin{pmatrix}\rho_{11} & \rho_{12} & \cdots & \rho_{1n}\\ \rho_{21} & \rho_{22} & \cdots & \rho_{2n}\\ \vdots & \vdots & \vdots & \vdots\\ \rho_{n1} & \rho_{n2} & \cdots & \rho_{nn}\end{pmatrix}$$

为 $(X_1,X_2,\cdots,X_n)$ 的**相关矩阵**.

可以证明，对称矩阵 V 和 R 均是非负定的.

例 3.22 设二维随机变量 (X,Y) 的协方差矩阵为

$$V=\begin{pmatrix}9 & a\\ 12 & 25\end{pmatrix},$$

求参数 a 和相关矩阵 R.

解 由对称性知 $a=12$. 显然 $\rho_{11}=\rho_{22}=1$. 又

$$\rho_{12}=\rho_{21}=\frac{\nu_{12}}{\sqrt{\nu_{11}}\sqrt{\nu_{22}}}=\frac{12}{3\times 5}=0.8.$$

故

$$R=\begin{pmatrix}1 & 0.8\\ 0.8 & 1\end{pmatrix}.$$

例 3.23 设随机变量 X 的方差 $DX=a(a\geqslant 0)$,并且 $Y=3+2X$,求(X,Y)的协方差矩阵 V 以及相关矩阵 R.

解 $DX=a, DY=D(3+2X)=4a$,即 $\nu_{XX}=a, \nu_{YY}=4a$.

由于 $Y=3+2X$,故 $\rho_{XY}=\rho_{YX}=1$. 又知

$$\mathrm{Cov}(X,Y)=\rho_{XY}\sqrt{DX}\sqrt{DY}.$$

从而 $\nu_{XY}=\nu_{YX}=2a$.

于是

$$V=\begin{pmatrix}a & 2a\\ 2a & 4a\end{pmatrix}=a\begin{pmatrix}1 & 2\\ 2 & 4\end{pmatrix},\quad R=\begin{pmatrix}1 & 1\\ 1 & 1\end{pmatrix}.$$

习 题 三

(A)

1. 盒子里装有 3 只黑球,2 只红球,2 只白球,从中任取 4 只,记 X 为取到白球的只数,Y 为取到黑球的只数,求随机变量 X 与 Y 的联合概率分布.

2. 将 3 个球随机地放入四个盒子,记 X 为第一个盒子中球的个数,Y 为有球的盒子数,求 X 与 Y 的联合概率分布.

3. 设随机变量(X,Y)只取$(0,0)$,$(-1,1)$,$(-1,2)$以及$(2,0)$四组值,相应概率依次为 $\frac{1}{12}$,$\frac{1}{6}$,$\frac{1}{3}$ 和 $\frac{5}{12}$,求关于 Y 的边缘概率分布以及 $X+Y$ 的概率分布.

4. 袋中有 10 张卡片,其中有 m 张卡片上写有数字 m,$m=1,2,3,4$,从中不重复地抽取两次,每次一张,记 X_i 为第 i 次取到的卡片上的数字,$i=1,2$,求随机变量(X_1,X_2)的概率分布以及关于 X_1、X_2 的边缘概率分布.

5. 随机地掷两颗骰子,记 X 为第一颗骰子出现的点数,Y 为两颗骰子出现的点数的最大值,求随机变量(X,Y)的概率分布以及关于 Y 的边缘概率分布.

6. 设二维随机变量(X,Y)的概率密度为

$$f(x,y)=\begin{cases}k(6-x-y), & 0<x<2,2<y<4,\\ 0, & \text{其他},\end{cases}$$

求:(1) 常数 k; (2)$P\{X+Y\leqslant 4\}$.

7. 设二维随机变量(X,Y)的概率密度为

$$f(x,y)=\begin{cases}cx^2y, & x^2<y<1,\\ 0, & \text{其他},\end{cases}$$

求:(1) 常数 c; (2)$P\{X>Y\}$.

8. 设二维随机变量(X,Y)服从区域 $D=\{(x,y)\mid 0<x<1,0<y<2\}$ 上的均匀分布,求(X,Y)的概率密度与分布函数.

9. 设二维随机变量(X,Y)服从区域 $D=\{(x,y)\mid x^2+y^2\leqslant 2y\}$ 上的均匀分布,求关于 X、Y 的边缘概率密度.

10. 设二维随机变量(X,Y)的概率密度为

$$f(x,y)=\begin{cases}Ax, & 0<x<1,0<y<x,\\ 0, & \text{其他},\end{cases}$$

求:(1) 常数 A; (2) 关于 X、Y 的边缘概率密度.

*11. 设二维随机变量(X,Y)的概率分布为

X \ Y	−1	0	2
0	0.1	0.05	0.1
1	0.1	0.05	0.1
2	0.2	0.1	0.2

求在 $Y=0$ 的条件下 X 的条件概率分布.

*12. 设二维随机变量(X,Y)的概率密度为

$$f(x,y)=\begin{cases}4xy, & 0\leqslant x\leqslant 1,0\leqslant y\leqslant 1,\\ 0, & \text{其他},\end{cases}$$

求关于 X、Y 的条件概率密度.

13. 设随机变量 X_1 与 X_2 相互独立,其概率分布分别为

X_1	0	1
P	0.6	0.4

X_2	1	2	3
P	0.5	0.3	0.2

令 $X=X_1+X_2$，求随机变量 (X_1,X_2) 的概率分布以及 X 的概率分布.

14. 设随机变量 X 与 Y 相互独立，其联合概率分布为

X \ Y	0	1
0	a	0.32
1	b	0.08

求常数 a 与 b.

15. 设二维随机变量 (X,Y) 的概率密度为

$$f(x,y)=\begin{cases}6xy, & 0<x<1,0<y<2(1-x),\\ 0, & 其他,\end{cases}$$

判断 X 与 Y 是否独立，并计算 $P\{X+Y<1\}$.

16. 设二维随机变量 (X,Y) 的概率密度为

$$f(x,y)=\begin{cases}x^2+\dfrac{xy}{3}, & 0<x<1,0<y<2,\\ 0, & 其他,\end{cases}$$

求：(1) 关于 X、Y 的边缘概率密度；(2) 判断 X 与 Y 是否独立.

17. 设随机变量 X 与 Y 相互独立，并且 X 服从区间 $[0,2]$ 上的均匀分布，Y 服从参数为 2 的指数分布，试求 $P\{Y\leqslant X\}$.

18. 设二维随机变量 (X,Y) 的概率密度为

$$f(x,y)=\begin{cases}1, & 0<x<1,0<y<2(1-x),\\ 0, & 其他,\end{cases}$$

求 $Z=X+Y$ 的概率密度.

19. 设随机变量 X 与 Y 相互独立，都服从区间 $[0,1]$ 上的均匀分布，求 $Z=|X-Y|$ 的概率密度.

20. 设随机变量 X 的概率密度为

$$f(x)=\begin{cases}\dfrac{1}{2}\cos\dfrac{x}{2}, & 0\leqslant x\leqslant\pi\\ 0, & 其他,\end{cases}$$

对 X 独立地重复观察 4 次，用 Y 表示观察值大于 $\dfrac{\pi}{3}$ 的次数，求 $E(X+Y)$.

21. 设随机变量 X 的概率密度为

$$f(x)=\begin{cases}\dfrac{1}{2}, & -1<x<0,\\ \dfrac{1}{4}, & 0\leqslant x<2\\ 0, & \text{其他},\end{cases}$$

令 $Y=X^2$，求 $\mathrm{Cov}(X,Y)$.

22. 设随机变量 ξ 与 η 相互独立，并且具有相同的概率分布 $P\{\xi=i\}=P\{\eta=i\}=\dfrac{1}{3}$，$i=1,2,3$，令 $X=\max(\xi,\eta)$，$Y=\min(\xi,\eta)$，求 $\mathrm{Cov}(X,Y)$ 以及 ρ_{XY}.

23. 设二维随机变量(X,Y) 服从区域 $D=\{(x,y)\mid 0<x<1,|y|<x\}$ 上的均匀分布，试求：(1)EX,EY；(2) 随机变量 $Z=2X+1$ 的方差 DZ；(3)$\mathrm{Cov}(X,Y)$.

24. 将3只球随机地放入四个盒子，记 X_i 为第 i 个盒子中球的个数，$i=1,2$，求二维随机变量(X_1,X_2) 的协方差矩阵.

25. 设二维随机变量(X,Y) 的概率密度为

$$f(x,y)=\begin{cases}1.5xy^2, & 0\leqslant x\leqslant 2,0\leqslant y\leqslant 1\\ 0, & \text{其他},\end{cases}$$

求(X,Y) 的均值以及协方差矩阵.

26. 设二维随机变量(X,Y) 的协方差矩阵为

$$V=\begin{pmatrix}4 & 6\\ 6 & 9\end{pmatrix},$$

求二维随机变量$(X+Y,X-Y)$ 的相关矩阵 R.

(B)

1. 设二维随机变量(X,Y) 的概率密度

$$f(x,y)=\begin{cases}c(R-\sqrt{x^2+y^2}), & x^2+y^2<R^2,\\ 0, & x^2+y^2\geqslant R^2,\end{cases}$$

其中 $R>0$，求：(1) 系数 c；　(2)(X,Y) 落在区域 $D=\{(x,y)\mid x^2+y^2\leqslant r^2,r<R\}$ 内的概率.

2. 一个靶面由五个同心圆组成，半径分别为 5、10、15、20、25(厘米)，假定射击时弹着点的位置为(X,Y)，并且(X,Y) 服从概率密度为

$$f(x,y)=\frac{1}{200\pi}\mathrm{e}^{-\frac{x^2+y^2}{200}}$$

的二维正态分布，现规定弹着点落入最小的圆域得 5 分，落入其他圆域的得分依次为 4 分、3 分、2 分以及 1 分，记 W 为 1 次射击的得分数，求 W 的概率分布.

3. 设随机变量 X 与 Y 相互独立，并且 X 服从区间$(0,1)$ 上的均匀分布，而 Y 的概率密度为

$$f_Y(y)=\begin{cases}\dfrac{1}{2}\mathrm{e}^{-\frac{y}{2}}, & y>0,\\ 0, & \text{其他},\end{cases}$$

求：(1)X 与 Y 的联合概率密度；　(2) 以 k 为变元的二次方程 $k^2+2Xk+Y=0$ 有实根的概率.

4. 设随机变量 X 与 Y 相互独立，分别服从参数为 λ_1,λ_2 的泊松分布，证明：$Z=X+Y$ 服从参数为 $\lambda_1+\lambda_2$ 的泊松分布.

5. 数学系某班共有 n 名新生，班长从系里领来他们的学生证，并随机地发给每名同学，求恰好拿到自己的学生证的人数 X 的期望与方差.

6. 设二维随机变量(X,Y)的概率密度为

$$f(x,y)=A\mathrm{e}^{-[(x+5)^2+8(x+5)(y-3)+25(y-3)^2]},$$

试确定 A 的值，并求 X 与 Y 的相关矩阵 R.

第4章 大数定律与中心极限定理

大数定律与中心极限定理是有关随机变量序列的极限理论，是概率论与数理统计的基本理论，在实践中有非常重要的应用.

§4.1 大数定律

一、随机变量的两种收敛性

为了以严格的数学形式表述极限理论，需要引入随机变量序列的两种收敛性概念.

定义 4.1 设 $X_1,X_2,\cdots,X_n$ 是随机变量序列，X 是一个随机变量，若对于任意的 $\varepsilon>0$，都有

$$\lim_{n\to\infty}P\{|X_n-X|<\varepsilon\}=1, \tag{4.1}$$

则称 $X_1,X_2,\cdots,X_n,\cdots$ **依概率收敛于** X，记作 $X_n\xrightarrow{P}X$.

由于随机性，对于给定的 $\varepsilon>0$，即使 n 充分大，事件$\{|X_n-X|\geqslant\varepsilon\}$仍可能发生. 因此，随机变量序列依概率收敛不同于微积分中的数列收敛.

定义 4.2 设 $X_1,X_2,\cdots,X_n,\cdots$ 是随机变量序列，X 是一个随机变量，$F_n(x)$、$F(x)$ 分别为 X_n 与 X 的分布函数，若在 $F(x)$ 的连续点 x 处都有

$$\lim_{n\to\infty}F_n(x)=F(x), \tag{4.2}$$

则称 $X_1,X_2,\cdots,X_n,\cdots$ **依分布收敛于** X，记作 $X_n\xrightarrow{L}X$.

二、大数定律

定义 4.3 设 $X_1,X_2,\cdots,X_n$ 是随机变量序列，并且 $EX_i(i=1,2,\cdots,n)$ 均存在，若对于任意的 $\varepsilon>0$，都有

$$\lim_{n\to\infty}P\left\{\left|\frac{1}{n}\sum_{i=1}^{n}X_i-\frac{1}{n}\sum_{i=1}^{n}EX_i\right|<\varepsilon\right\}=1, \tag{4.3}$$

则称 $X_1,X_2,\cdots,X_n$ **服从大数定律**.

显然，$X_1,X_2,\cdots,X_n$ 服从大数定律的数学本质是

$$\frac{1}{n}\sum_{i=1}^{n}X_i-\frac{1}{n}\sum_{i=1}^{n}EX_i\xrightarrow{P}0.$$

引理 4.1(切比雪夫不等式) 若随机变量 X 存在方差 DX，则对任意 $\varepsilon>0$，有

$$P\{|X-EX|\geqslant\varepsilon\}\leqslant\frac{DX}{\varepsilon^2}. \tag{4.4}$$

证明 以连续型情形为例. 设 $X\sim f(x)$，则

$$\begin{aligned}P\{|X-EX|\geqslant\varepsilon\}&=\int\limits_{|x-EX|\geqslant\varepsilon}f(x)\mathrm{d}x\\&\leqslant\int\limits_{|x-EX|\geqslant\varepsilon}\frac{(x-EX)^2}{\varepsilon^2}f(x)\mathrm{d}x\\&=\frac{1}{\varepsilon^2}\int\limits_{|x-EX|\geqslant\varepsilon}(x-EX)^2f(x)\mathrm{d}x\\&\leqslant\frac{1}{\varepsilon^2}\int_{-\infty}^{+\infty}(x-EX)^2f(x)\mathrm{d}x=\frac{DX}{\varepsilon^2}.\end{aligned}$$

对于离散型情形，类似可证.

切比雪夫不等式给出了随机变量 X 落在区间 $(EX-\varepsilon,EX+\varepsilon)$ 之外的概率的一个完全不依赖于 X 的具体分布的粗略的上界估计. 其等价形式为 $P\{|X-EX|<\varepsilon\}\geqslant1-\dfrac{DX}{\varepsilon^2}$.

定理 4.1(切比雪夫大数定律) 设 $X_1,X_2,\cdots,X_n,\cdots$ 是相互独立的随机变量序列，若 EX_i、$DX_i(i=1,2,\cdots)$ 均存在，并且 $DX_i=\sigma_i^2<C$，其中 $C>0$ 为常数，则 $X_1,X_2,\cdots,X_n,\cdots$ 服从大数定律.

证明 因为 $E\left(\dfrac{1}{n}\sum\limits_{i=1}^{n}X_i\right)=\dfrac{1}{n}\sum\limits_{i=1}^{n}EX_i$，

$$D\left(\frac{1}{n}\sum_{i=1}^{n}X_i\right)=\frac{1}{n^2}\sum_{i=1}^{n}DX_i\leqslant\frac{1}{n^2}\cdot nC=\frac{C}{n}.$$

由切比雪夫不等式知，对于给定的 $\varepsilon>0$，有

$$1\geqslant P\left\{\left|\frac{1}{n}\sum_{i=1}^{n}X_i-\frac{1}{n}\sum_{i=1}^{n}EX_i\right|<\varepsilon\right\}\geqslant1-\frac{D\left(\frac{1}{n}\sum\limits_{i=1}^{n}X_i\right)}{\varepsilon^2}\geqslant1-\frac{C}{n\varepsilon^2},$$

令 $n\to\infty$，则有

$$\lim_{n\to\infty}P\left\{\left|\frac{1}{n}\sum_{i=1}^{n}X_i-\frac{1}{n}\sum_{i=1}^{n}EX_i\right|<\varepsilon\right\}=1.$$

推论 4.1(辛钦大数定律) 设 $X_1,X_2,\cdots,X_n$ 是独立同分布的随机变量序列，并且存在期望 $EX_i=\mu,i=1,2,\cdots,n$，则 $X_1,X_2,\cdots,X_n$ 服从大数定律，即对于任意的 $\varepsilon>0$，都有

$$\lim_{n\to\infty}P\left\{\left|\frac{1}{n}\sum_{i=1}^{n}X_i-\mu\right|<\varepsilon\right\}=1. \tag{4.5}$$

证明 我们只在 $DX_i=\sigma^2(i=1,2,\cdots,n)$ 这一条件下证明上述结果. 注意到 $E(\frac{1}{n}\sum_{i=1}^{n}X_i)=\frac{1}{n}\sum_{i=1}^{n}EX_i=\mu$，且 $DX_i=\sigma^2,i=1,2,\cdots,n$. 由定理 4.1 知，$X_1,X_2,\cdots,X_n$ 服从大数定律.

辛钦大数定律表明：对于独立同分布的随机变量序列 $X_1,X_2,\cdots,X_n$，当 $n\to\infty$ 时，$\frac{1}{n}\sum_{i=1}^{n}X_i$ 具有稳定性，稳定值是 μ.

推论 4.2(伯努利大数定律) 设 X 表示 n 重伯努利试验中事件 A 发生的次数，并且 $P(A)=p$，则对于任意的 $\varepsilon>0$，都有

$$\lim_{n\to\infty}P\left\{\left|\frac{X}{n}-p\right|<\varepsilon\right\}=1. \tag{4.6}$$

证明 定义随机变量序列

$$X_i=\begin{cases}1, & \text{第 } i \text{ 次试验时 } A \text{ 发生},\\ 0, & \text{第 } i \text{ 次试验时 } A \text{ 不发生},\end{cases}\quad i=1,2,\cdots,n,$$

显然，$X_1,X_2,\cdots,X_n$ 相互独立，均服从参数为 p 的 0-1 分布，并且 $X=\sum_{i=1}^{n}X_i$. 又由于 $EX_i=p$，$DX_i=p(1-p)$. 因此，由辛钦大数定律知

$$\lim_{n\to\infty}P\left\{\left|\frac{X}{n}-p\right|<\varepsilon\right\}=1.$$

伯努利大数定律揭示了概率是频率的稳定值这一基本统计规律.

§4.2 中心极限定理

在现实中，多数随机变量都可视为大量相互独立的随机变量之和，其中单个变量对总和的影响微小，如某城市的用电量、测量的误差等，这类变量往往服从或者近似服从正态分布. 中心极限定理从理论上阐明了这一点.

定理 4.2(列维—林德伯格中心极限定理) 设 $X_1,X_2,\cdots,X_n$ 是独立同分布的随机变量序列，并且存在期望和方差 $EX_i=\mu,DX_i=\sigma^2>0,i=1,2,\cdots,n$，则有

$$\lim_{n\to\infty}P\left\{\frac{\sum_{i=1}^{n}X_i-n\mu}{\sqrt{n}\sigma}\leqslant x\right\}=\int_{-\infty}^{x}\frac{1}{\sqrt{2\pi}}e^{-\frac{t^2}{2}}dt=\Phi(x),\quad x\in R. \tag{4.7}$$

证明略.

定理 4.2 也称为**独立同分布中心极限定理**.

显然,令 $Z_n=\dfrac{\sum_{i=1}^{n}X_i-n\mu}{\sqrt{n}\sigma}$,则式(4.7)等价于 $\lim\limits_{n\to\infty}F_n(x)=\Phi(x),x\in R$,其中 $F_n(x)$ 为 Z_n 的分布函数.这说明随机变量序列的前 n 项和 $\sum\limits_{i=1}^{n}X_i$ 依分布收敛于正态变量.

例 4.1 设每个零件的重量是随机变量,它们相互独立,且服从相同的分布,其数学期望为 0.5 千克,标准差为 0.1 千克,求 5000 个零件的总重量超过 2510 千克的概率.

解 设 X_i 为第 i 个零件的重量,$i=1,2,\cdots,5000$,则 $X_1,X_2,\cdots,X_{5000}$ 独立同分布,且 $EX_i=0.5,DX_i=0.01$.由独立同分布中心极限定理知

$$P\left\{\sum_{i=1}^{5000}X_i>2510\right\}=P\left\{\frac{\sum_{i=1}^{5000}X_i-2500}{\sqrt{5000\times0.01}}>\frac{2510-2500}{\sqrt{5000\times0.01}}\right\}$$

$$=P\left\{\frac{\sum_{i=1}^{5000}X_i-2500}{5\sqrt{2}}>\sqrt{2}\right\}$$

$$=1-P\left\{\frac{\sum_{i=1}^{5000}X_i-2500}{5\sqrt{2}}\leqslant\sqrt{2}\right\}$$

$$\approx1-\Phi(1.41)=0.07927.$$

例 4.2 设包装工完成一件包装所用的时间(分钟)服从指数分布,并且平均 3 分钟完成一件包装,求完成 100 件包装需要 5 小时到 6 小时的概率.

解 设 X_i 表示完成第 i 件包装所用的时间(分钟),$i=1,2,\cdots,100$.由题设知 $X_i\sim E(\lambda)$,并且 $EX_i=3$,故 $\lambda=\dfrac{1}{3}$,$DX_i=9$.显然,$X_1,X_2,\cdots,X_{100}$ 相互独立.由独立同分布中心极限定理知

$$P\left\{300\leqslant\sum_{i=1}^{100}X_i\leqslant360\right\}=P\left\{0\leqslant\frac{\sum_{i=1}^{100}X_i-300}{\sqrt{100}\times3}\leqslant2\right\}$$

$$\approx\Phi(2)-\Phi(0)=0.47725.$$

推论 4.3(棣莫弗—拉普拉斯中心极限定理) 设 $X_n\sim B(n,p),n=1,2,\cdots$,则有

$$\lim_{n\to\infty}P\left\{\frac{X_n-np}{\sqrt{npq}}\leqslant x\right\}=\frac{1}{\sqrt{2\pi}}\int_{-\infty}^{x}\mathrm{e}^{-\frac{t^2}{2}}\mathrm{d}t=\Phi(x),x\in R,\tag{4.8}$$

其中 $q=1-p$.

证明 由于 $X_n \sim B(n,p)$，故存在随机变量 $Y_i \sim B(1,p)$，$i=1,2,\cdots,n$，使 $X_n=\sum_{i=1}^{n} Y_i$. 再对 $Y_1,Y_2,\cdots,Y_n,\cdots$ 应用列维 — 林德伯格中心极限定理结论可证.

正态分布与泊松分布都是二项分布的极限分布，因此二者都可用来近似二项分布.通常当 n 很大，并且 p(或 q) 不太小(0.5 附近)时，或者 p(或 q) 很小，但 np(或 nq) 很大时，用正态分布近似效果较好.

例 4.3 已知大豆的虫食率为 0.1，求在 10000 粒大豆中，虫食豆在 940 粒至 1060 粒之间的概率.

解 设 X 表示 10000 粒大豆中虫食豆的粒数，则 $X \sim B(10000,0.1)$，$np=1000$，$npq=900$. 又 $n=10000$ 足够大，由棣莫弗 — 拉普拉斯中心极限定理知

$$P\{940 \leqslant X \leqslant 1060\}=P\left\{\frac{940-1000}{30} \leqslant \frac{X-1000}{30} \leqslant \frac{1060-10000}{30}\right\}$$
$$\approx \Phi(2)-\Phi(-2)=2\Phi(2)-1=0.9545.$$

例 4.4 某学校有 1000 名同学，每人以 80% 的概率去图书馆学习，问图书馆应至少设多少个座位才能以 99% 的概率保证去上自习的同学都有座位?

解 设需装 m 个座位.用 X 表示去图书馆上自习的人数，则 $X \sim B(1000,0.8)$，$np=800$，$npq=160$. 由棣莫弗 — 拉普拉斯中心极限定理知

$$P\{X \leqslant m\}=P\left\{\frac{X-800}{\sqrt{160}} \leqslant \frac{m-800}{\sqrt{160}}\right\} \approx \Phi\left(\frac{m-800}{\sqrt{160}}\right) \geqslant 0.99.$$

查表知 $\frac{m-800}{\sqrt{160}} \geqslant 2.33$，解得 $m \geqslant 829.5$，故图书馆至少需设 830 个座位.

习 题 四

(A)

1. 设随机变量 X 服从 $[-1,b]$ 上的均匀分布，由切比雪夫不等式得 $P\{|X-1|<\xi\} \geqslant \frac{2}{3}$，求常数 b,ξ.

2. 设随机变量 $X_1,X_2,\cdots,X_{100}$ 相互独立同分布，并且 $EX_i=\mu$，$DX_i=16$，$i=1,2,\cdots,100$，求 $P\{|\overline{X}-\mu| \leqslant 1\}$，其中 $\overline{X}=\frac{1}{100}\sum_{i=1}^{100} X_i$.

3. 袋装茶叶用机器装袋，每袋的净重是随机变量，其期望值为 100 克，标准差为 10 克，一大盒内装 200 袋，求一盒茶叶净重超过 20.5 千克的概率.

4. 据以往经验某种电器元件的寿命服从均值为 100 小时的指数分布，现在随机地抽取 16 只，设它们的寿命是相互独立的，求这 16 只元件寿命总和大于 1920 小时的概率.

5. 计算机在进行加法时，对每个加数取整(取为最接近它的整数)，设所有的取整误差是相互独立的，且它们都服从区间(−0.5,0.5)上的均匀分布，若将1500个数相加，问误差总和的绝对值超过15的概率是多少？

6. 从一大批废品率为3%的产品中随机地抽取1000个，求废品数在20个到40个的概率.

7. 一大批种子中，良种占20%，从中任选5000粒，计算其良种率与20%之差的绝对值小于1%的概率.

8. 上题的5000粒种子中，若以99%的把握断定其良种率与规定的良种率20%之差的范围，此时良种数所在的范围.

9. 设某厂生产的产品平均寿命为2000小时，标准差为250小时，进行技术改造后，平均寿命提高到2250小时，标准差不变，为了确定这一成果，检测的方法是：任意选取若干件产品进行测试，如产品平均寿命超过2200小时，就确认技术改造成功. 要使检验通过的概率超过0.997，至少应检验多少件产品？

10. 抽样检查产品质量时，如果发现次品多于10个，则拒绝接受这批产品，设某批产品的次品率为10%，问至少应抽多少个产品检查才能保证拒绝接受该产品的概率达到90%？

(B)

1. 设随机变量$X_1,X_2,\cdots,X_n,\cdots$相互独立，并且服从相同的分布，$EX_i=0, DX_i=\sigma^2$，又$EX_i^4$存在，$i=1,2,\cdots$，利用切比雪夫不等式证明：对于任意$\varepsilon>0$，有$\lim\limits_{n\to\infty}P\left\{\left|\frac{1}{n}\sum\limits_{i=1}^{n}X_i^2-\sigma^2\right|<\varepsilon\right\}=1$.

2. 保险公司为50个集体投保人提供医疗保险，假设他们医疗花费Y_i(百元，$i=1,2,\cdots,50$)相互独立并且服从相同的概率分布：

Y_i	0	0.5	1.5	3
P	0.2	0.3	0.4	0.1

当花费超过一百元时，保险公司应支付超过一百元的部分；当花费不超过一百元时，由患者自己负担费用. 如果以总支付费X的期望值EX作为预期的总支付费用，那么保险公司应收取总保险费为$(1+\theta)EX$，其中θ为相对附加保险费. 为使公司获利的概率超过95%，附加费θ至少应为多少？

3. 设某种器件使用寿命(小时)服从参数为λ的指数分布，其平均使用寿命为20小时. 在使用中，当一个器件损坏后立即更换另一个新的器件，如此继续下去. 已知每个器件进价为a元. 试求在年计划中应为此器件作多少预算，才可以有95%的把握保证一年够用(假定一年按2000个工作小时计算)？

4. 某保险公司多年的统计资料表明：在索赔户中被盗索赔户占20%，以X表示在随意抽查的100个索赔户中因被盗向保险公司索赔的户数，利用棣莫弗—拉普拉斯中心极限定理，求被盗索赔户不少于14户并且不多于30户的概率的近似值.

第5章 抽样分布

前4章的研究属于概率论的范畴,我们讲述了概率论的基本内容.在概率论中,随机变量的概率分布通常是已知的或假设为已知的,在此基础上再展开研究.但在实际问题中,随机现象的分布类型往往是未知的,或者即使分布类型已知,但分布函数中的参数也是未知的.要研究这类问题,就必须知道它们的分布或有关参数.因此,如何确定随机现象的分布或其参数是数理统计所要解决的首要问题.在数理统计中,解决此问题的方法是从所要研究的对象全体中抽取一部分进行观测或试验以取得信息,从而依据这些信息对整体作出推断.又由于推断是基于有限个观测或试验,所作出的结论都要包含一定程度的不确定性,所以每个推断必须伴随一定的概率以表明推断的可靠程度.这种伴随有一定概率的推断称为**统计推断**.在数理统计中,如何依据观测或试验所取得的有限信息对整体作出统计推断是一个基本问题.

本章我们开始讲述数理统计的基础知识,主要介绍总体与样本,统计量,常用统计分布及正态总体的抽样分布等.

§5.1 统计量

一、总体与样本

我们把研究对象的全体称为**总体**,组成总体的每一个研究对象称为**个体**.如研究某厂某天生产的电子元件使用寿命的有关情况时,该厂那一天生产的所有电子元件为总体,而当天生产的每个电子元件都是一个个体.总体中包含个体的个数称为**总体容量**.容量为有限的总体称为**有限总体**,容量为无限的总体称为**无限总体**.前述研究电子元件使用寿命的问题中,总体是有限总体.而在观察并记录某一地点每天(包括以往、现在和将来)的最高气温时,所得总体为无限总体.

在实际中,我们通常不是笼统地研究总体,而是研究总体的某一个或某几个数量指标.这样,在数理统计中,我们总是把所关注的总体的这个数量指标作为总体,而把每个真实个体相应的这个数量指标作为个体.比如,研究某大学一年级新生的身高情况时,该大学的全体新生构成了总体,每一个新生是一个个体.每个新生有许多特征:性别、年龄、身高、体重、民族等.但在本问题中,我们只关心每个新生的身高这个数量指标,而对其他个性特征可不予考虑.这样,每个新生的身高就构成一个个体,而全体新生的身高就构成了总体.这个总体就是一些数,这些数有大有小,有的出现机会多,有的出现机会少,因此,将总体用概率分布来描述比较合理.这样,总体就对应了一个随机变量 X,而每个个体就是此随机变量的一个可能取值.总体的分布通常是未知的,我们需要对总体的分布进行统计推断.为此,需要从总体中抽取一部分个体进行试验以获取信息.设从总体 X 中抽取 n 个个体进行试验,以 $X_1,X_2,\cdots,X_n$ 依次表示这 n 次试验的结果,$X_1,X_2,\cdots,X_n$ 的取值会随着抽取的 n 个个体的不同而变化,因此它们均为随机变量.从总体中抽出的若干个(有限个)个体组成的集合称为**样本**,样本所含个体的数目称为**样本容量**.因此,$X_1,X_2,\cdots,X_n$ 即为来自总体 X 的一个容量为 n 的样本.在一次具体的抽取之后,得到样本 $X_1,X_2,\cdots,X_n$ 的一组具体的观测值 $x_1,x_2,\cdots,x_n$,称其为一组**样本值**.为了使抽取到的样本具有代表性,能客观地反映总体的特性,我们要求样本中的每个 $X_i(i=1,2,\cdots,n)$ 都与总体 X 具有相同的分布,并且 $X_1,X_2,\cdots,X_n$ 彼此相互独立,这样的样本称为**简单随机样本**.要获得简单随机样本,对无限总体,只要随机抽样即可;对有限总体,有放回地随机抽样就是简单随机抽样,可获得简单随机样本,若当总体容量很多且样本容量相对很少时,无放回地随机抽样获得的样本可近似地看作简单随机样本.

综上所述,给出如下定义.

定义 5.1 设 X 是一个随机变量,$X_1,X_2,\cdots,X_n$ 是一组相互独立的且与 X 有相同分布的随机变量.我们称 X 为**总体**,称 $X_1,X_2,\cdots,X_n$ 为来自总体 X 的**简单随机样本**,简称**样本**,其中 n 为**样本容量**,它们的观测值 $x_1,x_2,\cdots,x_n$ 称为**样本值**.

样本 $X_1,X_2,\cdots,X_n$ 也可以看作一个 n 维随机变量$(X_1,X_2,\cdots,X_n)$,则

(1) 若总体 X 的分布函数为 $F(x)$,则样本 $X_1,X_2,\cdots,X_n$ 的分布函数为

$$F(x_1,x_2,\cdots,x_n)=\prod_{i=1}^{n}F(x_i). \tag{5.1}$$

(2)若总体 X 为离散型随机变量,其概率分布为 $P\{X=x_k\}=p(x_k)$,x_k 取遍 X 的所有可能取值,则样本 $X_1,X_2,\cdots,X_n$ 的分布律为

$$P\{X_1=x_{i_1},X_2=x_{i_2},\cdots,X_n=x_{i_n}\}=\prod_{k=1}^{n}p(x_{i_k}). \tag{5.2}$$

(3) 若总体 X 为连续型随机变量,其概率密度函数为 $f(x)$,则样本 $X_1,X_2,\cdots,X_n$ 的概率密度函数为

$$f(x_1,x_2,\cdots,x_n)=\prod_{i=1}^{n}f(x_i). \tag{5.3}$$

二、统计量

从总体抽样得到的原始样本数据,一般都是杂乱无章的,为了有效地利用样本数据对总体

分布做出可靠的推断,往往不是直接使用样本本身,而是针对不同的问题构造样本的适当函数,利用这些样本的函数来进行统计推断.

定义 5.2 设 $X_1,X_2,\cdots,X_n$ 为来自总体 X 的样本,$g(x_1,x_2,\cdots,x_n)$ 是一个连续函数,如果 g 中不包含任何未知参数,则称 $g(X_1,X_2,\cdots,X_n)$ 为**统计量**,而称 $g(x_1,x_2,\cdots,x_n)$ 为**统计量的值**.

例 5.1 设 $X \sim N(2,\sigma^2)$,其中 σ^2 未知,$X_1,X_2,\cdots,X_{10}$ 为来自总体 X 的样本,则 $\frac{1}{10}\sum_{i=1}^{10}(X_i-2)^2$ 是统计量,$\frac{1}{10}\sum_{i=1}^{10}\left(\frac{X_i-2}{\sigma}\right)^2$ 不是统计量.

设 $X_1,X_2,\cdots,X_n$ 为来自总体 X 的样本,下面我们给出在数理统计中常用的一些统计量.

1. 样本均值(样本平均数)

$$\overline{X}=\frac{1}{n}\sum_{i=1}^{n}X_i. \tag{5.4}$$

2. 样本方差

$$S^2=\frac{1}{n-1}\sum_{i=1}^{n}(X_i-\overline{X})^2. \tag{5.5}$$

S^2 又称为**修正样本方差**,$S_n^2=\frac{1}{n}\sum_{i=1}^{n}(X_i-\overline{X})^2=\frac{n-1}{n}S^2$ 称为**未修正样本方差**. 为了研究方便,本书今后提到的样本方差均指修正样本方差 S^2.

注意 $S^2=\frac{1}{n-1}\sum_{i=1}^{n}(X_i^2-2X_i\overline{X}+\overline{X}^2)=\frac{1}{n-1}\left(\sum_{i=1}^{n}X_i^2-n\overline{X}^2\right).$ (5.6)

3. 样本标准差

$$S=\sqrt{\frac{1}{n-1}\sum_{i=1}^{n}(X_i-\overline{X})^2}. \tag{5.7}$$

4. 样本 k 阶原点矩

$$A_k=\frac{1}{n}\sum_{i=1}^{n}X_i^k,\quad k=1,2,\cdots. \tag{5.8}$$

当 $k=1$ 时,样本一阶原点矩就是样本均值.

5. 样本 k 阶中心矩

$$B_k=\frac{1}{n}\sum_{i=1}^{n}(X_i-\overline{X})^k,\quad k=2,3,\cdots. \tag{5.9}$$

当 $k=2$ 时,样本二阶中心矩即未修正样本方差,且

$$B_2=\frac{n-1}{n}S^2. \tag{5.10}$$

§5.2 常用统计分布

为了通过样本对总体作推断,常常需要确定统计量的分布.我们称统计量的分布为**抽样分布**.除了正态分布外,在数理统计中,还有三大常用分布为 χ^2 分布,t 分布,F 分布.

一、χ^2 分布

1. χ^2 分布的概念

定义 5.3 若 $X_1,X_2,\cdots,X_n$ 相互独立,且都服从标准正态分布 $N(0,1)$,则 $\chi^2=X_1^2+X_2^2+\cdots+X_n^2$ 的分布称为自由度为 n 的 **χ^2 分布**,记为 $\chi^2\sim\chi^2(n)$.

这里,自由度是指 $X_1,X_2,\cdots,X_n$ 中能自由取值的随机变量的个数. $\chi^2(n)$ 分布的概率密度函数为

$$f(x)=\begin{cases}\dfrac{1}{2^{\frac{n}{2}}\Gamma\left(\dfrac{n}{2}\right)}x^{\frac{n}{2}-1}\mathrm{e}^{-\frac{x}{2}}, & x>0,\\ 0, & x\leqslant 0,\end{cases}\tag{5.11}$$

其中 $\Gamma(\cdot)$ 是 Γ 函数,图 5.1 是 χ^2 分布的概率密度曲线.

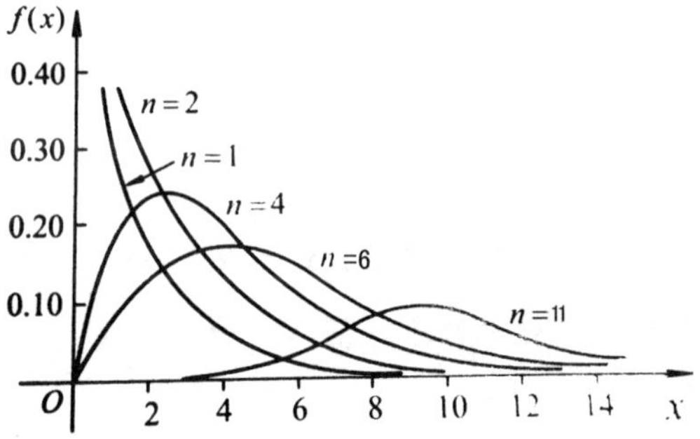

图 5.1

2. χ^2 分布的可加性

定理 5.1 若 $X\sim\chi^2(n_1)$,$Y\sim\chi^2(n_2)$,且 X 与 Y 相互独立,则 $X+Y\sim\chi^2(n_1+n_2)$.

证明略.

推论 5.1 若 $X_1,X_2,\cdots,X_k$ 相互独立,都服从 χ^2 分布,自由度分别为 $n_1,n_2,\cdots,n_k$,则 $X_1+X_2+\cdots+X_k$ 服从自由度为 $n_1+n_2+\cdots+n_k$ 的 χ^2 分布.

3. χ^2 分布的上侧分位数

定义 5.4 设 $X\sim\chi^2(n)$,对于给定的 $\alpha(0<\alpha<1)$,称满足 $P\{X>\chi_\alpha^2(n)\}=\alpha$ 中的数 $\chi_\alpha^2(n)$ 为自由度为 n 的 **χ^2 分布的 α 水平上侧分位数**,见图 5.2.

χ^2 分布上侧分位数表如附表 4 所示.

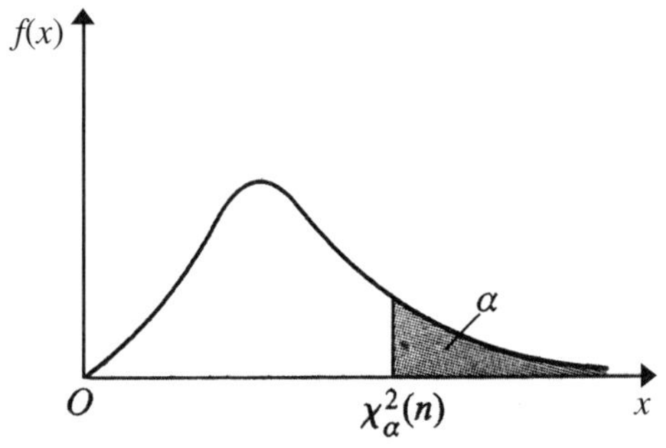

图 5.2

例 5.2 已知 $X \sim \chi^2(15)$,求满足 $P\{X < \lambda_1\} = 0.01$,$P\{X > \lambda_2\} = 0.05$ 的 λ_1 和 λ_2.

解 对于 $P\{X < \lambda_1\} = 0.01$ 不能直接查表,可以变形为

$$P\{X < \lambda_1\} = 1 - P\{X \geqslant \lambda_1\} = 0.01,$$

$$P\{X \geqslant \lambda_1\} = 0.99.$$

查表可得 $\lambda_1 = \chi^2_{0.99}(15) = 5.229$.

由于 $n = 15$,$\alpha = 0.05$,查表可得 $\lambda_2 = \chi^2_{0.05}(15) = 24.996$.

注意 χ^2 分布上侧分位数表只给出了 $n \leqslant 45$ 的分位数的值,对于 $n > 45$ 的情况,可以选择查较详细的表,或者可以利用 χ^2 分布的渐近分布求分位数的近似值. 当 n 充分大时,近似有

$$\chi^2_\alpha(n) \approx \frac{1}{2}\left(u_\alpha + \sqrt{2n-1}\right)^2, \tag{5.12}$$

其中 u_α 是标准正态分布的 α 水平的上侧分位数.

二、t 分布

1. t 分布的定义

定义 5.5 设随机变量 X 与 Y 独立,且 $X \sim N(0,1)$,$Y \sim \chi^2(n)$,则称 $T = \dfrac{X}{\sqrt{Y/n}}$ 的分布为自由度为 n 的 **t 分布**,记为 $T \sim t(n)$.

$t(n)$ 分布的概率密度函数为

$$f(x) = \frac{\Gamma\left(\frac{n+1}{2}\right)}{\sqrt{n\pi}\,\Gamma\left(\frac{n}{2}\right)}\left(1 + \frac{x^2}{n}\right)^{-\frac{n+1}{2}}, \quad -\infty < x < +\infty. \tag{5.13}$$

t 分布的概率密度曲线关于直线 $x = 0$ 对称,当 n 足够大时,t 分布近似于标准正态分布,见图 5.3.

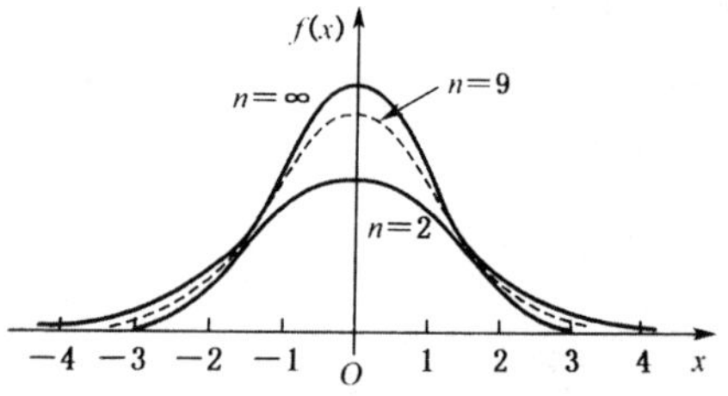

图 5.3

2. t 分布的上侧分位数

定义 5.6　设 $X \sim t(n)$，对于给定的 $\alpha(0<\alpha<1)$，称满足 $P\{X>t_\alpha(n)\}=\alpha$ 的数 $t_\alpha(n)$ 为自由度为 n 的**t 分布的 α 水平上侧分位数**，见图 5.4.

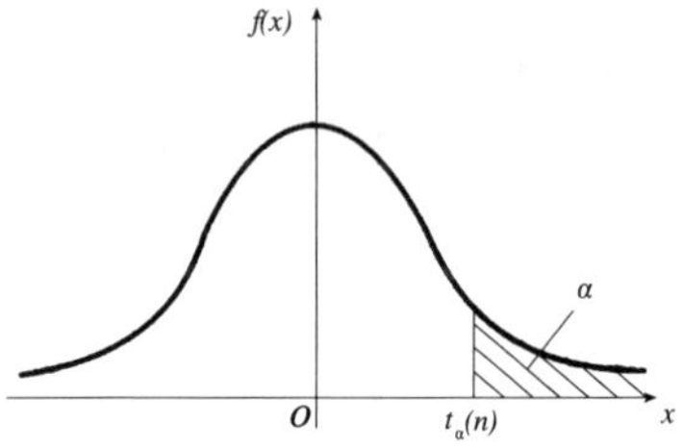

图 5.4

t 分布上侧分位数表如附表 5 所示. 由密度函数的对称性可知，$t_{1-\alpha}(n)=-t_\alpha(n)$. 当自由度 n 充分大时，t 分布近似于标准正态分布，t 分布的分位数可用正态分布的分位数近似，即

$$t_\alpha(n) \approx u_\alpha, \tag{5.14}$$

其中 u_α 是标准正态分布的 α 水平上侧分位数.

例 5.3　已知随机变量 $t \sim t(10)$.

(1) 求 $\alpha=0.025$ 的上侧分位数；

(2) 设 $P\{t>\lambda\}=0.99$，求 λ.

解　(1) 因自由度为 10，$\alpha=0.025$，查表可得上侧分位数 $t_{0.025}(10)=2.228$.

(2) 由 $P\{t>\lambda\}=0.99$ 可得，$\lambda=t_{0.99}(10)=-t_{0.01}(10)$，所以，查表可得 $\lambda=-t_{0.01}(10)=-2.764$.

三、F 分布

1. F 分布的定义

定义 5.7　设随机变量 X 与 Y 独立，且 $X \sim \chi^2(n_1)$，$Y \sim \chi^2(n_2)$，则称 $F=\dfrac{X/n_1}{Y/n_2}$ 的分布是自由度为 n_1 与 n_2 的**F 分布**，记为 $F \sim F(n_1,n_2)$，其中 n_1 称为**分子自由度**，n_2 称为**分母自由度**.

$F(n_1,n_2)$ 分布的概率密度函数为

$$f(x)=\begin{cases} \dfrac{\Gamma\left(\dfrac{n_1+n_2}{2}\right)}{\Gamma\left(\dfrac{n_1}{2}\right)\Gamma\left(\dfrac{n_2}{2}\right)}\left(\dfrac{n_1}{n_2}\right)^{\frac{n_1}{2}} x^{\frac{n_1}{2}-1} \cdot \left(1+\dfrac{n_1}{n_2}x\right)^{-\frac{n_1+n_2}{2}}, & x>0, \\ 0, & x \leqslant 0. \end{cases} \tag{5.15}$$

F 分布的概率密度曲线如图 5.5 所示.

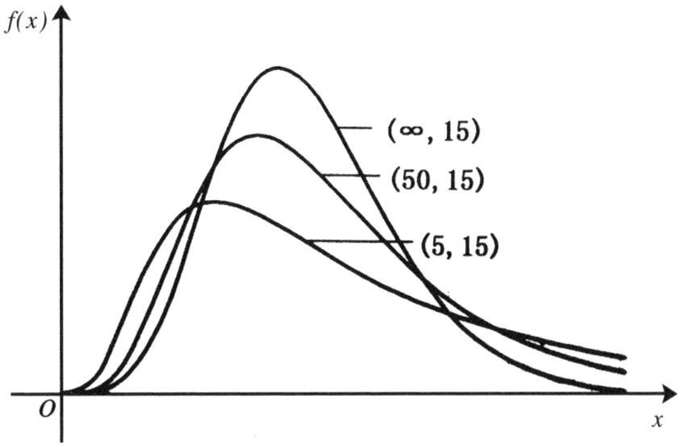

图 5.5

F 分布有如下性质：

(1) 若 $X \sim t(n)$，则 $X^2 \sim F(1,n)$；

(2) 若 $F \sim F(n_1,n_2)$，则 $\frac{1}{F} \sim F(n_2,n_1)$.

2. F 分布的上侧分位数

定义 5.8 设 $X \sim F(n_1,n_2)$，对于给定的 $\alpha(0 < \alpha < 1)$，称满足 $P\{X > F_\alpha(n_1,n_2)\} = \alpha$ 的数 $F_\alpha(n_1,n_2)$ 为自由度为 n_1 和 n_2 的**F 分布的 α 水平上侧分位数**，见图 5.6.

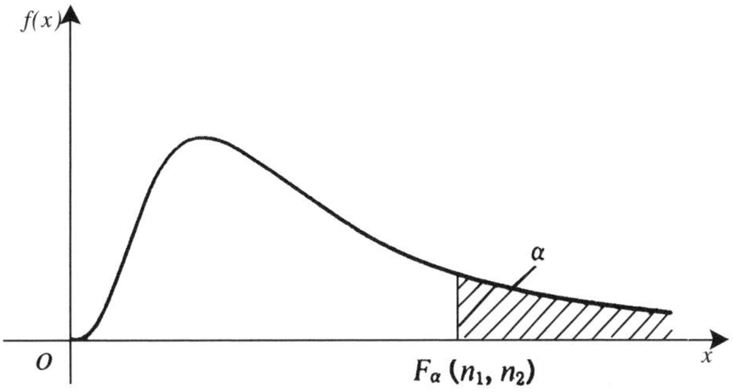

图 5.6

F 分布上侧分位数表如附表 6 所示. F 分布的上侧分位数有性质 $F_{1-\alpha}(n_1,n_2) = \frac{1}{F_\alpha(n_2,n_1)}$，此式可以用来求某些 F 分布表中没有列出的上侧分位数. 如 $F_{0.95}(6,12) = \frac{1}{F_{0.05}(12,6)} = \frac{1}{4} = 0.25$.

§5.3 正态总体的抽样分布

正态总体为常见的总体,数理统计中对于正态总体的统计量已经有了详尽的研究.本节我们对正态总体的抽样分布进行讨论.

定理 5.2 设总体 $X \sim N(\mu,\sigma^2)$,$X_1,X_2,\cdots,X_n$ 是来自总体 X 的一个样本,则

(1)$\overline{X} \sim N\left(\mu,\frac{\sigma^2}{n}\right)$; (5.16)

(2)$U=\frac{\overline{X}-\mu}{\sigma/\sqrt{n}} \sim N(0,1)$. (5.17)

定理 5.3 设总体 X 为任意总体,且 $EX=\mu,DX=\sigma^2$,$X_1,X_2,\cdots,X_n$ 是来自总体 X 的一个样本,则当 n 充分大时,$\overline{X}$ 近似服从正态分布 $N\left(\mu,\frac{\sigma^2}{n}\right)$.

定理 5.2 利用正态分布的性质证明可得,定理 5.3 由中心极限定理可得,读者可自行证明.

定理 5.4 设总体 $X \sim N(\mu,\sigma^2)$,$X_1,X_2,\cdots,X_n$ 是来自总体 X 的一个样本,样本均值为 $\overline{X}$,样本方差为 S^2,则

(1) $\frac{(n-1)S^2}{\sigma^2}=\frac{1}{\sigma^2}\sum_{i=1}^{n}(X_i-\overline{X})^2 \sim \chi^2(n-1)$; (5.18)

(2)S^2 与 $\overline{X}$ 相互独立. (5.19)

证明略.

定理 5.5 设总体 $X \sim N(\mu,\sigma^2)$,$X_1,X_2,\cdots,X_n$ 是来自总体 X 的一个样本,$\overline{X}$,S 分别为样本均值与样本标准差,则

$$T=\frac{\overline{X}-\mu}{S/\sqrt{n}} \sim t(n-1). \tag{5.20}$$

定理 5.6 设 $X_1,X_2,\cdots,X_{n_1}$ 和 $Y_1,Y_2,\cdots,Y_{n_2}$ 分别是来自正态总体 $N(\mu_1,\sigma^2)$ 及 $N(\mu_2,\sigma^2)$ 的两个相互独立的样本,则

$$T=\frac{\overline{X}-\overline{Y}-(\mu_1-\mu_2)}{\sqrt{\frac{(n_1-1)S_1^2+(n_2-1)S_2^2}{n_1+n_2-2}}\cdot\sqrt{\frac{1}{n_1}+\frac{1}{n_2}}} \sim t(n_1+n_2-2), \tag{5.21}$$

其中,$\overline{X}$,$\overline{Y}$,S_1^2,S_2^2 分别是 $X_1,X_2,\cdots,X_{n_1}$ 和 $Y_1,Y_2,\cdots,Y_{n_2}$ 的样本均值和样本方差.

定理 5.7 设 $X_1,X_2,\cdots,X_{n_1}$ 和 $Y_1,Y_2,\cdots,Y_{n_2}$ 分别是来自正态总体 $N(\mu_1,\sigma_1^2)$ 及 $N(\mu_2,\sigma_2^2)$ 的两个相互独立的样本,则

$$F=\frac{S_1^2/\sigma_1^2}{S_2^2/\sigma_2^2} \sim F(n_1-1,n_2-1), \tag{5.22}$$

其中,S_1^2,S_2^2 分别为两个样本各自的方差.

习 题 五

(A)

1. 设 $X_1, X_2, \cdots, X_n$ 是来自 0-1 分布总体 X 的样本，X 的分布为

$$P\{X=1\}=p, P\{X=0\}=q(q=1-p, 0<p<1).$$

求样本的分布律.

2. 设 $X_1, X_2, \cdots, X_6$ 是来自 $(0,\theta)$ 内均匀分布的样本，$\theta>0$ 未知.

(1) 写出样本的密度函数；

(2) 指出下列样本函数中哪些是统计量，哪些不是，为什么？

$$T_1=\frac{X_1+X_2+\cdots+X_6}{6}, T_2=X_6-\theta, T_3=X_6-EX_1, T_4=\max(X_1,\cdots,X_6);$$

(3) 设样本的一组观察值是 0.5,1,0.7,0.6,1,1，写出样本均值，样本方差和标准差.

3. 用附表 4 求下列各式中的 λ 值：

(1) $P\{\chi^2(9)>\lambda\}=0.95$；

(2) $P\{\chi^2(9)<\lambda\}=0.01$；

(3) $P\{\chi^2(15)>\lambda\}=0.025$；

(4) $P\{\chi^2(15)<\lambda\}=0.025$.

4. 设 $X_1, X_2, \cdots, X_n$ 是来自正态总体 $N(0,\sigma^2)$ 的样本，试证：

(1) $\frac{1}{\sigma^2}\sum_{i=1}^{n}X_i^2 \sim \chi^2(n)$；

(2) $\frac{1}{n\sigma^2}\left(\sum_{i=1}^{n}X_i\right)^2 \sim \chi^2(1)$.

5. 设 X_1, X_2, X_3, X_4 是取自正态总体 $X \sim N(0,2^2)$ 的简单随机样本，且 $Y=a(X_1-2X_2)^2+b(3X_3-4X_4)^2$，则 a,b 分别为何值时，统计量 Y 服从 χ^2 分布？其自由度是多少？

6. 用附表 5 求下列各式中的 λ 值：

(1) $P\{t(10)>\lambda\}=0.05$；

(2) $P\{t(10)<\lambda\}=0.01$；

(3) $P\{|t(10)|>\lambda\}=0.05$；

(4) $P\{|t(10)|<\lambda\}=0.90$；

(5) $P\{t(150)>\lambda\}=0.025$.

7. 用附表 6 求下列各式中的 λ 值：

(1) $P\{F(8,9)>\lambda\}=0.05$；

(2) $P\{F(8,9)<\lambda\}=0.05$；

(3) $P\{F(10,15)>\lambda\}=0.95$;

(4) $P\{F(10,15)<\lambda\}=0.90$.

8. 设总体 $X\sim N(0,4)$，而 $X_1,X_2,\cdots,X_{15}$ 为取自该总体的样本，则随机变量 $Y=\dfrac{X_1^2+X_2^2+\cdots+X_{10}^2}{2(X_{11}^2+X_{12}^2+\cdots+X_{15}^2)}$ 服从什么分布？参数是多少？

9. 设总体 $X\sim N(12,4)$，$X_1,X_2,\cdots,X_5$ 是来自 X 的容量为 5 的样本，求样本均值与总体均值之差的绝对值大于 1 的概率.

10. 设 $X_1,X_2,\cdots,X_n$ 是来自 $N(\mu,16)$ 的样本，问：n 为多大时才能使得 $P\{|\overline{X}-\mu|<1\}\geqslant 0.95$ 成立？

11. 设在总体 $X\sim N(\mu,\sigma^2)$ 中抽取一容量为 16 的样本，这里 μ,σ^2 均为未知，求 $P\left\{\dfrac{S^2}{\sigma^2}\leqslant 2.041\right\}$，其中 S^2 为样本方差.

12. 从总体 $X\sim N(\mu,\sigma^2)$ 中抽取容量为 16 的样本. 在下列情形下分别求 $\overline{X}$ 与 μ 之差的绝对值小于 2 的概率：(1) 已知 $\sigma^2=25$；(2) σ^2 未知，但 $s^2=20.8$.

13. 设总体 X 和 Y 相互独立且都服从正态分布 $N(30,3^2)$，$X_1,X_2,\cdots,X_{20}$ 和 $Y_1,Y_2,\cdots,Y_{25}$ 分别为来自总体 X 和 Y 的样本，$\overline{X},\overline{Y}$ 分别是这两个样本的均值，求 $P\{|\overline{X}-\overline{Y}|>0.4\}$.

(B)

1. 设总体 $X\sim B(1,p)$，$X_1,X_2,\cdots,X_n$ 是来自 X 的样本，求 $E\overline{X},D\overline{X},ES^2$.

2. 设 $X_1,X_2,\cdots,X_5$ 是独立且服从相同分布的随机变量，且每一个 $X_i(i=1,2,\cdots,5)$ 都服从 $N(0,1)$.

(1) 试给出常数 c，使 $c(X_1^2+X_2^2)$ 服从 χ^2 分布，并指出它的自由度；

(2) 试给出常数 d，使 $d\dfrac{X_1+X_2}{\sqrt{{X_3}^2+{X_4}^2+{X_5}^2}}$ 服从 t 分布，并指出它的自由度；

(3) 试给出常数 k，使 $k\dfrac{X_1^2+X_2^2}{{X_3}^2+{X_4}^2+{X_5}^2}$ 服从 F 分布，并指出它的自由度.

3. 设总体 $X\sim N(\mu,\sigma^2)$，假如要以 0.9606 的概率保证偏差 $|\overline{X}-\mu|<0.1$，试问：当 $\sigma^2=0.25$ 时，样本容量 n 应取多大？

4. 设总体 $X\sim N(\mu,16)$，$X_1,X_2,\cdots,X_{10}$ 为取自该总体的样本，已知 $P\{S^2>a\}=0.1$，求常数 a.

5. 设 $X_1, X_2, \cdots, X_9$ 是取自正态总体 $X \sim N(\mu, \sigma^2)$ 的样本，且

$$Y_1 = \frac{1}{6}(X_1 + X_2 + \cdots + X_6), \quad Y_2 = \frac{1}{3}(X_7 + X_8 + X_9), \quad S^2 = \frac{1}{2}\sum_{i=7}^{9}(X_i - Y_2)^2,$$

求证：$Z = \dfrac{\sqrt{2}(Y_1 - Y_2)}{S} \sim t(2)$.

6. 设总体 X 服从正态分布 $N(\mu, \sigma^2)$，从中抽取一个样本 $X_1, X_2, \cdots, X_n, X_{n+1}$，记 $\overline{X}_n = \dfrac{1}{n}\sum_{i=1}^{n} X_i$，$S^2 = \dfrac{1}{n-1}\sum_{i=1}^{n}(X_i - \overline{X}_n)^2$. 试证：$\sqrt{\dfrac{n}{n+1}} \cdot \dfrac{X_{n+1} - \overline{X}_n}{S} \sim t(n-1)$.

7. 设 $\overline{X}$ 和 $\overline{Y}$ 是来自正态总体 $N(\mu, \sigma^2)$ 的容量为 n 的两个样本的均值. 试确定 n，使两个样本均值之差超过 σ 的概率小于 0.05.

8. 设 $X_1, X_2, \cdots, X_n$ 和 $Y_1, Y_2, \cdots, Y_n$ 为分别取自正态总体 $X \sim N(\mu_1, \sigma^2)$ 和 $Y \sim N(\mu_2, \sigma^2)$ 且相互独立的样本，则统计量 $\dfrac{(n-1)(S_1^2 + S_2^2)}{\sigma^2}$ 服从什么分布？

第6章 参数估计

在实际问题中，当所研究的总体分布类型已知，但分布中含有一个或多个未知参数时，如何根据样本来估计未知参数，这就是**参数估计问题**. 参数估计问题主要分为点估计和区间估计两类问题. 所谓**点估计**是以样本的某一函数值作为总体未知参数的估计值；**区间估计**就是对于未知参数给出一个范围，并且在一定的可靠度下使这个范围包含未知参数的真值. 本章我们将对参数估计问题进行讨论.

§6.1 点估计

一、点估计的概念

定义 6.1 设 $X_1, X_2, \cdots, X_n$ 是来自总体 X 的一个样本，$x_1, x_2, \cdots, x_n$ 是相应的一个样本值，θ 是总体分布中的未知参数. 用样本构造一个统计量 $\hat{\theta}=\hat{\theta}(X_1, X_2, \cdots, X_n)$，然后用其观测值 $\hat{\theta}(x_1, x_2, \cdots, x_n)$ 来估计 θ 的值. 则 $\hat{\theta}(X_1, X_2, \cdots, X_n)$ 称为 θ 的**点估计量**，$\hat{\theta}(x_1, x_2, \cdots, x_n)$ 称为 θ 的**点估计值**.

估计量是样本的函数，也是一个随机变量. 对不同的样本值，估计值一般也是不同的. 对于点估计问题，关键是如何为未知参数构建合适的估计量. 我们主要介绍两种构建点估计量的常用方法，矩估计法和最大似然估计法.

二、矩估计法

矩估计法的基本思想是替换原理，即用样本矩替换同阶总体矩，其优点是简单直观，且不需要假定总体分布有明确的分布类型.

定义 6.2 设 $X_1,X_2,\cdots,X_n$ 是来自总体 X 的一个样本，$x_1,x_2,\cdots,x_n$ 是相应的样本值，总体 X 的分布中含有未知参数 θ，若用相应的样本矩替换总体矩，进而得到参数 θ 的点估计量，这样的估计方法称为**矩估计法**，用矩估计法确定的估计量 $\hat{\theta}(X_1,X_2,\cdots,X_n)$ 称为**矩估计量**，相应的估计值 $\hat{\theta}(x_1,x_2,\cdots,x_n)$ 称为**矩估计值**.

由于中心矩可以用原点矩来表示，因此，我们仅给出在原点矩的情况下求矩估计的具体步骤.

设总体 X 的分布函数 $F(x;\theta_1,\theta_2,\cdots,\theta_k)$ 中含有 k 个未知参数 $\theta_1,\theta_2,\cdots,\theta_k$，记 $v_k=EX^k$ 为总体 k 阶原点矩，$A_k=\dfrac{1}{n}\sum\limits_{i=1}^{n}X_i^k$ 为样本 k 阶原点矩.

(1) 一般地，总体 X 的前 k 阶矩 $v_1,v_2,\cdots,v_k$ 都是这 k 个未知参数 $\theta_1,\theta_2,\cdots,\theta_k$ 的函数，记为

$$v_i=g_i(\theta_1,\theta_2,\cdots,\theta_k),\quad i=1,2,\cdots,k. \tag{6.1}$$

(2) 从方程组(6.1)中解出

$$\theta_i=h_i(v_1,v_2,\cdots,v_k),\quad i=1,2,\cdots,k. \tag{6.2}$$

(3) 用 $v_i(i=1,2,\cdots,k)$ 的估计量 A_i 分别代替上式的 v_i，即可得 $\theta_i(i=1,2,\cdots,k)$ 的矩估计量

$$\hat{\theta}_i=h_i(A_1,A_2,\cdots,A_k),\quad i=1,2,\cdots,k. \tag{6.3}$$

(4) 将样本值代入样本矩中，即可得到未知参数的矩估计值.

例 6.1 设 $X_1,X_2,\cdots,X_n$ 是来自总体 X 的一个样本，总体均值 $EX=\mu$，总体方差 $DX=\sigma^2$，求 μ 和 σ^2 的矩估计量.

解 已知

$$\mu=EX=v_1,$$
$$\sigma^2=DX=EX^2-(EX)^2=v_2-{v_1}^2,$$

分别用样本矩估计原点矩，得

$$\hat{v}_1=\frac{1}{n}\sum_{i=1}^{n}X_i=\overline{X},\qquad \hat{v}_2=\frac{1}{n}\sum_{i=1}^{n}X_i^2.$$

因此，μ 和 σ^2 的矩估计量为

$$\hat{\mu}=\overline{X},$$
$$\begin{aligned}\hat{\sigma}^2&=\frac{1}{n}\sum_{i=1}^{n}X_i^2-\overline{X}^2=\frac{1}{n}\sum_{i=1}^{n}[(X_i-\overline{X})+\overline{X}]^2-\overline{X}^2\\&=\frac{1}{n}\sum_{i=1}^{n}(X_i-\overline{X})^2=S_n^2.\end{aligned}$$

由此得到，总体均值的矩估计量是样本均值 $\overline{X}$，总体方差的矩估计量是未修正样本方差 S_n^2. 此例表明，总体均值与总体方差的矩估计量与总体分布无关.

例 6.2 设总体 $X\sim U[0,\theta]$，即概率密度为

$$f(x)=\begin{cases}\dfrac{1}{\theta}, & 0\leqslant x\leqslant\theta,\\ 0, & \text{其他},\end{cases}$$

试求未知参数 θ 的矩估计量.

解 由于

$$EX=\frac{\theta}{2},$$

再由例 6.1

$$E\hat{X}=\overline{X},$$

所以得参数 θ 的矩估计量为

$$\hat{\theta}=2\overline{X}.$$

例 6.3 设有一批同型号灯管，其寿命(小时)服从参数为 λ 的指数分布，今随机抽取其中的 11 只，测得其寿命数据如下：

110,184,145,122,165,143,78,129,62,130,168.

求 λ 的矩估计值.

解 设 X 为灯管寿命，则

$$EX=\frac{1}{\lambda},$$

解得 $\lambda=\frac{1}{EX}$，所以 λ 的矩估计量为

$$\hat{\lambda}=\frac{1}{\overline{X}},$$

计算得 $\overline{X}$ 的观测值为

$$\overline{x}=\frac{1}{11}\sum_{i=1}^{11}x_i=130.55,$$

因此，λ 的矩估计值为

$$\hat{\lambda}=\frac{1}{\overline{x}}\approx 0.0077.$$

矩估计法简单直观，便于计算，并且不需要知道总体的分布. 这是矩估计法的优点. 但是由于矩估计法没有充分利用总体分布函数对未知参数所提供的信息，从而矩估计的精度往往较低. 若能同时利用总体分布类型的信息和样本提供的信息，即可获得参数估计的更充分的信息. 最大似然估计法就是由此产生的. 下面我们对最大似然估计法进行介绍.

三、最大似然估计法

最大似然估计法是建立在最大似然原理基础上的一个统计方法. 在随机试验中，有若干个可能的事件发生，概率大的事件发生的可能性也大. 若在一次随机试验中，某事件 A 发生了，则有理由认为事件 A 比其他事件发生的概率大，这就是所谓的**最大似然原理**.

在已经得到试验结果的情况下，应该寻找使这个结果出现的可能性最大的那个未知参数的值作为未知参数的估计值，这是最大似然估计的基本思想.

下面就分别针对离散型总体和连续型总体两种情形来讨论最大似然估计法.

若总体 X 为离散型的，其概率分布为 $P\{X=x\}=p(x,\theta_1,\cdots,\theta_k)$，其中 $\theta_1,\theta_2,\cdots,\theta_k$ 是未

知参数.设 $X_1,X_2,\cdots,X_n$ 是来自总体 X 的样本,$x_1,x_2,\cdots,x_n$ 是样本的观测值,则该观测值出现的概率为

$$P\{X_1=x_1,\cdots,X_n=x_n\}=\prod_{i=1}^{n}p(x_i,\theta_1,\cdots,\theta_k),$$

对于确定的样本观测值,上述概率是未知参数 $\theta_1,\theta_2,\cdots,\theta_k$ 的函数,记为

$$L(\theta_1,\theta_2,\cdots,\theta_k)=\prod_{i=1}^{n}p(x_i,\theta_1,\cdots,\theta_k),\tag{6.4}$$

称 $L(\theta_1,\theta_2,\cdots,\theta_k)$ 为**似然函数**.

若总体 X 为连续型的,概率密度为 $f(x,\theta_1,\cdots,\theta_k)$,则我们用 $X_1,X_2,\cdots,X_n$ 的联合概率密度

$$L(\theta_1,\theta_2,\cdots,\theta_k)=\prod_{i=1}^{n}f(x_i,\theta_1,\cdots,\theta_k)\tag{6.5}$$

作为似然函数.

似然函数 $L(\theta_1,\theta_2,\cdots,\theta_k)$ 的值的大小意味着该样本值出现的可能性的大小.在一次试验中,样本的观测值 $x_1,x_2,\cdots,x_n$ 出现了,由最大似然原理,有理由认为此样本值出现的概率最大.因此,我们在参数 $\theta_1,\theta_2,\cdots,\theta_k$ 的可能取值的范围内,挑选使该概率即似然函数达到最大的参数值 $\hat{\theta}_1,\hat{\theta}_2,\cdots,\hat{\theta}_k$ 作为对应参数 $\theta_1,\theta_2,\cdots,\theta_k$ 的估计值.

定义 6.3 若对任意给定的样本值 $x_1,x_2,\cdots,x_n$,把使似然函数 $L(\theta_1,\theta_2,\cdots,\theta_k)$ 达到最大值的 $\theta_i(i=1,\cdots,k)$ 的值 $\hat{\theta}_i(x_1,\cdots,x_n)$ 作为总体未知参数 θ_i 的估计值,这种估计未知参数的方法称为**最大似然估计法**,所得的 $\hat{\theta}_i(x_1,\cdots,x_n)$ 就是 θ_i 的**最大似然估计值**,相应的统计量 $\hat{\theta}_i(X_1,\cdots,X_n)$ 为 θ_i 的**最大似然估计量**.θ 的最大似然估计量可用 $\hat{\theta}_L$ 表示.

由上述定义可知,求参数的最大似然估计问题,就是求似然函数的最大值点问题.当 L 关于 $\theta_1,\theta_2,\cdots,\theta_k$ 可微时,使 L 达到最大值的 $\hat{\theta}_1,\hat{\theta}_2,\cdots,\hat{\theta}_k$,可由下列方程组求出:

$$\begin{cases}\dfrac{\partial L}{\partial\theta_1}=0,\\ \cdots\\ \dfrac{\partial L}{\partial\theta_k}=0,\end{cases}\tag{6.6}$$

称方程组(6.6)为**似然方程组**.

由于 L 与 $\ln L$ 有相同的最大值点,故求 L 的最大值点只需求 $\ln L$ 的最大值点即可.所以,$\hat{\theta}_1,\cdots,\hat{\theta}_k$ 也可由下列方程组求解

$$\begin{cases}\dfrac{\partial\ln L}{\partial\theta_1}=0,\\ \cdots\\ \dfrac{\partial\ln L}{\partial\theta_k}=0.\end{cases}\tag{6.7}$$

称方程组(6.7)为**对数似然方程组**,也简称**似然方程组**.具体求解 $\hat{\theta}_1,\cdots,\hat{\theta}_k$ 时,用式(6.7)往往

比用式(6.6)方便.当只有一个未知数 θ 时,$\hat{\theta}$ 由似然方程

$$\frac{\mathrm{d}L(\theta)}{\mathrm{d}\theta}=0 \tag{6.8}$$

求出.

求最大似然估计量的一般步骤可以归纳为以下四步:

(1)写出似然函数;

(2)整理出似然方程(组);

(3)求解似然方程(组),得出似然函数的最大值点,此最大值点即为总体未知参数的最大似然估计值;

(4)将估计值中的样本值 $x_1,x_2,\cdots,x_n$ 换为样本 $X_1,X_2,\cdots,X_n$,得到总体未知参数相应的最大似然估计量.

例 6.4 设总体 X 服从参数为 λ 的泊松分布,$X_1,\cdots,X_n$ 是来自 X 的一个样本,求参数 λ 的最大似然估计量.

解 设 $x_1,x_2,\cdots,x_n$ 为样本 $X_1,X_2,\cdots,X_n$ 的一组观测值,X 的分布律为

$$P\{X=x\}=\frac{\lambda^x \mathrm{e}^{-\lambda}}{x!},\quad x=0,1,2,\cdots,$$

则似然函数为

$$L(\lambda)=\prod_{i=1}^{n}\frac{\lambda^{x_i}\mathrm{e}^{-\lambda}}{x_i!}=\frac{\lambda^{\sum\limits_{i=1}^{n}x_i}\mathrm{e}^{-n\lambda}}{\prod\limits_{i=1}^{n}x_i!},$$

对似然函数取对数可得

$$\ln L=-n\lambda+\left(\sum_{i=1}^{n}x_i\right)\ln\lambda-\sum_{i=1}^{n}\ln x_i!,$$

似然方程为

$$\frac{\mathrm{d}\ln L}{\mathrm{d}\lambda}=-n+\frac{1}{\lambda}\sum_{i=1}^{n}x_i=0,$$

解似然方程得

$$\hat{\lambda}=\frac{1}{n}\sum_{i=1}^{n}x_i=\overline{x}.$$

又因为

$$\frac{\mathrm{d}^2\ln L}{\mathrm{d}\lambda^2}=-\frac{\sum\limits_{i=1}^{n}x_i}{\lambda^2}<0,$$

所以,当 $\lambda=\overline{x}$ 时,$\ln L$ 即 L 取最大值

$$\max L(\lambda)=L(\overline{x}),$$

因此,λ 的最大似然估计量为

$$\hat{\lambda}_L=\overline{X}=\frac{1}{n}\sum_{i=1}^{n}X_i.$$

例 6.5 已知总体 X 服从参数为 λ 的指数分布，求参数 λ 的最大似然估计.

解 设 $X_1,X_2,\cdots,X_n$ 是来自总体 X 的样本，$x_1,x_2,\cdots,x_n$ 为样本的一组观测值. 已知总体 X 的概率密度函数为

$$f(x)=\begin{cases}\lambda e^{-\lambda x}, & x>0,\\ 0, & x\leqslant 0,\end{cases}$$

则似然函数为

$$L(\lambda)=\begin{cases}\lambda^n e^{-\lambda\sum\limits_{i=1}^{n}x_i}, & x_1,x_2,\cdots,x_n>0,\\ 0, & \text{其他}.\end{cases}$$

显然，$L(\lambda)$ 的最大值应该出现在 $x_1,x_2,\cdots,x_n>0$ 时，此时，对似然函数两边取对数得

$$\ln L(\lambda)=n\ln\lambda-\lambda\sum_{i=1}^{n}x_i,$$

故似然方程为

$$\frac{\mathrm{d}\ln L(\lambda)}{\mathrm{d}\lambda}=\frac{n}{\lambda}-\sum_{i=1}^{n}x_i=0,$$

解得

$$\hat{\lambda}=\frac{n}{\sum\limits_{i=1}^{n}x_i}=\frac{1}{\overline{x}},$$

所以未知参数 λ 的最大似然估计量是

$$\hat{\lambda}_L=\frac{1}{\overline{X}}.$$

例 6.6 设总体 $X\sim U[0,\theta]$，$X_1,X_2,\cdots,X_n$ 是来自总体 X 的样本，试求参数 θ 的最大似然估计量.

解 总体 X 的概率密度函数为

$$f(x)=\begin{cases}\dfrac{1}{\theta}, & 0\leqslant x\leqslant\theta,\\ 0, & \text{其他}.\end{cases}$$

设 $x_1,x_2,\cdots,x_n$ 为样本的一组观测值，似然函数为

$$L(\theta)=\prod_{i=1}^{n}f(x_i)=\begin{cases}\dfrac{1}{\theta^n}, & 0\leqslant x_1,x_2,\cdots,x_n\leqslant\theta,\\ 0, & \text{其他}.\end{cases}$$

显然，$L(\theta)$ 的最大值应该出现在 $0\leqslant x_1,x_2,\cdots,x_n\leqslant\theta$ 时，而 $\dfrac{1}{\theta^n}$ 是关于 θ 的单调递减函数，当 θ 取能取到的最小值时，$L(\theta)$ 取得最大值. 而 θ 能取到的最小值为 $\max\{x_1,x_2,\cdots,x_n\}$，所以 θ 的最大似然估计值为 $\max\limits_{1\leqslant i\leqslant n}\{x_i\}$，$\theta$ 的最大似然估计量为

$$\hat{\theta}_L=\max_{1\leqslant i\leqslant n}\{X_i\}.$$

由例 6.2 知，未知参数 θ 的矩估计量 $\hat{\theta}=2\overline{X}$. 由此可知，对于同一分布的未知参数，矩估计

量和最大似然估计量并不总是相同的.矩估计简单方便,最大似然估计则需要知道总体的分布函数且计算较复杂.但最大似然估计充分利用了总体分布形式和样本的信息,一般精度较矩估计高,最大似然估计具有优良的统计性质,有着广泛的应用.

§6.2 估计量的优劣标准

在参数估计问题中,一个未知参数,可以有多个估计量来估计它,选用哪个估计量效果较好呢?这就需要对估计量的优劣进行评价.下面我们给出判别估计量的优劣标准:无偏性、有效性和相合性.

一、无偏性

估计量 $\hat{\theta}$ 是一个随机变量,其取值会随着样本值的不同而不同.因此,估计值很难同未知参数的真值相等.但是,我们一般希望估计值在真值附近,估计量 $\hat{\theta}$ 以 θ 的真值为中心波动,其期望值就是 θ 的真值.因此我们引入无偏性标准.

定义 6.4 设 $\hat{\theta}$ 为未知参数 θ 的估计量,若

$$E\hat{\theta}=\theta, \tag{6.9}$$

则称 $\hat{\theta}$ 为 θ 的**无偏估计量**.

无偏性是对估计量的一个初步要求.在科学技术中,称 $E\hat{\theta}-\theta$ 为用 $\hat{\theta}$ 估计 θ 产生的**系统偏差**.无偏性是指估计量没有系统偏差.

例 6.7 设总体 X 的均值为 μ,方差为 σ^2,$X_1,X_2,\cdots,X_n$ 是来自总体 X 的样本.证明:

(1) 样本均值 $\overline{X}$ 是总体均值 μ 的无偏估计量;

(2) 样本方差 S^2 是总体方差 σ^2 的无偏估计量,未修正样本方差 S_n^2 不是总体方差 σ^2 的无偏估计量.

证明 (1)因为

$$EX=\mu,EX_i=\mu,\quad (i=1,2,\cdots,n),$$

所以

$$E\overline{X}=E\left(\frac{1}{n}\sum_{i=1}^{n}X_i\right)=\frac{1}{n}\sum_{i=1}^{n}EX_i=\frac{1}{n}n\mu=\mu.$$

即样本均值 $\overline{X}$ 是总体均值 μ 的无偏估计量.

(2)由于

$$DX_i=\sigma^2,EX_i=\mu,\quad (i=1,2,\cdots,n),$$
$$E\overline{X}=\mu,$$

因此

$$D\overline{X}=D\left(\frac{1}{n}\sum_{i=1}^{n}X_i\right)=\frac{1}{n^2}\sum_{i=1}^{n}DX_i=\frac{1}{n^2}n\sigma^2=\frac{\sigma^2}{n},$$

$$\begin{aligned}ES^2&=E\left[\frac{1}{n-1}\left(\sum_{i=1}^{n}X_i^2-n\overline{X}^2\right)\right]\\&=\frac{1}{n-1}\left(\sum_{i=1}^{n}EX_i^2-nE\overline{X}^2\right)\\&=\frac{1}{n-1}\sum_{i=1}^{n}[DX_i+(EX_i)^2]-\frac{n}{n-1}[D\overline{X}+(E\overline{X})^2]\\&=\frac{1}{n-1}\sum_{i=1}^{n}(\sigma^2+\mu^2)-\frac{n}{n-1}\left(\frac{\sigma^2}{n}+\mu^2\right)\\&=\frac{n\sigma^2}{n-1}+\frac{n\mu^2}{n-1}-\frac{\sigma^2}{n-1}-\frac{n\mu^2}{n-1}\\&=\sigma^2,\end{aligned}$$

而

$$E(S_n^2)=E\left(\frac{n-1}{n}S^2\right)=\frac{n-1}{n}\sigma^2,$$

故样本方差 S^2 为总体方差 σ^2 的无偏估计量，而 S_n^2 不是总体方差 σ^2 的无偏估计量.

可以证明，若 $X_1,X_2,\cdots,X_n$ 是来自总体 X 的样本，总体均值为 μ，则当 $\sum_{i=1}^{n}a_i=1$ 时，$\hat{\mu}=\sum_{i=1}^{n}a_iX_i$ 是总体均值 μ 的无偏估计量.

二、有效性

由前面讨论可以看出，未知参数 θ 的无偏估计量可以有多个，如何进一步评价这些无偏估计量的优劣呢？设 θ_1 与 θ_2 都是 θ 的无偏估计量，如果 θ_1 的观测值比 θ_2 的观测值更密集地集中在真值附近时，显然用 θ_1 去估计更好些，而反映密集程度的量是方差，由此引入如下概念.

定义 6.5 设 $\hat{\theta}_1$ 和 $\hat{\theta}_2$ 都是未知参数 θ 的无偏估计量，若

$$D\hat{\theta}_1<D\hat{\theta}_2, \tag{6.10}$$

则称 $\hat{\theta}_1$ 是**比 $\hat{\theta}_2$ 有效的估计量**.

例 6.8 设总体 X 的期望 $EX=\mu$，方差 $DX=\sigma^2$，$X_1,X_2,\cdots,X_n$ 是来自总体 X 的样本，$\hat{\mu}_1=\frac{1}{n}\sum_{i=1}^{n}X_i$，$\hat{\mu}_2=\frac{1}{k}\sum_{i=1}^{k}X_i$，$k<n$，试证：$\hat{\mu}_1$、$\hat{\mu}_2$ 都是 μ 的无偏估计量，且 $\hat{\mu}_1$ 比 $\hat{\mu}_2$ 有效.

证明 因为

$$E\hat{\mu}_1=\frac{1}{n}\sum_{i=1}^{n}EX_i=\frac{1}{n}\cdot n\mu=\mu,$$

$$E\hat{\mu}_2=\frac{1}{k}\sum_{i=1}^{k}EX_i=\frac{1}{k}\cdot k\mu=\mu,$$

所以，$\hat{\mu}_1,\hat{\mu}_2$ 都是 μ 的无偏估计量.

而

$$D\hat{\mu}_1=\frac{1}{n^2}\sum_{i=1}^{n}DX_i=\frac{1}{n^2}\cdot n\sigma^2=\frac{\sigma^2}{n},$$

$$D\hat{\mu}_2=\frac{1}{k^2}\sum_{i=1}^{k}DX_i=\frac{1}{k^2}\cdot k\sigma^2=\frac{\sigma^2}{k}.$$

由 $k<n$ 可知，$D\hat{\mu}_1<D\hat{\mu}_2$，故估计量 $\hat{\mu}_1$ 比 $\hat{\mu}_2$ 更有效.

三、相合性(一致性)

定义 6.6 设 $\hat{\theta}(X_1,X_2,\cdots,X_n)$ 是总体未知参数 θ 的估计量，如果当样本容量 $n\to\infty$ 时，$\hat{\theta}$ 依概率收敛于 θ，即对任意 $\varepsilon>0$，都有

$$\lim_{n\to\infty}P\{|\hat{\theta}-\theta|<\varepsilon\}=1, \tag{6.11}$$

则称 $\hat{\theta}$ 为 θ 的**相合估计量**，又称**一致估计量**.

相合性表明，当样本容量很大时，估计量"$\hat{\theta}$ 充分接近 θ"是一个概率接近 1 的事件. 它从理论上保证了样本容量越大，估计误差越小. 相合性是对估计的一个最基本的要求，不符合相合性的估计量是不可取的.

不加证明地指出样本均值 $\overline{X}$ 与样本方差 S^2 分别为总体均值和方差的相合估计量.

§6.3 正态总体参数的区间估计

一、区间估计的概念

点估计是利用统计量与样本值计算出未知参数的一个估计值. 这个估计值是未知参数真值的一个近似值，但是却没有说明近似值的精确程度. 对于未知参数，我们通常希望估计出一个范围，并希望知道这个范围包含参数 θ 的真值的可信程度. 这个范围通常以区间的形式给出，这就是区间估计问题.

定义 6.7 设 θ 是总体分布的未知参数，$X_1,X_2,\cdots,X_n$ 是来自总体 X 的一个样本. 如果存在两个统计量 $\underline{\theta}$ 和 $\overline{\theta}$，使随机区间 $(\underline{\theta},\overline{\theta})$ 包含未知参数 θ 的概率为给定值 $1-\alpha(0<\alpha<1)$，即

$$P\{\underline{\theta}<\theta<\overline{\theta}\}=1-\alpha, \tag{6.12}$$

则称 $(\underline{\theta},\overline{\theta})$ 为 θ 的置信度为 $1-\alpha$ 的**置信区间**，$\underline{\theta}$ 和 $\overline{\theta}$ 分别称为置信区间的**置信下限**及**置信上限**，称 $1-\alpha$ 为**置信度**或**置信水平**.

置信度 $1-\alpha$ 的意义是对样本 $X_1,X_2,\cdots,X_n$ 反复抽样多次，每次抽样得到样本的一组样本值. 对于每组样本值，都能确定一个具体的置信区间 $(\underline{\theta},\overline{\theta})$，每个这样的区间要么包含 θ

的真值，要么不包含 θ 的真值. 根据伯努利大数定律，当抽取次数 k 充分大时，这些区间中包含 θ 的真值的频率接近于置信度 $1-\alpha$，即在得到的这 k 个区间中包含 θ 的真值的区间大约有 $k(1-\alpha)$ 个.

下面给出寻求置信区间的一般步骤：

(1) 选取未知参数 θ 的一个较优的估计量 $\hat{\theta}$；

(2) 通过 $\hat{\theta}$ 的分布，构造一个包含样本和待估参数 θ 的函数 $W(X_1,X_2,\cdots,X_n;\theta)$，并且 W 的分布是已知的；

(3) 根据 W 的分布，对于置信度 $1-\alpha$，确定出常数 $a<b$，使

$$P\{a<W<b\}=1-\alpha; \tag{6.13}$$

(4) 从不等式 $a<W<b$ 中解出 θ，得到

$$P\{\underline{\theta}(X_1,X_2,\cdots,X_n)<\theta<\overline{\theta}(X_1,X_2,\cdots,X_n)\}=1-\alpha, \tag{6.14}$$

则 θ 的置信度为 $1-\alpha$ 的置信区间为

$$(\underline{\theta}(X_1,X_2,\cdots,X_n),\overline{\theta}(X_1,X_2,\cdots,X_n)). \tag{6.15}$$

在实际问题中，正态总体是广泛存在的，所以我们主要讨论正态总体参数的区间估计.

二、单个正态总体均值的区间估计

1. 方差 σ^2 已知，关于均值 μ 的区间估计

设总体 $X\sim N(\mu,\sigma^2)$，$X_1,X_2,\cdots,X_n$ 是来自总体 X 的一个样本. 已知 $\overline{X}$ 是 μ 的一个无偏估计量，而

$$U=\frac{\overline{X}-\mu}{\sigma/\sqrt{n}}\sim N(0,1).$$

由标准正态分布有

$$P\left\{\left|\frac{\overline{X}-\mu}{\sigma/\sqrt{n}}\right|<u_{\frac{\alpha}{2}}\right\}=1-\alpha,$$

进一步可得

$$P\left\{\overline{X}-\frac{\sigma}{\sqrt{n}}u_{\frac{\alpha}{2}}<\mu<\overline{X}+\frac{\sigma}{\sqrt{n}}u_{\frac{\alpha}{2}}\right\}=1-\alpha,$$

其中 $u_{\frac{\alpha}{2}}$ 为标准正态分布 $\frac{\alpha}{2}$ 水平的上侧分位数. 所以 μ 的置信度为 $1-\alpha$ 的置信区间为

$$\left(\overline{X}-\frac{\sigma}{\sqrt{n}}u_{\frac{\alpha}{2}},\overline{X}+\frac{\sigma}{\sqrt{n}}u_{\frac{\alpha}{2}}\right). \tag{6.16}$$

2. 方差 σ^2 未知，关于均值 μ 的区间估计

设总体 $X\sim N(\mu,\sigma^2)$，其中 σ 未知，$X_1,X_2,\cdots,X_n$ 是来自 X 的一个样本.

由于 σ 未知，所以不能使用式(6.16)中给出的区间. 考虑到 S^2 是 σ^2 的无偏估计量，因此用 S 替换 σ，得到统计量

$$T=\frac{\overline{X}-\mu}{S/\sqrt{n}}\sim t(n-1).$$

由 t 分布有

$$P\left\{\left|\frac{\overline{X}-\mu}{S/\sqrt{n}}\right|<t_{\frac{\alpha}{2}}(n-1)\right\}=1-\alpha,$$

进一步可得

$$P\left\{\overline{X}-\frac{S}{\sqrt{n}}t_{\frac{\alpha}{2}}(n-1)<\mu<\overline{X}+\frac{S}{\sqrt{n}}t_{\frac{\alpha}{2}}(n-1)\right\}=1-\alpha.$$

其中 $t_{\frac{\alpha}{2}}(n-1)$ 是自由度为 $n-1$ 的 t 分布 $\frac{\alpha}{2}$ 水平的上侧分位数. 于是得到 μ 的置信度为 $1-\alpha$ 的置信区间为

$$\left(\overline{X}-\frac{S}{\sqrt{n}}t_{\frac{\alpha}{2}}(n-1),\overline{X}+\frac{S}{\sqrt{n}}t_{\frac{\alpha}{2}}(n-1)\right). \tag{6.17}$$

例 6.9 设某种清漆的 9 个样品，其干燥时间(小时) 分别为

6.0,5.7,5.8,6.5,7.0,6.3,5.6,6.1,5.0,

设干燥时间总体服从正态分布 $N(\mu,\sigma^2)$. 分别就下列两种情形求 μ 的置信度为 0.95 的置信区间：

(1) 由以往经验知 $\sigma=0.6$(小时)；

(2) σ 未知.

解 (1) 由样本观测值，计算得 $\overline{x}=6.0$，又已知 $n=9,\sigma=0.6,\alpha=0.05$，查正态分布表得 $u_{\frac{\alpha}{2}}=u_{0.025}=1.96$，所以，$\mu$ 的置信度为 $1-\alpha=0.95$ 的置信区间为

$$\left(6.0-\frac{0.6}{\sqrt{9}}\times 1.96,6.0+\frac{0.6}{\sqrt{9}}\times 1.96\right),$$

即(5.608,6.392).

(2) 由样本值计算得 $\overline{x}=6.0,s=0.574$. 又已知 $n=9,\alpha=0.05$，查 t 分布表得 $t_{\frac{\alpha}{2}}(8)=t_{0.025}(8)=2.306$，所以，当 σ^2 未知时，μ 的置信度为 $1-\alpha=0.95$ 的置信区间为

$$\left(6.0-\frac{0.574}{\sqrt{9}}\times 2.306,6.0+\frac{0.574}{\sqrt{9}}\times 2.306\right),$$

即(5.559,6.441).

三、单个正态总体方差的区间估计

设总体 $X\sim N(\mu,\sigma^2)$，其中 μ 和 σ^2 未知，$X_1,X_2,\cdots,X_n$ 是来自 X 的一个样本. 已知 S^2 是 σ^2 的无偏估计量，故选取

$$\chi^2=\frac{(n-1)S^2}{\sigma^2}\sim\chi^2(n-1).$$

给定置信度 $1-\alpha$，由

$$P\left\{\chi^2_{1-\frac{\alpha}{2}}(n-1)<\frac{(n-1)S^2}{\sigma^2}<\chi^2_{\frac{\alpha}{2}}(n-1)\right\}=1-\alpha,$$

得

$$P\left\{\frac{(n-1)S^2}{\chi^2_{\frac{\alpha}{2}}(n-1)}<\sigma^2<\frac{(n-1)S^2}{\chi^2_{1-\frac{\alpha}{2}}(n-1)}\right\}=1-\alpha,$$

其中 $\chi^2_{1-\frac{\alpha}{2}}(n-1)$ 和 $\chi^2_{\frac{\alpha}{2}}(n-1)$ 分别是自由度为 $n-1$ 的 χ^2 分布的 $1-\frac{\alpha}{2}$ 水平和 $\frac{\alpha}{2}$ 水平的上侧分位数. 因此,当 μ 未知时,σ^2 的置信度为 $1-\alpha$ 的置信区间为

$$\left(\frac{(n-1)S^2}{\chi^2_{\frac{\alpha}{2}}(n-1)},\frac{(n-1)S^2}{\chi^2_{1-\frac{\alpha}{2}}(n-1)}\right), \tag{6.18}$$

而此时标准差 σ 的置信度为 $1-\alpha$ 的置信区间为

$$\left(\sqrt{\frac{(n-1)S^2}{\chi^2_{\frac{\alpha}{2}}(n-1)}},\sqrt{\frac{(n-1)S^2}{\chi^2_{1-\frac{\alpha}{2}}(n-1)}}\right). \tag{6.19}$$

例 6.10 从某厂生产的滚珠中随机抽取 10 个,测得滚珠的直径(毫米)如下:

14.6, 15.0, 14.7, 15.1, 14.9, 14.8, 15.0, 15.1, 15.2, 14.8,

若滚珠直径服从正态分布 $N(\mu,\sigma^2)$,求下列两种情形下滚珠直径方差 σ^2 的置信度为 95% 的置信区间.

解 由样本值计算可得 $s^2=0.0373$,又由 $1-\alpha=0.95$,得 $\alpha=0.05$,$\frac{\alpha}{2}=0.025$,$1-\frac{\alpha}{2}=0.975$. 自由度 $n-1=10-1=9$,查 χ^2 分布上侧分位数表知,$\chi^2_{0.025}(9)=19.023$,$\chi^2_{0.975}(9)=2.700$,则此时 σ^2 的置信度为 95% 的置信区间为(0.0176,0.1243).

*四、两个正态总体均值差的区间估计

在实际问题中常常遇到这样的问题,已知产品的某一质量指标服从正态分布,但由于原材料的不同,设备以及操作人员素质的变化,工艺过程的改变等因素,引起总体均值、方差的变化,我们需要知道这种变化有多大,这就需要考虑两个正态总体均值差或方差比的估计问题. 下面我们先讨论两个正态总体均值差的区间估计.

设总体 $X\sim N(\mu_1,\sigma_1^2)$,$Y\sim N(\mu_2,\sigma_2^2)$,$X_1,X_2,\cdots,X_{n_1}$ 与 $Y_1,Y_2,\cdots,Y_{n_2}$ 分别是来自总体 X 和 Y 的样本,且两个样本相互独立. $\overline{X}$ 和 $\overline{Y}$ 分别是两个样本的样本均值,S_1^2 和 S_2^2 分别为两个样本的样本方差. 我们在两种情况下讨论总体均值差的区间估计.

1. 方差 σ_1^2 和 σ_2^2 已知,关于均值差 $\mu_1-\mu_2$ 的区间估计

由 $\overline{X}$ 和 $\overline{Y}$ 分别为 μ_1 和 μ_2 的无偏估计可知,$\overline{X}-\overline{Y}$ 是 $\mu_1-\mu_2$ 的无偏估计. 又因为 $\overline{X}$ 与 $\overline{Y}$ 相互独立,且 $\overline{X}\sim N\left(\mu_1,\frac{\sigma_1^2}{n_1}\right)$,$\overline{Y}\sim N\left(\mu_2,\frac{\sigma_2^2}{n_2}\right)$,所以有

$$\overline{X}-\overline{Y}\sim N\left(\mu_1-\mu_2,\frac{\sigma_1^2}{n_1}+\frac{\sigma_2^2}{n_2}\right), \tag{6.20}$$

或

$$\frac{(\overline{X}-\overline{Y})-(\mu_1-\mu_2)}{\sqrt{\frac{\sigma_1^2}{n_1}+\frac{\sigma_2^2}{n_2}}}\sim N(0,1). \tag{6.21}$$

对于置信度 $1-\alpha$,有

$$P\left\{\left|\frac{(\overline{X}-\overline{Y})-(\mu_1-\mu_2)}{\sqrt{\frac{\sigma_1^2}{n_1}+\frac{\sigma_2^2}{n_2}}}\right|<u_{\frac{\alpha}{2}}\right\}=1-\alpha,$$

进一步可导出 $\mu_1-\mu_2$ 的置信度为 $1-\alpha$ 的置信区间为

$$\left(\overline{X}-\overline{Y}-u_{\frac{\alpha}{2}}\cdot\sqrt{\frac{\sigma_1^2}{n_1}+\frac{\sigma_2^2}{n_2}},\overline{X}-\overline{Y}+u_{\frac{\alpha}{2}}\cdot\sqrt{\frac{\sigma_1^2}{n_1}+\frac{\sigma_2^2}{n_2}}\right).\tag{6.22}$$

2. 方差 $\sigma_1^2=\sigma_2^2=\sigma^2$,但 σ^2 未知,关于均值差 $\mu_1-\mu_2$ 的区间估计

仍取 $\overline{X}-\overline{Y}$ 作为 $\mu_1-\mu_2$ 的估计量,由定理 5.6 可知

$$T=\frac{(\overline{X}-\overline{Y})-(\mu_1-\mu_2)}{\sqrt{\frac{(n_1-1)S_1^2+(n_2-1)S_2^2}{n_1+n_2-2}}\cdot\sqrt{\frac{1}{n_1}+\frac{1}{n_2}}}\sim t(n_1+n_2-2),$$

类似于前面的讨论,可得 $\mu_1-\mu_2$ 的置信度为 $1-\alpha$ 的置信区间为

$$\left(\overline{X}-\overline{Y}-\sqrt{\frac{(n_1-1)S_1^2+(n_2-1)S_2^2}{n_1+n_2-2}}\cdot\sqrt{\frac{1}{n_1}+\frac{1}{n_2}}\cdot t_{\frac{\alpha}{2}}(n_1+n_2-2),\right.$$
$$\left.\overline{X}-\overline{Y}+\sqrt{\frac{(n_1-1)S_1^2+(n_2-1)S_2^2}{n_1+n_2-2}}\cdot\sqrt{\frac{1}{n_1}+\frac{1}{n_2}}\cdot t_{\frac{\alpha}{2}}(n_1+n_2-2)\right),\tag{6.23}$$

其中 $t_{\frac{\alpha}{2}}(n_1+n_2-2)$ 是自由度为 n_1+n_2-2 的 t 分布的$\frac{\alpha}{2}$ 水平的上侧分位数.

例 6.11 某年在某地区分行业调查职工月平均工资情况:已知体育、卫生、社会福利事业职工工资 X(元) $\sim N(\mu_1,218^2)$;文教、艺术、广播事业职工工资 Y(元) $\sim N(\mu_2,227^2)$,从总体 X 中调查 25 人,月平均工资 1286 元,从总体 Y 中调查 30 人,月平均工资 1272 元,求这两大类行业职工平均工资之差的 99% 的置信区间.

解 由于 $1-\alpha=0.99$,故 $\alpha=0.01$,查标准正态分布表得 $u_{0.005}=2.58$,又$n_1=25$,$n_2=30$,$\overline{x}=1286$,$\overline{y}=1272$,$\sigma_1^2=218^2$,$\sigma_2^2=227^2$,因此 $\mu_1-\mu_2$ 的置信度为 99% 的置信区间为(-141.20,169.20),即两大类行业职工平均工资之差在 -141.20 ~ 169.20 元,此估计的置信度为 99%.

注意 两正态总体均值差 $\mu_1-\mu_2$ 的置信区间意义在于:如果 $\mu_1-\mu_2$ 的置信区间的下限大于零,则认为 $\mu_1>\mu_2$;如果 $\mu_1-\mu_2$ 的置信区间的上限小于零,则认为 $\mu_1<\mu_2$;如果置信区间包含零且区间长度非常短,在实际中可以认为 $\mu_1=\mu_2$.

例 6.12 已知 X,Y 两种类型的材料,现对其强度做对比试验,结果如下(牛顿 / 厘米^2):

X 型:138,123,134,125;

Y 型:134,137,135,140,130,134.

X 型和 Y 型材料的强度分别服从 $N(\mu_1,\sigma^2)$ 和 $N(\mu_2,\sigma^2)$ 分布,σ 是未知的,求 $\mu_1-\mu_2$ 的置信度为 0.95 的置信区间.

解 已知 $n_1=4$,$n_2=6$,由样本值计算得 $\overline{x}=130$,$\overline{y}=135$,$s_1^2=51.3$,$s_2^2=11.2$.又由于 $1-\alpha=0.95$,故 $\alpha=0.05$,查 t 分布上侧分位数表得 $t_{0.025}(8)=2.306$.因此 $\mu_1-\mu_2$ 的置信度为 0.95 的置信区间为(-12.62,2.62).

*五、两个正态总体方差比的区间估计

实际问题中也经常会遇到比较两个总体方差的问题，比如，希望比较用两种不同方法生产的产品性能的稳定性，希望比较不同工具的精度等. 这里，我们仅讨论总体均值 μ_1 和 μ_2 均未知的情况下，两个正态总体方差比的区间估计.

设两正态总体 $X \sim N(\mu_1,\sigma_1^2)$，$Y \sim N(\mu_2,\sigma_2^2)$，且 $\mu_1,\mu_2,\sigma_1^2,\sigma_2^2$ 都未知. $X_1,X_2,\cdots,X_{n_1}$ 与 $Y_1,Y_2,\cdots,Y_{n_2}$ 分别是来自总体 X 和 Y 的样本，且两个样本相互独立. $\overline{X}$ 和 $\overline{Y}$ 分别是两个样本的样本均值，S_1^2 和 S_2^2 分别为两个样本的样本方差.

由定理 5.7

$$F=\frac{S_1{}^2/\sigma_1{}^2}{S_2{}^2/\sigma_2{}^2} \sim F(n_1-1,n_2-1),$$

对于给定的置信度 $1-\alpha$，有

$$P\{F_{1-\frac{\alpha}{2}}(n_1-1,n_2-1)<F<F_{\frac{\alpha}{2}}(n_1-1,n_2-1)\}=1-\alpha,$$

其中 $F_{\frac{\alpha}{2}}(n_1-1,n_2-1)$ 和 $F_{1-\frac{\alpha}{2}}(n_1-1,n_2-1)$ 分别是自由度为 n_1-1 与 n_2-1 的 F 分布的 $\frac{\alpha}{2}$ 水平和 $1-\frac{\alpha}{2}$ 水平上侧分位数.

推导可得方差比 $\frac{\sigma_1{}^2}{\sigma_2{}^2}$ 的置信度为 $1-\alpha$ 的置信区间为

$$\left(\frac{1}{F_{\frac{\alpha}{2}}(n_1-1,n_2-1)}\frac{S_1^2}{S_2^2},\frac{1}{F_{1-\frac{\alpha}{2}}(n_1-1,n_2-1)}\frac{S_1^2}{S_2^2}\right). \tag{6.24}$$

例 6.13 随机地从甲、乙两厂生产的蓄电池中抽取一些样本，测得蓄电池的电容量（安培 · 小时）如下.

甲厂：144，141，138，142，141，143，138，137.

乙厂：142，143，139，140，138，141，140，138，142，136.

设两厂生产的蓄电池电容量分别服从正态分布 $N(\mu_1,\sigma_1^2)$，$N(\mu_2,\sigma_2^2)$，两样本独立，试求 $\frac{\sigma_1^2}{\sigma_2^2}$ 的置信度为 0.95 的置信区间.

解 已知 $n_1=8$，$n_2=10$，$s_1^2\approx 6.57$，$s_2^2\approx 4.77$. 又由于 $1-\alpha=0.95$，故 $\alpha=0.05$，查 F 分布上侧分位数值表得 $F_{0.025}(7,9)=4.2$，$F_{0.975}(7,9)=\frac{1}{F_{0.025}(9,7)}=\frac{1}{4.82}\approx 0.21$. 因此 $\frac{\sigma_1^2}{\sigma_2^2}$ 的置信度为 0.95 的置信区间为(0.33，6.56).

习 题 六

(A)

1. 随机地取 8 只活塞环，测得它们的直径(毫米)为

74.001,74.005,74.003,74.001,74.000,73.998,74.006,74.002,

试求总体均值 μ 及方差 σ^2 的矩估计值.

2. 设 $X \sim U[a,b]$，求参数 a 和 b 的最大似然估计量.

3. 求正态总体 $X \sim N(\mu,\sigma^2)$ 的未知参数 μ 及 σ^2 的最大似然估计.

4. 设 $X_1,X_2,\cdots,X_n$ 是来自二项分布 $B(m,p)$ 总体的一个样本，$x_1,x_2,\cdots,x_n$ 为其样本观测值，其中 m 是正整数且已知，$p(0<p<1)$ 是未知参数，求未知参数 p 的矩估计和最大似然估计.

5. 设总体的密度为 $f(x,\alpha)=\begin{cases}(\alpha+1)x^{\alpha}, & 0<x<1,\\ 0, & \text{其他}.\end{cases}$ 试用样本 $X_1,X_2,\cdots,X_n$，求参数 α 的矩估计量和最大似然估计量.

6. 设 X_1,X_2,X_3 是来自总体 X 的样本，μ 和 σ^2 分别是总体均值和总体方差，证明：下列三个统计量

$$\hat{\mu}_1=\frac{2}{5}X_1+\frac{2}{5}X_2+\frac{1}{5}X_3,$$

$$\hat{\mu}_2=\frac{1}{6}X_1+\frac{1}{2}X_2+\frac{1}{3}X_3,$$

$$\hat{\mu}_3=\frac{1}{3}X_1+\frac{1}{3}X_2+\frac{1}{3}X_3$$

都是总体均值 μ 的无偏估计量；并指出它们中哪个估计量最有效.

7. 设 $X_1,X_2,\cdots,X_n$ 是来自总体 $X \sim N(\mu,\sigma^2)$ 的一个样本，试选择适当的常数 C，使 $\hat{\sigma}^2=C\sum_{i=1}^{n-1}(X_{i+1}-X_i)^2$ 是 σ^2 的无偏估计量.

8. 设总体 $X \sim N(\mu,\sigma^2)$，若样本观测值为

6.54， 8.20， 6.88， 9.02， 7.56，

求总体均值 μ 的置信度为 95% 的置信区间，假定：(1) 已知 $\sigma=1.2$；(2) σ 未知.

9. 在一批螺丝钉中，随机抽取 16 个，测其长度(厘米)为

2.23,2.21,2.20,2.24,2.22,2.25,2.21,2.24,

2.25,2.23,2.25,2.21,2.24,.23,2.25,2.22,

设螺丝钉的长度服从正态分布，试求总体均值 μ 的 90% 的置信区间.

(1) 若已知 $\sigma=0.01$；

(2) 若 σ 未知.

10. 随机地取某种子弹 9 发做试验，测得子弹速度的标准差 $s=11$，设子弹速度服从正态分布 $N(\mu,\sigma^2)$，求这种子弹速度的标准差 σ 和方差 σ^2 的置信度为 0.95 的置信区间.

*11. 设来自总体 $N(\mu_1, 16)$ 的一容量为 15 的样本，其样本均值 $\overline{x}_1 = 14.6$；来自总体 $N(\mu_2, 9)$ 的一容量为 20 的样本，其样本均值 $\overline{x}_2 = 13.2$；并且两样本是相互独立的，试求 $\mu_1 - \mu_2$ 的 90% 的置信区间.

*12. 物理系学生可选择一学期 3 学分没有实验课，也可选一学期 4 学分有实验课. 期末考试每一章节都考的一样，若有上实验课的 12 个学生平均考分为 84 分，标准差为 4，没上实验课的 18 个学生平均考分为 77 分，标准差为 6，假设总体均为正态分布且其方差相等，求两种课程平均分数差的置信度为 99% 的置信区间.

*13. 假设人体身高服从正态分布，今抽测甲乙两地区 18～25 岁女青年身高得数据如下：甲地区抽取 10 名，样本均值 1.64 米，样本标准差 0.2 米；乙地区抽取 10 名，样本均值 1.62 米，样本标准差 0.4 米. 求两正态总体方差比的置信度为 0.95 的置信区间.

(B)

1. 设总体 X 具有分布律

X	1	2	3
P	θ^2	$2\theta(1-\theta)$	$(1-\theta)^2$

其中 $\theta(0<\theta<1)$ 为未知参数. 已知取得了样本值 $x_1=1, x_2=2, x_3=1$. 试求 θ 的矩估计值和最大似然估计值.

2. 设 $X_1, X_2, \cdots, X_n$ 是来自总体 X 的一个样本，求下列总体 X 的密度函数中的未知参数的矩估计量和最大似然估计量.

(1) $f(x,\theta)=\begin{cases} 2e^{-2(x-\theta)}, & x \geqslant \theta, \\ 0, & x<\theta, \end{cases}$ 其中 $\theta>0$ 是未知参数；

(2) $f(x,\theta)=\begin{cases} \sqrt{\theta}x^{\sqrt{\theta}-1}, & 0 \leqslant x \leqslant 1, \\ 0, & \text{其他}, \end{cases}$ 其中 $\theta>0$ 是未知参数.

3. 设总体 X 服从参数为 λ 的泊松分布，$X_1, X_2, \cdots, X_n$ 是来自总体 X 的样本，$\overline{X}, S^2$ 分别为样本均值和样本方差.

(1) 试证：对一切 $\alpha(0 \leqslant \alpha \leqslant 1)$，统计量 $\alpha\overline{X}+(1-\alpha)S^2$ 均为 λ 的无偏估计量；

(2) 试求 λ, λ^2 的最大似然估计量 $\hat{\lambda}_L, \hat{\lambda}_L^2$；

(3) 讨论 $\hat{\lambda}_L^2$ 的无偏性，并给出 λ^2 的一个无偏估计量.

4. 设某种电子管的使用寿命服从正态分布. 从中随机抽取 15 个进行检验，得平均使用寿命为 1950 小时，标准差 s 为 300 小时. 试以 95% 的可靠性估计整批电子管平均使用寿命的置信区间.

5. 科学上的重大发现往往是由年轻人做出的. 下面列出了自 16 世纪初期至 20 世纪早期的十二项重大发现的发现者和他们发现时的年龄：

发现内容	发现者	发现时间	年龄
地球绕太阳运转	哥白尼(Copernicus)	1513 年	40 岁
望远镜、天文学的基本定律	伽利略(Galileo)	1600 年	36 岁
运动原理、重力、微积分	牛顿(Newton)	1665 年	23 岁
电的本质	富兰克林(Franklin)	1746 年	40 岁
燃烧是与氧气联系着的	拉瓦锡(Lavoisier)	1774 年	31 岁
地球是渐进过程演化成的	莱尔(Lyell)	1830 年	33 岁
自然选择控制演化的证据	达尔文(Darwin)	1858 年	49 岁
光的场方程	麦克斯韦(Maxwell)	1864 年	33 岁
放射性	居里夫人(MarieCurie)	1896 年	34 岁
量子论	普朗克(Planck)	1900 年	43 岁
狭义相对论,$E=mc^2$	爱因斯坦(Einstein)	1905 年	26 岁
量子论的数学基础	薛定谔(Schrödinger)	1926 年	39 岁

设样本来自正态总体,试求发现者的平均年龄 μ 的置信度为 0.95 的置信区间.

6. 总体 $X\sim N(\mu,\sigma^2)$,σ^2 已知,问样本容量 n 取多大时才能保证 μ 的置信度为 0.95 的置信区间的长度不大于 L.

*7. 从两正态总体 X、Y 中分别抽取容量为 16 和 10 的两个样本,求得 $\sum_{i=1}^{16}(X_i-\overline{X})^2=380$,$\sum_{i=1}^{10}(Y_i-\overline{Y})^2=180$. 试求方差比 $\dfrac{\sigma_X^2}{\sigma_Y^2}$ 的 95% 的置信区间.

*8. 为检测某种激素对失眠的影响,诊所的医生给两组睡眠不规律的病人在临睡前服用不同剂量的激素,然后测量他们从服药到入睡(脑电波确定)的时间. 第一组服用的是 5 毫克的剂量,第二组服用的是 15 毫克的剂量,样本是独立的. 结果第一组为 $n_1=10$,$\overline{x}=14.8$ 分钟,$s_1^2=4.36$ 分钟^2;第二组 $n_2=13$,$\overline{y}=10.2$ 分钟,$s_2^2=4.66$ 分钟^2. 假定两个条件下的总体是正态分布,试求两总体方差比 $\dfrac{\sigma_1^2}{\sigma_2^2}$ 的置信度为 90% 的置信区间.

第7章　假设检验

第6章讨论了对总体分布中未知参数的估计方法，本章将介绍统计推断中另一类重要问题——假设检验.

设总体 X 的分布函数 $F(x,\theta)$ 的形式已知，但是其中参数 θ 未知. 现对未知参数 θ 提出假设："θ_0 为其真值"，如何利用样本信息来检验上述"假设"的真伪？这类问题称为**参数的假设检验**. 设总体分布函数的表达形式未知，现假设它的分布函数为某个指定函数 $F_0(x)$，怎样利用样本信息来对假设作出成立与否的判断？这类问题称为**非参数假设检验**.

本章主要介绍正态总体参数的假设检验问题.

§7.1　假设检验的基本思想和概念

数理统计的基本任务是根据对样本的考察来对总体的某些情况作出判断. 对总体的分布函数或分布函数的未知参数作某种"假设"，然后根据抽样得到的样本观测值，运用数理统计的分析方法，检验这种"假设"是否正确，从而决定接受或拒绝"假设"，这就是下面讨论的假设检验问题.

一、假设检验问题的提出

先通过例题来说明什么是假设检验问题及其相关概念.

例7.1　设某厂生产一种灯管，其寿命 X(小时)服从正态分布 $N(\mu,200^2)$，从过去较长一段时间的生产情况来看，灯管的平均寿命为 $\mu=1500$ 小时. 现在采用新工艺后，在所生产的灯管中抽取25只，测得平均寿命为1675小时. 采用新工艺后，灯管寿命是否有显著变化？还是与老产品一样仍然服从 $\mu=1500$ 的正态分布吗？若仍然服从 $\mu=1500$ 的正态分布，就说新产品的寿命没有显著变化，否则，就说有显著变化.

例 7.2 总体 X 服从何种分布未知，现假设“$X \sim N(\mu,\sigma^2)$”，如何根据样本来判断这个假设是否成立？

今后把任意一个有关未知分布的假设称为**统计假设**或简称**假设**. 在上面的例 7.1 中，可以把所有涉及的两种情况用统计假设的形式表示出来. 第一个统计假设 $\mu = 1500$ 表示采用新工艺后产品平均寿命没有显著变化. 第二个统计假设 $\mu \neq 1500$ 表示采用新工艺后产品平均寿命有显著变化. 第一个假设 $\mu = 1500$ 我们称为**原假设(基本假设或零假设)**，用符号 H_0 表示；第二个假设 $\mu \neq 1500$ 称为**备择假设(对立假设)**，用符号 H_1 表示. 在两个两者必居其一的假设中，关于原假设和备择假设的划分并不是绝对的，在处理具体问题时，通常把着重考察并且便于处理的假设作为原假设.

在许多问题中，总体分布的类型为已知，仅是一个或几个参数为未知，只要对这一个或几个未知参数的值作出假设，就可完全确定总体的分布. 这种仅涉及总体分布的未知参数的统计假设称为**参数假设检验**. 如例 7.1 中就是只对参数 μ 作出假设. 在有些实际问题中，不知道总体分布的具体类型. 例如，棉纱的拉力强度，它可能服从正态分布，也可能服从其他的分布. 此时，统计假设只能对未知分布函数的类型或它的某些特征提出某种假设，这种不同于参数假设检验的统计假设称作**非参数假设检验**. 如例 7.2.

二、假设检验的基本思想

根据大数定律，在大量重复试验中，某事件 A 发生的频率依概率接近于事件 A 的概率，因而若某事件 A 的概率 α 很小时，则在大量重复试验中，它发生的频率应很小. 例如 $\alpha = 0.001$，则大约在 1000 次试验中，事件 A 才发生一次. 因此，概率很小的事件在一次试验中几乎不可能发生，我们称这样的事件为小概率事件. 在数理统计应用中，人们总是根据所研究的具体问题，规定一个界限 $\alpha(0<\alpha<1)$，把概率不超过 α 的事件认为是小概率事件，认为这样的事件在一次试验中几乎不发生，这就是所谓的“**小概率原理**”.

假设检验的基本思想是以小概率原理作为拒绝 H_0 的依据. 小概率原理，认为小概率事件在一次试验中实际上不会发生，并且若小概率事件在一次试验中发生了，就被认为不合理，判定原来假设不成立. 假设检验用了反证法的思想，但它又不同于纯数学中的反证法，因为这里的“不合理”不是形式逻辑中的绝对矛盾，可以说，它是带有“概率性质的反证法”. 具体的说就是先假设 H_0 是正确的，在此假设下，构造一个概率不超过 $\alpha(0 < \alpha < 1)$ 的小概率事件 A. 如果经过一次试验(一次抽样)，事件 A 就发生了，那么我们自然怀疑假设 H_0 的正确性，因而拒绝(否定) H_0；如果事件 A 没有发生，那么表明原假设 H_0 与试验结果不矛盾，因而接受 H_0.

如上所述，在假设检验中要指定一个很小的正数 α，把概率不超过 α 的小概率事件 A 认为是实际不可能发生的事件，这个数 α 称为**显著性水平或检验水平**. 对于各种不同的问题，显著性水平 α 可以选取不一样，通常选取 $\alpha = 0.10, 0.05, 0.01, 0.005, 0.001, \cdots$.

下面结合例 7.1，取 $\alpha = 0.05$ 来说明假设检验的基本思想.

由问题所提出假设 $H_0: \mu = \mu_0 = 1500$，$H_1: \mu \neq \mu_0 = 1500$，且 $X \sim N(\mu, 200^2)$. 当假设 H_0 成立时，则 μ 与 1500 应很接近. 由于 μ 未知，用其无偏估计量 $\overline{X}$ 来代替，用 $|\overline{X} - 1500|$ 来

衡量 μ 与 1500 之间的差异，如果 $|\overline{X}-1500|$ 较大，则可认为 $\mu \neq 1500$，所以在 H_0 成立的前提下，事件 $A:|\overline{X}-1500|>d\ (d>0)$ 不太可能发生，即 $P(A)$ 很小. 令 $P(A)=\alpha$，确定 d 是解决问题的关键.

由于 $\overline{X} \sim N(\mu, \frac{\sigma^2}{n})$，则 $\frac{\overline{X}-\mu}{\sigma/\sqrt{n}} \sim N(0,1)$，因此，在 H_0 成立的前提下，统计量 $U=\frac{\overline{X}-1500}{\sigma/\sqrt{n}} \sim N(0,1)$.

显然 $|\overline{X}-1500|>d \Leftrightarrow |U|>\frac{d}{\sigma/\sqrt{n}}$，因此，

$\alpha=P\{|\overline{X}-1500|>d\}=P\{|U|>\frac{d}{\sigma/\sqrt{n}}\}=2P\{U>\frac{d}{\sigma/\sqrt{n}}\}$，即

$P\{U>\frac{d}{\sigma/\sqrt{n}}\}=\frac{\alpha}{2}$.

由标准正态分布 $\frac{\alpha}{2}$ 水平上侧分位数的定义可知，$\frac{d}{\sigma/\sqrt{n}}=u_{\frac{\alpha}{2}}$，由此确定了小概率事件 $A=\{|U|>u_{\frac{\alpha}{2}}\}$. 由 $\alpha=0.05$，查表得 $u_{\frac{\alpha}{2}}=u_{0.025}=1.96$.

根据试验的结果，U 的观察值的绝对值为 $|U|=\frac{1675-1500}{200/\sqrt{25}}=4.375$，显然 $|U|>u_{0.025}$，小概率事件发生，于是我们拒绝原假设 H_0，即认为新产品的寿命有显著变化.

假设检验本质上就是把样本空间 X 划分成两个互不相交的子集 C 和 C^*，使得当样本 $(X_1,X_2,\cdots,X_n)$ 的观察值点 $(x_1,x_2,\cdots,x_n)\in C$，将拒绝原假设 H_0(即接受备择假设 H_1). 若 $(x_1,x_2,\cdots,x_n)\in C^*$，将接受原假设 H_0(即拒绝备择假设 H_1). 这样的划分构成一个准则，称这个样本空间的子集 C 为检验的**拒绝域(否定域)**，子集 C^* 为检验的**接受域**. 例 7.1 中的原假设是 $H_0:\mu=1500$，备择假设是 $H_1:\mu\neq 1500$，拒绝域是 $|U|>u_{0.025}$，接受域为 $|U|\leqslant u_{0.025}$，显著性水平为 0.05. 拒绝域与 α 有关，根据不同的 α，查表得到不同的 $u_{\frac{\alpha}{2}}$ 称为**临界值**. 这类假设检验的拒绝域位于接受域的两侧，称为**双侧(边)检验**. 在实际问题中，有时还需要检验下列形式的假设：

$$H_0:\mu\leqslant\mu_0, H_1:\mu>\mu_0. \tag{7.1}$$

$$H_0:\mu\geqslant\mu_0, H_1:\mu<\mu_0. \tag{7.2}$$

形如式(7.1)的假设检验称为**右侧(边)检验**，形如式(7.2)的假设检验称为**左侧(边)检验**；右侧(边)检验和左侧(边)检验统称为**单侧(边)检验**.

三、假设检验的两类错误

统计推断方法是由样本推断总体，也就是由局部推断总体，因而所作结论不能保证绝对不犯错误，而只能以较大概率来保证其可靠性. 检验水平 α 的意义是把概率不超过 α 的事件当作一次试验中实际不会发生的“小概率事件”，从而当该事件发生时否定原假设. 但在一次试验

中,小概率事件并不是绝对不会发生的,只是它发生的概率不超过 α 而已,也就是说,在原假设成立时,样本值也可能落入拒绝域,从而作出拒绝的判断,这种把客观上符合假设 H_0 而判为不符合 H_0 的错误,称为第一类错误,它是“以真为假”或称“弃真”的错误,α 就是犯第一类错误的概率的最大允许值.

当然,我们希望犯第一类错误的概率小些,因此只要使 α 小些.但此时还应注意另一个问题,即当原假设 H_0 不成立时,而样本值却落入了接受域,从而作出接受的结论.也就是说,把不符合 H_0 的总体加以接受,这种错误称为第二类错误,它是“以假为真”或称“纳伪”的错误.水平 α 越小,拒绝域就越小,从而接受域就变大,犯第二类错误的概率也就越大.一般用 β 表示犯第二类错误的概率.

人们自然希望犯两类错误的概率同时都很小,但当样本容量 n 一定时,α 小,β 就大,β 小,α 就大,不能做到 α、β 同时非常小.对于固定的 α ,可以通过增大样本容量 n 来减小 β .在实际工作中,样本容量不能小于 5,否则 β 就会很大,最好 $n \geqslant 10$. 总之,n 越大越好.

考虑到原假设 H_0 的提出是有一定依据的,对它要加以保护,拒绝它要慎重,所以在实际应用中,人们通常只注意控制犯第一类错误的概率.当显著性水平 α 给定,犯第一类错误的概率上界也就确定了.但对 β 情况却不同,我们难以知道它的大小,β 的大小与正态曲线的确切位置有关.这类问题比较复杂,因此这里就不多做介绍了.

究竟 α 取多大合适,没有严格的统一标准,要视两种错误发生的严重性而定.如第一类错误发生所造成的后果较严重,则 α 应取小些;若第二类错误发生造成的不利程度大,则 α 可取得大些.一般 α 取 0.05,有时也取 0.01 或 0.1.

四、假设检验的基本步骤

假设检验的一般步骤归纳如下:

(1)根据题意建立原假设 H_0 及备择假设 H_1;

(2) 给出所要检验的参数的估计量,在原假设成立的条件下建立统计量(要求统计量的分布是确定的);

(3) 对于给定的显著性水平 α,在假定原假设 H_0 成立的条件下给出拒绝域 C;

(4) 若样本观察值落在拒绝域中,则拒绝原假设 H_0,否则接受 H_0.

注意 显著性水平 α 不同,结论可能不同.因此,假设检验的结果是与显著性水平 α 的选择密切相关,它直接影响到是拒绝或是接受原假设 H_0.它是检验严格不严格的一个尺度.

在本节结束之前有两点需要说明.第一点是每个检验方法都有固定的原假设,它不能随意改动,因为统计量的分布是在原假设成立的条件下来确定的.第二点是假设检验中拒绝原假设是根据统计推断原理:小概率事件在一次试验中几乎不能发生.而接受原假设却没有什么强有力的根据,只是说在这次检验中没有发现与原假设相违背的证据,因而接受了原假设,所以在假设检验中,重点在于拒绝原假设.

鉴于正态总体是统计应用中最常见的总体,将首先在接下来的两节中分别讨论单正态总体和双正态总体的参数假设检验.

§7.2 单个正态总体参数的假设检验

一个正态总体的检验，即关于正态总体的数学期望和方差的假设检验. 设 $X \sim N(\mu,\sigma^2)$，$X_1, X_2, \cdots, X_n$ 是来自 X 的样本，$\overline{X}$ 和 S^2 相应为样本均值和样本方差. 关于总体数学期望 μ 的假设，表现为未知参数 μ 和给定值 μ_0 的比较，有三种形式：

$$H_0:\mu=\mu_0;H_0:\mu\leqslant\mu_0;H_0:\mu\geqslant\mu_0.$$

关于总体方差 σ^2 的假设，表现为未知参数 σ^2 与给定值 σ_0^2 的比较，也有三种形式：

$$H_0:\sigma^2=\sigma_0^2;H_0:\sigma^2\leqslant\sigma_0^2;H_0:\sigma^2\geqslant\sigma_0^2.$$

关于 μ 的假设检验，区分总体方差 σ^2 已知和未知两种情况：当 σ^2 已知时，使用 U 检验；当 σ^2 未知时，使用 T 检验. 关于 σ^2 的假设检验，使用 χ^2 检验.

一、单个正态总体均值的假设检验

1. 方差 σ^2 已知，关于均值 μ 的假设检验

(1) 检验假设 $H_0:\mu=\mu_0, H_1:\mu\neq\mu_0$.

由于 μ 的估计量为 $\overline{X}$，在 σ^2 已知时，选取统计量

$$U=\frac{\overline{X}-\mu_0}{\sigma/\sqrt{n}}.$$

在 H_0 成立的前提下，$U\sim N(0,1)$，对于给定的显著性水平 α，查标准正态分布函数值表，得到临界值 $u_{\frac{\alpha}{2}}$，即 $P\left\{|U|>u_{\frac{\alpha}{2}}\right\}=\alpha$，从而确定 H_0 的拒绝域为 $|U|>u_{\frac{\alpha}{2}}$. 本书中统一用 U_0 表示统计量 U 的值.

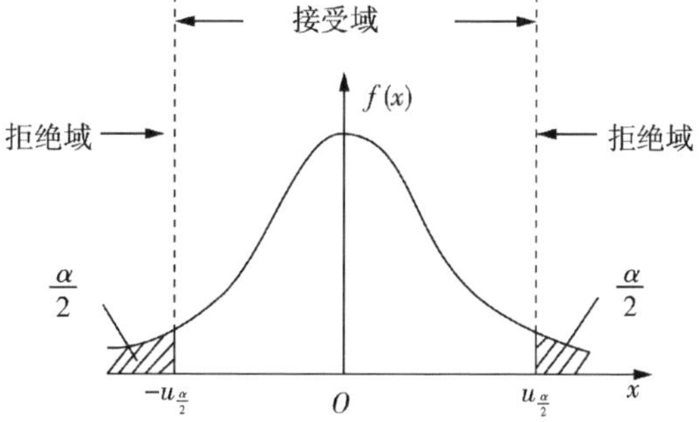

图 7.1

由样本值算出样本均值 $\overline{X}$ 的值 $\overline{x}$，从而算出检验统计量 U 的值 U_0，若 $|U_0|>u_{\frac{\alpha}{2}}$，则小概率事件发生，就拒绝 H_0；若 $|U_0|\leqslant u_{\frac{\alpha}{2}}$，则小概率事件未发生，就接受 H_0.

例 7.3 设某砖瓦厂生产的砖抗断强度 X 服从正态分布 $N(\mu,\sigma^2)$(千克/厘米^2)，已知 σ^2

$=9$.在生产过程中随机抽取16块砖,测得平均抗断强度 $\overline{x}=32$.在显著性水平 $\alpha=0.05$ 下,是否可以认为该砖厂生产的砖平均抗断强度为35千克/厘米^2?

解 建立假设 $H_0:\mu=35$,$H_1:\mu\neq 35$,以 H_0 成立为前提,确定检查 H_0 的统计量及其分布

$$U=\frac{\overline{X}-\mu_0}{\sigma/\sqrt{n}}=\frac{\overline{X}-35}{3/\sqrt{16}}\sim N(0,1).$$

对给定的显著性水平 $\alpha=0.05$,确定临界值 $u_{\frac{\alpha}{2}}$,查标准正态分布函数值表可得 $u_{\frac{\alpha}{2}}=u_{0.025}=1.96$,于是拒绝域为 $|U|>1.96$,而

$$|U_0|=\left|\frac{\overline{x}-35}{3/\sqrt{16}}\right|=\left|\frac{32-35}{3/\sqrt{16}}\right|=4>1.96,$$

因此拒绝 H_0,即不能认为该砖厂生产的砖的平均抗断强度为35千克/厘米^2.

(2)检验假设 $H_0:\mu\leqslant\mu_0$,$H_1:\mu>\mu_0$.

取统计量

$$U=\frac{\overline{X}-\mu_0}{\sigma/\sqrt{n}}.$$

但在 H_0 真实的情形下,U 的分布不能确定.由前面知

$$U'=\frac{\overline{X}-\mu}{\sigma/\sqrt{n}}\sim N(0,1).$$

U' 中含有未知参数 μ,无法计算 U' 的值.但我们发现,当 H_0 成立时,$U\leqslant U'$,因此事件

$$\{U>u_\alpha\}\subset\{U'>u_\alpha\},$$

故

$$P\{U>u_\alpha\}\leqslant P\{U'>u_\alpha\}.$$

在 H_0 真实的前提下,由

$$P\left\{\frac{\overline{X}-\mu}{\sigma/\sqrt{n}}>u_\alpha\right\}=\alpha,$$

可知

$$P\left\{\frac{\overline{X}-\mu_0}{\sigma/\sqrt{n}}>u_\alpha\right\}\leqslant\alpha,$$

即当 α 很小时,事件 $\left\{\frac{\overline{X}-\mu_0}{\sigma/\sqrt{n}}>u_\alpha\right\}$ 比 $\left\{\frac{\overline{X}-\mu}{\sigma/\sqrt{n}}>u_\alpha\right\}$ 的概率更小,故在显著性水平 α 下是一个小概率事件,因而,$H_0:\mu\leqslant\mu_0$ 的拒绝域是

$$V=\left\{\frac{\overline{X}-\mu_0}{\sigma/\sqrt{n}}>u_\alpha\right\}.$$

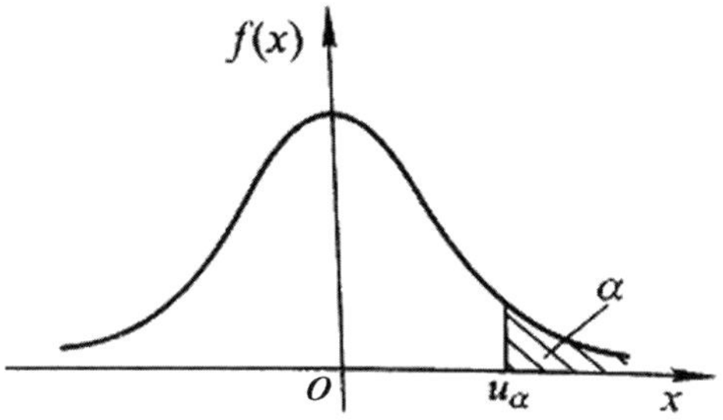

图 7.2

例 7.4 设某超市的日营业额为 X 万元，已知在正常情况下 $X \sim N(3.864, 0.2)$，“十一”黄金周的前五天营业额分别为 4.28，4.40，4.42，4.35，4.37（万元）。假设标准差不变，问“十一”黄金周是否显著增加了该超市的营业额（$\alpha = 0.01$）。

解 建立假设 $H_0: \mu \leqslant 3.864, H_1: \mu > 3.864$，以 H_0 成立为前提，确定检验 H_0 的统计量

$$U = \frac{\overline{X} - \mu_0}{\sigma / \sqrt{n}} = \frac{\overline{X} - 3.864}{\sqrt{0.2} / \sqrt{5}}.$$

对给定的显著性水平 $\alpha = 0.01$，确定临界值 u_α，查标准正态分布函数值表可得 $u_\alpha = u_{0.01} = 2.33$，于是拒绝域为 $U > 2.33$，而

$$U_0 = \frac{\overline{x} - 3.864}{\sqrt{0.2} / \sqrt{5}} = \frac{4.364 - 3.864}{\sqrt{0.2} / \sqrt{5}} = 2.50 > 2.33,$$

因此拒绝 H_0，即可以认为“十一”黄金周显著增加了该超市的营业额.

(3)检验假设 $H_0: \mu \geqslant \mu_0, H_1: \mu < \mu_0$.

类似可得，$H_0: \mu \geqslant \mu_0$ 的拒绝域为 $V = \left\{ \frac{\overline{X} - \mu_0}{\sigma / \sqrt{n}} < -u_\alpha \right\}$. 具体的推导过程请读者自己完成.

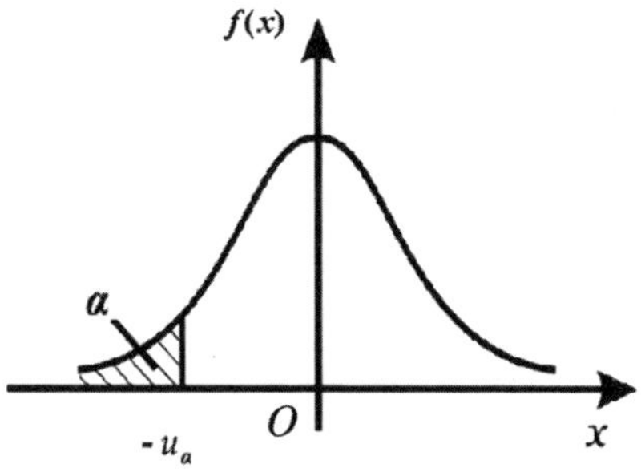

图 7.3

例 7.5 假设某城市购车车主的年龄服从正态分布，根据长期统计资料表明车主年龄 $X \sim N(35, 5^2)$. 今年随机抽取 400 名车主进行统计调研，车主平均年龄 30 岁，在 $\alpha = 0.01$ 下检验车主年龄是否显著减小.

解 建立假设 $H_0:\mu \geqslant 35$，$H_1:\mu < 35$，以 H_0 成立为前提，确定检验 H_0 的统计量

$$U=\frac{\overline{X}-\mu_0}{\sigma/\sqrt{n}}=\frac{\overline{X}-35}{5/\sqrt{400}}.$$

对给定的显著性水平 $\alpha=0.01$，确定临界值 u_α，查标准正态分布函数值表可得 $u_\alpha=u_{0.01}=2.33$，于是拒绝域为 $U<-2.33$，而

$$U_0=\frac{\overline{x}-35}{5/\sqrt{400}}=\frac{30-35}{5/\sqrt{400}}=-20<-2.33,$$

因此拒绝 H_0，即可以认为车主年龄显著减小.

上述检验问题都运用了 U 检验法，所谓**U 检验法**是指借助的统计量服从或渐近服从标准正态分布的检验法.

在实际工作中，方案往往是不知道的，所以未知方差 σ^2，关于期望 μ 的检验显得更为重要.

2. 方差 σ^2 未知，关于均值 μ 的假设检验

(1)检验假设 $H_0:\mu=\mu_0$，$H_1:\mu\neq\mu_0$.

由于 σ^2 未知，自然想到利用它的无偏估计量 S^2 来代替，因此选统计量

$$T=\frac{\overline{X}-\mu_0}{S/\sqrt{n}}.$$

在 H_0 成立的前提下，T 服从自由度为 $n-1$ 的 t 分布，即 $T\sim t(n-1)$. 对于给定的显著性水平 α，查 t 分布上侧分位数值表，得到临界值 $t_{\frac{\alpha}{2}}(n-1)$，即 $P\{|T|>t_{\frac{\alpha}{2}}(n-1)\}=\alpha$，从而确定 H_0 的拒绝域为 $|T|>t_{\frac{\alpha}{2}}(n-1)$，如图 7.4 所示. 本书中统一用 T_0 表示统计量 T 的值.

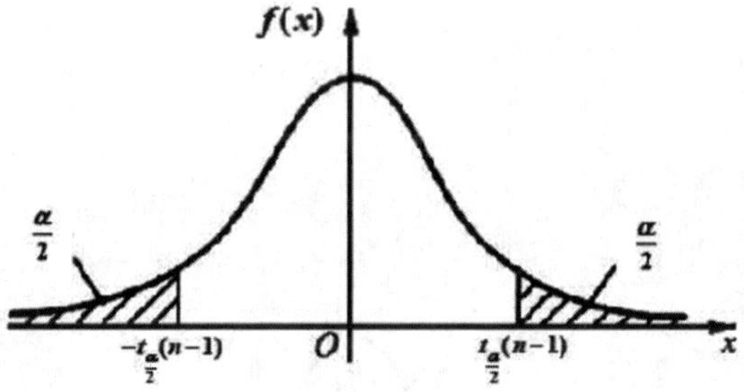

图 7.4

由样本值算出样本均值 $\overline{x}$ 和样本方差 s^2，从而算出检验统计量 T 的值 T_0，若 $|T_0|>t_{\frac{\alpha}{2}}(n-1)$，则小概率事件发生，就拒绝 H_0；若 $|T_0|\leqslant t_{\frac{\alpha}{2}}(n-1)$，则小概率事件未发生，就接受 H_0.

由于上述检验方法中采用了检验统计量 T，因此，这种检验方法通常叫作 T 检验法，也记为 t 检验法.

例 7.6 某自动车床加工零件的长度 $X\sim N(\mu,\sigma^2)$，车床正常工作时，加工零件长度均值

为 10.5,经过一段时间的生产后,要检验一下这一车床是否工作正常.为此随机抽取 16 个该车床加工的零件,算得均值为 11.3,标准差为 0.8.设加工零件长度的方差不变,问在显著水平 $\alpha=0.01$ 下,此车床是否可以认为工作正常?

解 建立假设 $H_0:\mu=10.5$,$H_1:\mu\neq 10.5$,以 H_0 成立为前提,确定检验 H_0 的统计量

$$T=\frac{\overline{X}-\mu_0}{S/\sqrt{n}}=\frac{\overline{X}-10.5}{S/\sqrt{16}}\sim t(15).$$

对给定的显著性水平 $\alpha=0.01$,确定临界点 $t_{\frac{\alpha}{2}}(15)$,查 t 分布表可得 $t_{\frac{\alpha}{2}}(15)=t_{0.005}(15)=2.$ 于是拒绝域为 $|T|>2.947$,而

$$|T_0|=\left|\frac{\overline{x}-10.5}{s/\sqrt{n}}\right|=\left|\frac{11.3-10.5}{0.8/\sqrt{16}}\right|=4>2.947,$$

因此拒绝 H_0,即不能认为车床工作正常.

(2)检验假设 $H_0:\mu\leqslant\mu_0$,$H_1:\mu>\mu_0$.

对于给定的显著性水平 α,查 t 分布上侧分位数值表,得到临界值 $t_\alpha(n-1)$,确定 H_0 的拒绝域为 $T>t_\alpha(n-1)$,如图 7.5 所示.

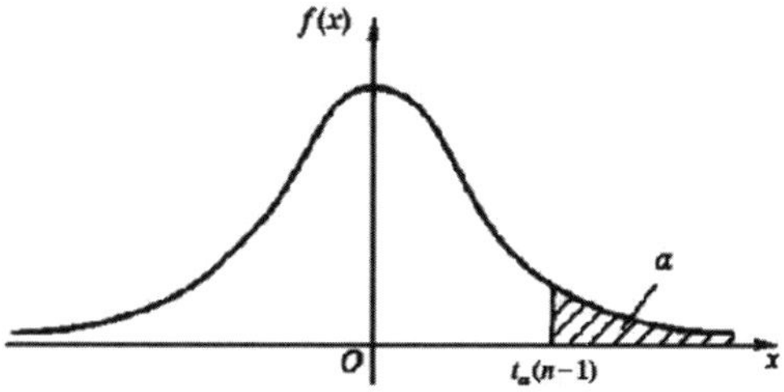

图 7.5

(3)检验假设 $H_0:\mu\geqslant\mu_0$,$H_1:\mu<\mu_0$.

对于给定的显著性水平 α,查 t 分布上侧分位数值表,得到临界值 $t_\alpha(n-1)$,确定 H_0 的拒绝域为 $T<-t_\alpha(n-1)$,如图 7.6 所示.

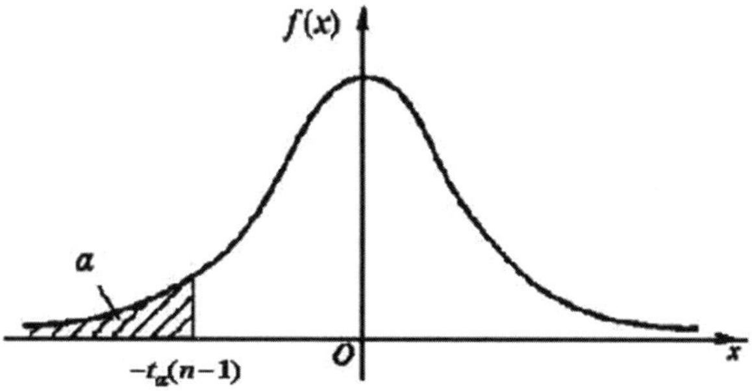

图 7.6

例 7.7 某公司声称某种电池的平均使用寿命至少为 21.5 小时. 有一实验室检验了该公司制造的 6 套电池,得到如下的寿命小时数:19,18,22,20,16,25. 假设该种电池的使用寿命服从正态分布,这些数据是否表明,这种电池寿命低于该公司声称的寿命 ($\alpha=0.05$)?

解 由于 σ 未知的情形下检验 $H_0:\mu\geqslant 21.5$, $H_1:\mu<21.5$,故选取统计量

$$T=\frac{\overline{X}-\mu_0}{S/\sqrt{n}}=\frac{\overline{X}-21.5}{S/\sqrt{6}}.$$

对给定的显著性水平 $\alpha=0.05$,查 t 分布上侧分位数值表可得 $t_\alpha(n-1)=t_{0.05}(5)=2.015$,于是拒绝域为 $T<-2.015$,由已知计算得 $\overline{x}=20$, $s=\sqrt{10}$,而

$$T_0=\frac{\overline{x}-21.5}{s/\sqrt{6}}=\frac{20-21.5}{\sqrt{10}/\sqrt{6}}=-1.162>-2.015,$$

因此接受 H_0,即可以认为这种电池寿命不低于该公司声称的寿命.

上述检验问题都运用了 t **检验法**,即借助于统计量服从或渐近服从 t 分布的检验法. 综上所述,可得正态总体均值假设检验表如表 7.1 所示,供使用参考.

表 7.1

原假设 H_0	备择假设 H_1	已知 $\sigma=\sigma_0$	未知 σ
		在显著性水平 α 下 H_0 的拒绝域	
$\mu=\mu_0$	$\mu\neq\mu_0$	$\lvert U\rvert>u_{\frac{\alpha}{2}}$	$\lvert T\rvert>t_{\frac{\alpha}{2}}(n-1)$
$\mu\leqslant\mu_0$	$\mu>\mu_0$	$U>u_\alpha$	$T>t_\alpha(n-1)$
$\mu\geqslant\mu_0$	$\mu<\mu_0$	$U<-u_\alpha$	$T<-t_\alpha(n-1)$

二、单个正态总体方差的假设检验

根据实际问题的需要,我们仅讨论均值 μ 未知时,关于方差 σ^2 的假设检验问题. 我们仍分双边检验和单边检验两种情况讨论.

1. 检验假设 $H_0:\sigma^2=\sigma_0^2$, $H_1:\sigma^2\neq\sigma_0^2$.

在原假设成立的条件下,统计量 $W=\dfrac{(n-1)S^2}{\sigma_0^2}\sim\chi^2(n-1)$,在显著性水平 α 下,查 χ^2 分布上侧分位数值表,得到临界值 $\chi^2_{1-\frac{\alpha}{2}}(n-1)$ 与 $\chi^2_{\frac{\alpha}{2}}(n-1)$,确定 H_0 的拒绝域为 $0<W<\chi^2_{1-\frac{\alpha}{2}}(n-1)$ 或 $W>\chi^2_{\frac{\alpha}{2}}(n-1)$, 见图 7.7.

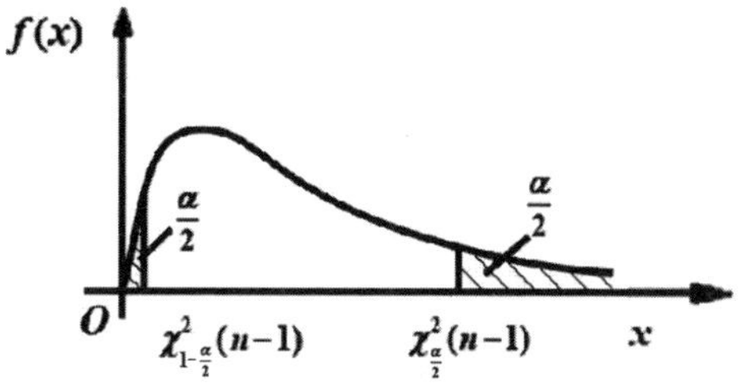

图 7.7

2. 检验假设 $H_0:\sigma^2\leqslant\sigma_0^2, H_1:\sigma^2>\sigma_0^2$.

对于显著性水平 α，查 χ^2 分布上侧分位数值表，得到临界值 $\chi^2_\alpha(n-1)$，确定 H_0 的拒绝域为 $W=\dfrac{(n-1)S^2}{\sigma_0^2}>\chi^2_\alpha(n-1)$，如图 7.8 所示.

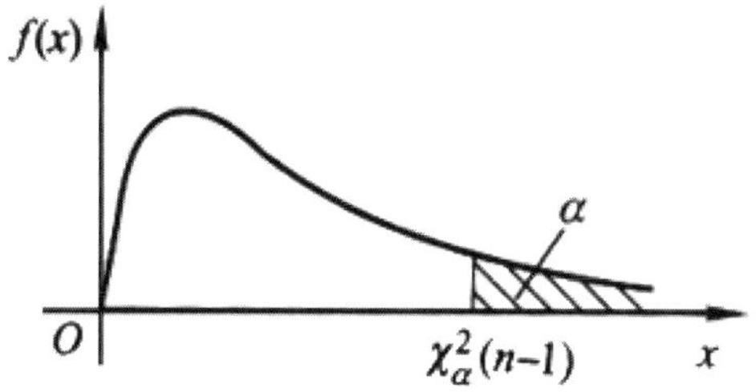

图 7.8

3. 检验假设 $H_0:\sigma^2\geqslant\sigma_0^2, H_1:\sigma^2<\sigma_0^2$.

对于显著性水平 α，查 χ^2 分布上侧分位数值表，得到临界值 $\chi^2_{1-\alpha}(n-1)$，确定 H_0 的拒绝域为 $0<W=\dfrac{(n-1)S^2}{\sigma_0^2}<\chi^2_{1-\alpha}(n-1)$，如图 7.9 所示.

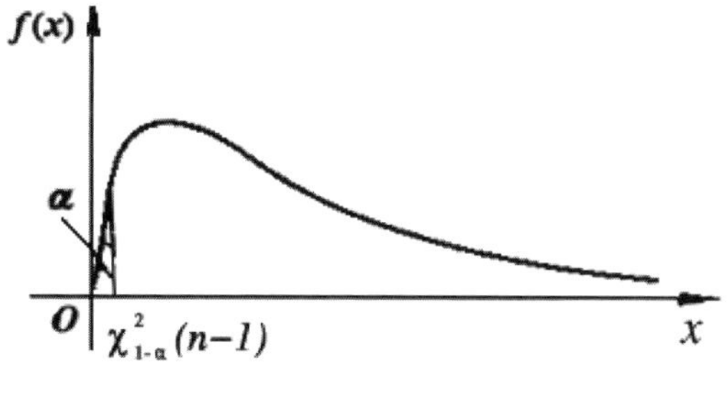

图 7.9

本书中统一用 W_0 表示统计量 W 的值.

例 7.8 从某工厂生产的一批电子元件，其电阻 $X\sim N(\mu,\sigma^2)$，从产品中任抽 6 个检查电阻，得样本方差为 $s^2=0.0787$，问是否可认为该工厂这批电子元件的电阻的方差为 0.04($\alpha=0.05$)?

解 $H_0:\sigma^2=0.04, H_1:\sigma^2\neq0.04$，($\mu$ 未知). 以 H_0 成立为前提，确定检验 H_0 的统计量

$$W=\frac{(n-1)S^2}{\sigma_0^2}=\frac{(n-1)S^2}{0.04}\sim\chi^2(n-1),$$

对给定的显著水平 $\alpha=0.05$,查 χ^2 分布表得 $\chi^2_{1-\frac{\alpha}{2}}(n-1)=\chi^2_{0.975}(5)=0.831$,于是拒绝域为 $0<W<0.831$ 或 $W>12.833$. 而 $W_0=\dfrac{(6-1)\times0.0787}{0.04}\approx9.838$,不在拒绝域内,故接受 H_0,即可以认为该车间生产的铜丝折断力的方差为 0.04.

例 7.9 某种导线,要求其电阻的标准差不得超过 0.005Ω. 假设该导线的电阻从服从正态分布,今在生产的一批导线中取样品 9 根,得样本标准差为 $s=0.007\Omega$. 问能认为这批导线的电阻的方差偏大吗($\alpha=0.05$)?

解 建立假设 $H_0:\sigma^2\leqslant(0.005)^2$,$H_1:\sigma^2>(0.005)^2$($\mu$ 未知),确定检验 H_0 的统计量

$$W=\frac{(n-1)S^2}{\sigma_0^2}=\frac{(n-1)S^2}{(0.005)^2},$$

对给定的显著水平 $\alpha=0.05$,查 χ^2 分布表得 $\chi^2_{\alpha}(n-1)=\chi^2_{0.05}(8)=15.507$,于是得拒绝域 H_0 的拒绝域为 $W>15.507$. 而 $W_0=\dfrac{(9-1)\times(0.007)^2}{(0.005)^2}=15.680>15.507$,落在拒绝域内,故拒绝 H_0,即可以认为这批导线的电阻的方差偏大.

例 7.10 测定某种溶液中的水分,要求该溶液中的水分的标准差大于等于 0.04%. 假设该溶液中的水分服从正态分布. 取样品 11 份,得样本标准差为 $s=0.037\%$. 问认为该溶液中的水分的方差偏小吗($\alpha=0.05$)?

解 建立假设 $H_0:\sigma^2\geqslant(0.04\%)^2$,$H_1:\sigma^2<(0.04\%)^2$($\mu$ 未知),确定检验 H_0 的统计量

$$W=\frac{(n-1)S^2}{\sigma_0^2}=\frac{(n-1)S^2}{(0.04\%)^2},$$

对给定的显著水平 $\alpha=0.05$,查 χ^2 分布表得 $\chi^2_{1-\alpha}(n-1)=\chi^2_{0.95}(10)=3.940$,于是得拒绝域 H_0 的拒绝域为 $0<W<3.940$. 而 $W_0=\dfrac{(11-1)\times(0.037\%)^2}{(0.04\%)^2}\approx8.556>3.940$,未落在拒绝域内,故接受 H_0,即不可以认为溶液中的水分的方差偏小.

综上所述,可得正态总体方差的假设检验表,如表 7.2 所示,供使用参考.

表 7.2

原假设 H_0	备择假设 H_1	μ 未知, 在显著性水平 α 下 H_0 的拒绝域
$\sigma^2=\sigma_0^2$	$\sigma^2\neq\sigma_0^2$	$0<W=\dfrac{(n-1)S^2}{\sigma_0^2}<\chi^2_{1-\frac{\alpha}{2}}(n-1)$ 或 $W=\dfrac{(n-1)S^2}{\sigma_0^2}>\chi^2_{\frac{\alpha}{2}}(n-1)$
$\sigma^2\leqslant\sigma_0^2$	$\sigma^2>\sigma_0^2$	$W=\dfrac{(n-1)S^2}{\sigma_0^2}>\chi^2_{\alpha}(n-1)$
$\sigma^2\geqslant\sigma_0^2$	$\sigma^2<\sigma_0^2$	$0<W=\dfrac{(n-1)S^2}{\sigma_0^2}<\chi^2_{1-\alpha}(n-1)$

§7.3 两个正态总体参数的假设检验

与单正态总体参数的假设检验类似，本节将考虑双正态总体参数的假设检验. 与单正态总体参数的假设检验只是逐一对每个参数的值作假设检验不同的是，双正态总体着重考虑的是两个总体之间的差异，即两个总体的均值或方差是否相等.

一、两个正态总体均值差 $\mu_1-\mu_2$ 的假设检验

设 $X\sim N(\mu_1,\sigma_1^2)$，$Y\sim N(\mu_2,\sigma_2^2)$，$X_1,X_2,\cdots,X_{n_1}$ 为取自总体 $N(\mu_1,\sigma_1^2)$ 的一个样本，$Y_1,Y_2,\cdots,Y_{n_2}$ 为取自总体 $N(\mu_2,\sigma_2^2)$ 的一个样本，并且两个样本相互独立，记 $\overline{X}$ 与 $\overline{Y}$ 分别为样本 $X_1,X_2,\cdots,X_{n_1}$ 与 $Y_1,Y_2,\cdots,Y_{n_2}$ 的样本均值，S_1^2 与 S_2^2 分别为 $X_1,X_2,\cdots,X_{n_1}$ 与 $Y_1,Y_2,\cdots,Y_{n_2}$ 的样本方差.

1. 方差 σ_1^2，σ_2^2 已知，关于均值差 $\mu_1-\mu_2$ 的假设检验

(1)检验假设 $H_0:\mu_1-\mu_2=0$，$H_1:\mu_1-\mu_2\neq 0$.

由前面几章我们知道，当 H_0 为真时，

$$U=\frac{\overline{X}-\overline{Y}}{\sqrt{\sigma_1^2/n_1+\sigma_2^2/n_2}}\sim N(0,1),$$

故选取 U 作为检验统计量. 记 U 的观测值为 U_0，其检验法仍称为 **U 检验法**.

由于 $\overline{X}$ 与 $\overline{Y}$ 是 μ_1 与 μ_2 的无偏估计量，当 H_0 成立时，$|U|$ 不应太大，当 H_1 成立时，$|U|$ 有偏大的趋势，故拒绝域形式为

$$|U|=\left|\frac{\overline{X}-\overline{Y}}{\sqrt{\sigma_1^2/n_1+\sigma_2^2/n_2}}\right|>k.\text{（}k\text{ 待定）}$$

对于给定的显著性水平 α，查标准正态分布表得 $k=u_{\frac{\alpha}{2}}$，使

$$P\{|U|>u_{\frac{\alpha}{2}}\}=\alpha,$$

由此即得拒绝域为 $|U|=\left|\dfrac{\overline{X}-\overline{Y}}{\sqrt{\sigma_1^2/n_1+\sigma_2^2/n_2}}\right|>u_{\frac{\alpha}{2}}$.

根据一次抽样后得到的样本观测值 $x_1,x_2,\cdots,x_{n_1}$ 与 $y_1,y_2,\cdots,y_{n_2}$ 计算出 U 的观测值 u，若 $|U|>u_{\frac{\alpha}{2}}$，则拒绝原假设 H_0，即认为总体均值 μ_1 与 μ_2 有显著差异；若 $|U|\leqslant u_{\frac{\alpha}{2}}$，则接受原假设 H_0，即认为总体均值 μ_1 与 μ_2 无显著差异.

(2)检验假设 $H_0:\mu_1-\mu_2\leqslant 0$，$H_1:\mu_1-\mu_2>0$.

拒绝域为

$$U=\frac{\overline{X}-\overline{Y}}{\sqrt{\sigma_1^2/n_1+\sigma_2^2/n_2}}>u_\alpha.$$

(3)检验假设 $H_0:\mu_1-\mu_2\geqslant 0, H_1:\mu_1-\mu_2<0$.

拒绝域为

$$U=\frac{\overline{X}-\overline{Y}}{\sqrt{\sigma_1^2/n_1+\sigma_2^2/n_2}}<-u_\alpha.$$

例 7.11 在漂白工艺中考察温度对针织品断裂强力的影响.在 70℃ 与 80℃ 下分别重复做了 8 次试验,测得断裂强力数据的均值分别为 20.4 公斤和 19.4 公斤.假设 70℃ 与 80℃ 的针织品断裂强力 X 与 Y 分别服从正态分布 $N(\mu_1,0.8)$ 和 $N(\mu_2,0.7)$. 问 70℃ 与 80℃ 下的针织品断裂强力有无显著性差异在显著性水平 $(\alpha=0.05)$?

解 此问题为方差已知时,对两总体均值差进行双边检验. 因此选用 U 检验. 作假设 $H_0:\mu_1-\mu_2=0, H_1:\mu_1-\mu_2\neq 0$,选取 U 作为检验统计量.

$$U=\frac{\overline{X}-\overline{Y}}{\sqrt{\sigma_1^2/n_1+\sigma_2^2/n_2}}=\frac{\overline{X}-\overline{Y}}{\sqrt{0.8/n_1+0.7/n_2}}\sim N(0,1),$$

对于给定的显著性水平 $\alpha=0.05$,查标准正态分布表得 $u_{\frac{\alpha}{2}}=1.96$,于是得 H_0 的拒绝域为 $|U|>1.96$. 而 $|U_0|=\left|\frac{\overline{x}-\overline{y}}{\sqrt{0.8/n_1+0.7/n_2}}\right|=\left|\frac{20.4-19.4}{\sqrt{(0.8+0.7)/8}}\right|\approx 2.31>1.96$,落在拒绝域内,故拒绝 H_0,即可以认为 70℃ 与 80℃ 下的针织品断裂强力有显著性差异.

2. 方差 σ_1^2,σ_2^2 未知,但 $\sigma_1^2=\sigma_2^2=\sigma^2$,关于均值差 $\mu_1-\mu_2$ 的假设检验

(1)检验假设 $H_0:\mu_1-\mu_2=0, H_1:\mu_1-\mu_2\neq 0$.

由前面几章知,当 H_0 为真时,

$$T=\frac{\overline{X}-\overline{Y}}{S_W\sqrt{1/n_1+1/n_2}}\sim t(n_1+n_2-2),$$

其中

$$S_W^2=\frac{(n_1-1)S_1^2+(n_2-1)S_2^2}{n_1+n_2-2},$$

故选取 T 作为检验统计量. 记 T 观测值为 T_0,其检验法也是 **T 检验法**.

由于 S_W^2 也是 σ^2 的无偏估计量,当 H_0 成立时, $|T|$ 不应太大,当 H_1 成立时, $|T|$ 有偏大的趋势,故拒绝域形式为

$$|T|=\left|\frac{\overline{X}-\overline{Y}}{S_W\sqrt{1/n_1+1/n_2}}\right|>k.\ (k\ \text{待定})$$

对于给定的显著性水平 α,查 t 分布上侧分位数值函数值表得 $k=t_{\frac{\alpha}{2}}(n_1+n_2-2)$,使

$$P\{|T|>t_{\frac{\alpha}{2}}(n_1+n_2-2)\}=\alpha.$$

由此即得拒绝域为 $$|T|=\left|\frac{\overline{X}-\overline{Y}}{S_W\sqrt{1/n_1+1/n_2}}\right|>t_{\frac{\alpha}{2}}(n_1+n_2-2),$$

其中 $t_{\frac{\alpha}{2}}(n_1+n_2-2)$ 是自由度为 n_1+n_2-2 的 t 分布的 $\frac{\alpha}{2}$ 水平的上侧分位数.

根据一次抽样后得到的样本观测值 $x_1,x_2,\cdots,x_{n_1}$ 与 $y_1,y_2,\cdots,y_{n_1}$ 计算出 T 的观测值 T_0，若 $|T_0|>t_{\frac{\alpha}{2}}(n_1+n_2-2)$，则拒绝原假设 H_0，否则接受原假设 H_0.

(2) 检验假设 $H_0:\mu_1-\mu_2\leqslant 0,H_1:\mu_1-\mu_2>0$.

拒绝域为

$$T=\frac{\overline{X}-\overline{Y}}{S_W\sqrt{1/n_1+1/n_2}}>t_\alpha(n_1+n_2-2).$$

(3) 检验假设 $H_0:\mu_1-\mu_2\geqslant 0,H_1:\mu_1-\mu_2<0$.

拒绝域为

$$T=\frac{\overline{X}-\overline{Y}}{S_W\sqrt{1/n_1+1/n_2}}<-t_\alpha(n_1+n_2-2).$$

例 7.12 在甲、乙两个工厂生产的蓄电池中，各取 5 个测量电容量(安培·小时)，得样本均值和样本方差分别为

$$\overline{x}=140.8,\overline{y}=141.6,s_1^2=3.7,s_2^2=3.8,$$

假设甲、乙两个工厂生产的蓄电池的电容量分别服从正态分布：$X\sim N(\mu_1,\sigma^2)$，$Y\sim N(\mu_2,\sigma^2)$，σ^2 未知，在显著性水平 $\alpha=0.05$ 下能否认定甲、乙两个工厂生产的蓄电池的电容量均值相等?

解 此问题为方差未知，对两总体均值差进行双边检验. 因此选用 T 检验法. 作假设 $H_0:\mu_1-\mu_2=0,H_1:\mu_1-\mu_2\neq 0$，选取 T 作为检验统计量.

$$T=\frac{\overline{X}-\overline{Y}}{S_W\sqrt{1/n_1+1/n_2}}\sim t(n_1+n_2-2),$$

其中

$$S_W^2=\frac{(n_1-1)S_1^2+(n_2-1)S_2^2}{n_1+n_2-2},$$

对给定的显著性水平 $\alpha=0.05$，查 t 分布表得 $t_{\frac{\alpha}{2}}(n_1+n_2-2)=t_{0.025}(8)=2.306$，于是得 H_0 的拒绝域为 $|T|>2.306$. 将 $\overline{x}=140.8,s_1^2=3.7,\overline{y}=141.6,s_2^2=3.8,s_w^2=3.75,n_1=n_2=5$，代入计算，得 $|T_0|=\left|\frac{\overline{x}-\overline{y}}{s_w\sqrt{1/n_1+1/n_2}}\right|\approx 0.653<2.306$，不在拒绝域内，故接受 H_0，即可以认为甲、乙两个工厂生产的蓄电池的容量的均值无显著性差异.

二、两个正态总体方差比$\frac{\sigma_1^2}{\sigma_2^2}$的假设检验

设 $X_1,X_2,\cdots,X_{n_1}$ 为取自总体 $N(\mu_1,\sigma_1^2)$ 的一个样本，$Y_1,Y_2,\cdots,Y_{n_2}$ 为取自总体 $N(\mu_2,\sigma_2^2)$ 的一个样本，并且两个样本相互独立，记 $\overline{X}$ 与 $\overline{Y}$ 分别为样本 $X_1,X_2,\cdots,X_{n_1}$ 与 $Y_1,Y_2,\cdots,Y_{n_2}$ 的样本均值，S_1^2 与 S_2^2 分别为 $X_1,X_2,\cdots,X_{n_1}$ 与 $Y_1,Y_2,\cdots,Y_{n_2}$ 的样本方差. 讨论 μ_1,μ_2 未知时，$\frac{\sigma_1^2}{\sigma_2^2}$ 的假设检验.

1. 检验假设 $H_0:\sigma_1^2=\sigma_2^2, H_1:\sigma_1^2\neq\sigma_2^2$.

由前面几章知，当 H_0 为真时，

$$F=\frac{S_1^2}{S_2^2}\sim F(n_1-1,n_2-1),$$

故选取 F 作为检验统计量. 记 F 的观测值为 F_0. 其检验法称为**F 检验法**.

由于 S_1^2 与 S_2^2 是 σ_1^2 与 σ_2^2 的无偏估计量，当 H_0 成立时，F 的取值应集中在 1 的附近，当 H_1 成立时，F 的取值有偏小或偏大的趋势，故拒绝域形式为

$$F<k_1 \text{ 或 } F>k_2.\ (k_1,k_2 \text{ 待定})$$

对于给定的显著性水平 α，查 F 分布表得

$$k_1=F_{1-\frac{\alpha}{2}}(n_1-1,n_2-1), k_2=F_{\frac{\alpha}{2}}(n_1-1,n_2-1),$$

使

$$P\{F<F_{1-\frac{\alpha}{2}}(n_1-1,n_2-1) \text{ 或 } F>F_{\frac{\alpha}{2}}(n_1-1,n_2-1)\}=\alpha,$$

由此即得拒绝域为

$$F<F_{1-\frac{\alpha}{2}}(n_1-1,n_2-1) \text{ 或 } F>F_{\frac{\alpha}{2}}(n_1-1,n_2-1),$$

其中 $F_{\frac{\alpha}{2}}(n_1-1,n_2-1)$ 是自由度为 n_1-1 和 n_2-1 的 $\frac{\alpha}{2}$ 的上侧分位数. 根据一次抽样后得到的样本观测值 $x_1,x_2,\cdots,x_{n_1}$ 与 $y_1,y_2,\cdots,y_{n_1}$ 计算出 F 的观测值，若 $F<F_{1-\frac{\alpha}{2}}(n_1-1,n_2-1)$ 或 $F>F_{\frac{\alpha}{2}}(n_1-1,n_2-1)$ 成立，则拒绝原假设 H_0，否则接受原假设 H_0.

2. 检验假设 $H_0:\sigma_1^2\leqslant\sigma_2^2, H_1:\sigma_1^2>\sigma_2^2$.

拒绝域为

$$F>F_{\alpha}(n_1-1,n_2-1).$$

3. 检验假设 $H_0:\sigma_1^2\geqslant\sigma_2^2, H_1:\sigma_1^2<\sigma_2^2$.

拒绝域为

$$F<F_{1-\alpha}(n_1-1,n_2-1).$$

例 7.13 某种物品在处理前后分别取样分析其含脂率，得到数据如下：

处理前：0.29，0.18，0.31，0.36，0.30，0.36，0.32，0.28，0.12，0.30，0.27.

处理后：0.15，0.13，0.09，0.07，0.24，0.19，0.04，0.08，0.20，0.12，0.24.

假定该物品处理前后含脂率都服从正态分布，在显著性水平 $\alpha=0.05$ 下能否认为该物品处理前后含脂率的方差不变？

解 检验假设 $H_0:\sigma_1^2=\sigma_2^2, H_1:\sigma_1^2\neq\sigma_2^2$，选检验统计量

$$F=\frac{S_1^2}{S_2^2}\sim F(n_1-1,n_2-1),$$

对显著性水平 $\alpha=0.05$，查 F 分布表得 $F_{\frac{\alpha}{2}}(n_1-1,n_2-1)=F_{0.025}(9,10)=3.78$，$F_{1-\frac{\alpha}{2}}(n_1-1,n_2-1)$ $=F_{0.975}(9,10)=\frac{1}{F_{0.025}(10,9)}=\frac{1}{3.96}\approx0.25$，于是得 H_0 的拒绝域为 $0<F<0.25$ 或 $F>3.78$.

由所给数据,可求得 $s_1^2 \approx 0.005$,$s_2^2 \approx 0.00477$,代入计算得

$$F_0 = \frac{s_1^2}{s_2^2} = \frac{0.005}{0.00477} \approx 1.05.$$

因为 $0.25 < 1.05 < 3.78$,F_0 值不在拒绝域内,故接受 H_0,即可以认为该物品处理前后含脂率的方差不变.

表 7.3 总结了双正态总体参数假设检验法(显著性水平为 α),以方便查用.

表 7.3　双正态总体均值差、方差比的检验法(显著性水平 α)

	原假设 H_0	检验统计量	备择假设 H_1	拒绝域
1	$\mu_1-\mu_2=0$ $\mu_1-\mu_2\leqslant 0$ $\mu_1-\mu_2\geqslant 0$ (σ_1^2,σ_2^2 已知)	$U=\dfrac{\overline{X}-\overline{Y}}{\sqrt{\sigma_1^2/n_1+\sigma_2^2/n_2}}$	$\mu_1-\mu_2\neq 0$ $\mu_1-\mu_2>0$ $\mu_1-\mu_2<0$	$\lvert U\rvert>u_{\frac{\alpha}{2}}$ $U>u_\alpha$ $U<-u_\alpha$
2	$\mu_1-\mu_2=0$ $\mu_1-\mu_2\leqslant 0$ $\mu_1-\mu_2\geqslant 0$ ($\sigma_1^2=\sigma_2^2=\sigma^2$ 未知)	$T=\dfrac{\overline{X}-\overline{Y}}{S_W\sqrt{\dfrac{1}{n_1}+\dfrac{1}{n_2}}}$ $S_W^2=\dfrac{(n_1-1)S_1^2+(n_2-1)S_2^2}{n_1+n_2-2}$	$\mu_1-\mu_2\neq 0$ $\mu_1-\mu_2>0$ $\mu_1-\mu_2<0$	$\lvert T\rvert>t_{\frac{\alpha}{2}}(n_1+n_2-2)$ $T>t_\alpha(n_1+n_2-2)$ $T<-t_\alpha(n_1+n_2-2)$
3	$\sigma_1^2=\sigma_2^2$ $\sigma_1^2\leqslant\sigma_2^2$ $\sigma_1^2\geqslant\sigma_2^2$	$F=\dfrac{S_1^2}{S_2^2}$	$\sigma_1^2\neq\sigma_2^2$ $\sigma_1^2>\sigma_2^2$ $\sigma_1^2<\sigma_2^2$	$F>F_{\frac{\alpha}{2}}(n_1-1,n_2-1)$ 或 $F<F_{1-\frac{\alpha}{2}}(n_1-1,n_2-1)$ $F>F_\alpha(n_1-1,n_2-1)$ $F<F_{1-\alpha}(n_1-1,n_2-1)$

*§7.4　总体分布的拟合检验

前面讨论的关于总体均值与方差的假设检验,都是先假定总体服从正态分布,这一假定本身往往是需要检验的.对总体是否服从某种分布的检验属于非参数检验,这是本节要介绍的.另外,"两个总体 X 和 Y 相互独立""$X_1,X_2,\cdots,X_n$ 同分布"等关于总体的一般性论断都是非参数检验.

非参数假设检验的内容丰富,方法也很多,我们只介绍总体分布的假设检验.处理这类问题,一般先根据经验和理论以及统计资料的初步分析,假定总体服从某种分布,然后用统计检

验的方法,把经验统计分布与假定的理论分布相比较,视其吻合情况,判断所研究的总体是否可以用所假定的理论分布来描述.这类统计检验称为**分布拟合检验**.检验的方法很多,我们只介绍 χ^2 检验法和独立性检验,一般要求大样本容量.

一、χ^2 检验

所谓**χ^2 检验法**是在总体的分布为未知时,根据样本值 $x_1,x_2,\cdots,x_n$ 来检验关于总体分布的假设

$$\begin{aligned}&H_0:\text{总体}X\text{的分布函数为}F(x),\\&H_1:\text{总体}X\text{的分布函数不是}F(x)\end{aligned} \tag{7.3}$$

的一种方法(这里的备择假设 H_1 可不必写出).

若总体 X 为离散型,则假设式(7.3)相当于

$$H_0:\text{总体 } X \text{ 的分布律为 } P\{X=x_i\}=p_i,\quad i=1,2,\cdots.$$

若总体 X 为连续型,则假设式(7.3)相当于

$$H_0:\text{总体 } X \text{ 的概率密度为 } f(x).$$

1. 分布函数 $F(x)$ 不含未知参数

χ^2 检验法的基本思想与方法如下:

(1) 将随机试验可能结果的全体 Ω 分为 k 个互不相容的事件 $A_1,A_2,\cdots,A_k$,($\bigcup\limits_{i=1}^{k}A_i=\Omega$,$A_iA_j=\phi(i\neq j;i,j=1,2,\cdots,k)$),于是在 H_0 为真时,可以计算概率 $P_i=P(A_i)(i=1,2,\cdots,k)$;

(2) 寻找用于检验的统计量及相应的分布,在 n 次试验中,事件 A_i 出现的频率$\dfrac{f_i}{n}$与概率 P_i 往往有差异,但由大数定律可以知道,如果样本容量 n 较大(一般要求 n 至少为 50,最好在 100 以上),在 H_0 成立条件下 $\left|\dfrac{f_i}{n}-P_i\right|$ 的值应该比较小,基于这种想法,皮尔逊使用

$$\chi^2=\sum_{i=1}^{k}\frac{(f_i-nP_i)^2}{nP_i} \tag{7.4}$$

作为检验 H_0 的统计量,并证明了如下的结论:若 n 充分大($n\geqslant 50$),则当 H_0 为真时(不论 H_0 中的分布属什么分布),统计量式(7.4)总是近似地服从自由度为 $k-1$ 的 χ^2 分布;

(3)对于给定的显著性水平 α,查表确定临界值 $\chi_\alpha^2(k-1)$ 使

$$P\{\chi^2>\chi_\alpha^2(k-1)\}=\alpha,$$

从而得到 H_0 的拒绝域为 $\chi^2>\chi_\alpha^2(k-1)$;

(4) 由样本值 $x_1,x_2,\cdots,x_n$ 计算 χ^2 的值,并与 $\chi_\alpha^2(k-1)$ 比较;

(5) 作结论:若 $\chi^2>\chi_\alpha^2(k-1)$,则拒绝 H_0,即不能认为总体分布函数为 $F(x)$;否则接受 H_0.

2. $F(x)$ 的形式已知,其参数值未知

此时需先用样本求出未知参数的最大似然估计(在假设 H_0 下),以估计值作为参数值,然后根据 H_0 中所假设的分布函数,求出 p_i 的估计值 $\hat{p}_i=\hat{P}_i(A_i)$,在式(7.4)中以 $\hat{p}_i$ 代替 P_i,取

$$\chi^2=\sum_{i=1}^{k}\frac{(f_i-n\hat{p}_i)^2}{n\hat{p}_i} \tag{7.5}$$

作为检验 H_0 的统计量,并有如下的结论:若 n 充分大($n \geqslant 50$),则当 H_0 为真时(不论 H_0 中的分布属什么分布),统计量式(7.5)总是近似地服从自由度为 $k-r-1$ 的 χ^2 分布,其中 r 是被估计的参数的个数.此时的拒绝域为 $\chi^2 > \chi_\alpha^2(k-r-1)$.

例 7.14 下面给出了随机选取的某大学一年级学生(200 名)一次数学考试的成绩.试取显著性水平 $\alpha = 0.05$,检验数据是否来自正态总体 $N(60,15^2)$.

分数 x	$20 \leqslant x \leqslant 30$	$30 < x \leqslant 40$	$40 < x \leqslant 50$	$50 < x \leqslant 60$	$60 < x \leqslant 70$	$70 < x \leqslant 80$	$80 < x \leqslant 90$	$90 < x \leqslant 100$
学生数	5	15	30	51	60	23	10	6

解 检验假设

$H_0: X \sim N(60,15^2)$,$H_1: X$ 不服从正态分布 $N(60,15^2)$.

当 H_0 为真时,X 的密度函数为

$$f(x) = \frac{1}{\sqrt{2\pi} \times 15} e^{-\frac{(x-60)^2}{2\times 15^2}}.$$

按上式并查标准正态分布表计算每个区间的理论概率值,如表 7.4 所示.

表 7.4

区间	频数 f_i	标准化区间 $[\mu_i, \mu_{i+1}]$	p_i	np_i	$(f_i - np_i)$	$(f_i - np_i)^2/np_i$
20 ~ 30	5	$(-\infty, -2)$	0.0228	4.56	0.44	0.04246
30 ~ 40	15	$[-2, -1.33)$	0.0690	13.80	1.20	0.10430
40 ~ 50	30	$[-1.33, -0.67)$	0.1596	31.92	−1.92	0.11550
50 ~ 60	51	$[-0.67, 0)$	0.2486	49.72	1.28	0.03300
60 ~ 70	60	$[0, 0.67)$	0.2486	49.72	10.28	2.12550
70 ~ 80	23	$[0.67, 1.33)$	0.1596	31.92	−8.92	2.49270
80 ~ 90	10	$[1.33, 2)$	0.0690	13.80	−3.80	1.04640
90 ~ 100	6	$[2, +\infty)$	0.0228	4.56	1.44	0.45470
Σ						6.4146

由表 7.4 知 $\chi^2 = 6.4146$,对 $\alpha = 0.05$ 查自由度 $n = 8 - 1 = 7$ 的 χ^2 分布表,得到临界值 $\chi_{0.05}^2(7) = 14.067$.由于 $\chi^2 = 6.4146 < 14.067$,不能拒绝原假设,所以认为数据来自正态总体 $N(60,15^2)$.

例 7.15 一本书的一页中印刷错误的个数 X 是一个随机变量,现检查了一本书的 100 页,记录每页中印刷错误的个数,其结果如下.

错误个数 i	0	1	2	3	4	5	6	$\geqslant 7$
页数 f_i	36	40	19	2	0	2	1	0
A_i	A_0	A_1	A_2	A_3	A_4	A_5	A_6	A_7

其中 f_i 是观察到有 i 个错误的页数.是否认为一页书中的错误个数 X 服从泊松分布($\alpha = 0.05$)?

解 由题意首先提出假设 H_0:总体 X 服从泊松分布,即

$$P\{X=i\}=\frac{e^{-\lambda}\lambda^i}{i!},\quad i=0,1,2,\cdots,$$

这里 H_0 中参数 λ 为未知，所以需先来估计参数. 由最大似然估计法得

$$\hat{\lambda}=\overline{x}=\frac{0\times 36+1\times 40+\cdots+6\times 1+7\times 0}{100}=1.$$

将试验结果的全体分为 $A_0,A_1,\cdots,A_7$ 两两互不相容的事件. 若 H_0 为真，则 $P\{X=i\}$ 有估计

$$\hat{p}=\hat{P}\{X=i\}=\frac{e^{-\lambda}\lambda^i}{i!}=\frac{e^{-1}1^i}{i!},\quad i=0,1,2,\cdots,$$

例如

$$\hat{p}_0=\hat{P}\{X=0\}=e^{-1},$$

$$\hat{p}_1=\hat{P}\{X=1\}=e^{-1},$$

$$\hat{p}_2=\hat{P}\{X=2\}=\frac{e^{-1}}{2},$$

$$\cdots$$

$$\hat{p}_7=\hat{P}\{X\geqslant 7\}=1-\sum_{i=1}^{6}\hat{p}_i=1-\sum_{i=1}^{6}\frac{e^{-1}}{i!}.$$

计算结果如表 7.5 所示. 将其中有些 $np_i<5$ 的组予以适当合并，使新的每一组内有 $np_i\geqslant 5$，此处并组后 $k=4$，但因在计算概率时，估计了一个未知参数 λ，故

$$\chi^2=\sum_{i=1}^{4}\frac{(f_i-n\hat{p}_i)^2}{n\hat{p}_i{}^2}\sim\chi^2(4-1-1).$$

计算结果为 $\chi^2=1.460$，因为 $\chi^2(4-1-1)=\chi^2_{0.05}(2)=5.991>1.460$. 所以在显著性水平 $\alpha=0.05$ 下接受 H_0，即认为总体服从泊松分布.

表 7.5

A_i	频数 f_i	$\hat{p}_i$	$n\hat{p}_i$	$(f_i-n\hat{p}_i)$	$(f_i-n\hat{p}_i)^2/n\hat{p}_i$
A_0	36	e^{-1}	36.788	-0.788	0.017
A_1	40	e^{-1}	36.788	3.212	0.280
A_2	19	$e^{-1}/2$	18.394	0.606	0.020
A_3	2	$e^{-1}/6$	6.131		
A_4	0	$e^{-1}/24$	1.533		
A_5	2	$e^{-1}/120$	0.307	-3.03	1.143
A_6	1	$e^{-1}/720$	0.051		
A_7	0	$1-\sum_{i=1}^{6}\hat{p}_i$	0.008		
$\sum$					1.460

二、独立性检验

下面通过一个例子说明独立性检验的方法和步骤.

例 7.16 研究青少年的行为与家庭状况的关系，调查结果如下：

青少年犯罪	家庭状况		合计
	离异家庭	和睦家庭	
犯罪	178	272	450
未犯罪	38	502	540
合计	216	774	990

试问:调查结果能否证实青少年的行为受到家庭状况的影响($\alpha=0.05$)?

本例中,我们考察两个因素,一是"家庭状况",它有两个状态,统计学上称为**水平**即"和睦家庭"和"离异家庭". 二是"青少年行为",它也有两个水平即"犯罪"和"未犯罪". 这种表称为2×2**列联表**. 一般地,设有 A 和 B 两个因素,各有 c 和 r 两个水平,问题是要检验 A 和 B 两个因素是否相互独立. 表 7.6 是列联表的一般形式. 通常用 i 表示行,用 j 表示列,则 $i=1,2,\cdots,r$; $j=1,2,\cdots,c$. n_{ij} 表示第 i 行和第 j 列的频数,即有 n_{ij} 个对象处于因素 A 和 B 的 i 和 j 水平下, n 表示总的频数,也就是样本容量.

表 7.6

		因素 A				合计
		A_1	A_2	$\cdots$	A_c	
因素 B	B_1	n_{11}	n_{12}	$\cdots$	n_{1c}	$n_{1\cdot}$
	B_2	n_{21}	n_{22}	$\cdots$	n_{2c}	$n_{2\cdot}$
	$\vdots$	$\vdots$	$\vdots$		$\vdots$	$\vdots$
	B_r	n_{r_1}	n_{r_2}	$\cdots$	n_{r_c}	$n_{r\cdot}$
合计		$n_{\cdot 1}$	$n_{\cdot 2}$	$\cdots$	$n_{\cdot c}$	n

在上述列联表中,频数 n_{ij} 是指实际频数. 为了检验两个因素是否独立,还需要计算每一行列的期望频数. 由前面的学习知,若事件 A 和 B 相互独立,则有 $P(AB)=P(A)P(B)$. 根据这个原理,现在我们做如下假设:

$$H_0:\text{两个因素相互独立};H_1:\text{两个因素不独立}.$$

所以在 H_0 为真时,第 i 行的 B_i 和第 j 列的 A_j 的期望概率就应等于 $P(A_j)\times P(B_i)$.

根据用频率估计概率的原则,用 $P(A_j)=\frac{n_{\cdot j}}{n}$, $P(B_i)=\frac{n_{i\cdot}}{n}$ 分别代替 $P(A_j)$ 和 $P(B_i)$. 所以在 H_0 为真时,第 i 行第 j 列的期望概率为

$$P(A_jB_i)=\frac{n_{\cdot j}}{n}\times\frac{n_{i\cdot}}{n}.$$

用样本容量 n 分别乘不同行列的期望概率,就可以得到期望频数 e_{ij}. 第 i 行第 j 列的期望频数为

$$e_{ij}=n\times\frac{n_{\cdot j}}{n}\times\frac{n_{i\cdot}}{n}=\frac{n_{i\cdot}\, n_{\cdot j}}{n},$$

即

$$e_{ij}=\frac{\text{第 } i \text{ 行频数合计}\times\text{第 } j \text{ 列频数合计}}{\text{样本容量}}.$$

最后将实际频数 n_{ij} 与期望频数 e_{ij} 进行比较，判断方法与进行拟合优度时类似，即构造 χ^2 统计量

$$\chi^2=\sum_{i=1}^{r}\sum_{j=1}^{c}\frac{(n_{ij}-n_{i\cdot}\,n_{\cdot j}/n)^2}{n_{i\cdot}\,n_{\cdot j}/n}=\sum_{i=1}^{r}\sum_{j=1}^{c}\frac{(n_{ij}-e_{ij})^2}{e_{ij}},$$

该 χ^2 统计量服从自由度为 $(r-1)(c-1)$ 的 χ^2 分布. 当 $\chi^2>\chi_\alpha^2[(r-1)(c-1)]$ 时，拒绝 H_0，接受 H_1. 在进行 χ^2 检验时，要注意当各行或列的期望频数小于 5，不能使用列联表检验. 此时要在有意义的情况下合并行或列，或加大样本容量，使各行列的期望频数等于或大于 5.

本例要检查青少年的行为与家庭的状况是否有关系，根据题意建立假设

H_0：青少年的行为与家庭状况相互独立.

H_1：青少年的行为与家庭状况不独立.

解 本例中 $r=c=2$ 是个 2×2 列联表. 由题设，$n=990$，$n_{11}=178$，$n_{12}=272$，$n_{21}=38$，$n_{22}=502$，给定 $\alpha=0.05$，由于 $r=c=2$，查附表得 $\chi_\alpha^2[(r-1)(c-1)]=3.841$，计算可得

$$\chi^2=\sum_{i=1}^{r}\sum_{j=1}^{c}\frac{(n_{ij}-n_{i\cdot}\,n_{\cdot j}/n)^2}{n_{i\cdot}\,n_{\cdot j}/n}=\sum_{i=1}^{r}\sum_{j=1}^{c}\frac{(n_{ij}-e_{ij})^2}{e_{ij}}\approx152.153.$$

由于 $\chi^2>\chi_\alpha^2[(r-1)(c-1)]$，故拒绝 H_0，即认为青少年的行为受到家庭状况的影响，家庭的破裂容易引起青少年犯罪.

例 7.17 某研究机构欲对个人收入与学历的关系进行研究. 为此将收入分为三个水平：高收入，中等收入，低收入；将学历分为三个层次：高中以下，大学，研究生. 现有一个由 500 人组成的样本资料，如表 7.7 所示. 试在显著性水平 $\alpha=0.01$ 下，检验收入与学历是否有关系.

表 7.7　　**调查资料**

收入水平	最后学历			合计
	高中以下	大学	研究生	
高收入	25	21	10	56
中等收入	82	88	30	200
低收入	223	16	5	244
合计	330	125	45	500

解 本例要检验收入与学历这两个因素是否有关系，根据题意建立假设

H_0：收入与学历相互独立. H_1：收入与学历不独立.

由题设知 $r=c=3$ 是个 3×3 列联表，$n=500$，$n_{11}=25$，$n_{12}=21$，$n_{13}=10$，$n_{21}=82$，$n_{22}=88$，$n_{23}=30$，$n_{31}=223$，$n_{32}=16$，$n_{33}=5$. 给定 $\alpha=0.01$，由于 $r=c=3$，查附表得 $\chi_\alpha^2[(r-1)(c-1)]=13.277$，计算可得

$$\chi^2=\sum_{i=1}^{r}\sum_{j=1}^{c}\frac{(n_{ij}-n_{i.}n_{.j}/n)^2}{n_{i.}n_{.j}/n}=\sum_{i=1}^{r}\sum_{j=1}^{c}\frac{(n_{ij}-e_{ij})^2}{e_{ij}}\approx 138.21,$$

由于 $\chi^2>\chi^2_\alpha[(r-1)(c-1)]$，故拒绝 H_0，即认为收入与学历是有关系的(不独立).

习 题 七

(A)

1. 已知在正常的生产情况下某种汽车零件的质量服从正态分布 $N(54,0.75^2)$. 在某日常生产的零件中抽取 9 件，测得质量(克) 如下：

$$55.1,53.8,54.2,52.1,54.2,55.0,55.8,55.1,55.3,$$

如果标准差不变，该日生产的零件质量的均值是否有显著差异($\alpha=0.05$)?

2. 某车间生产钢丝，用 X 表示钢丝的折断力，由经验判断 $X\sim N(\mu,\sigma^2)$，其中 $\mu=570$，$\sigma^2=8^2$. 今换了一批材料，从性能上看估计折断力的方差 σ^2 不会有什么变化(即仍有 $\sigma^2=8^2$)，但不知折断力的均值 μ 和原先有无差别. 现抽得样本，测得其折断力为 578,572,570,568,572,570,570,572,596,584 取显著性水平 $\alpha=0.05$，试检验折断力均值有无变化?

3. 某厂生产的钢筋断裂强度 $X\sim N(\mu,\sigma^2)$，$\sigma=35$(千克 / 厘米^2)，今从现在生产的一批钢筋中抽测 9 个样本，得到的样本均值 $\bar{X}$ 较以往的均值 μ 大 17(千克 / 厘米^2). 设总体方差不变，能否认为这批钢筋的强度有明显提高($\alpha=0.05$, $\alpha=0.1$)?

4. 正常人的脉搏平均为 72 次 / 分，今对某种疾病患者 10 人，测其脉搏为 54,68,65,77,7064,69,72,62,71(次 / 分). 设患者的脉搏次数 X 服从正态分布，试在显著性水平 $\alpha=0.05$ 下，检验患者的脉搏与正常人的脉搏有无差异.

5. 进行 5 次试验，测得锰的熔化点(℃) 如下：1269,1271,1256,1265,1254. 已知锰的熔化点服从正态分布，是否可以认为锰的熔化点显著高于 1250℃($\alpha=0.01$)?

6. 某食品加工厂生产一种盒装的奶油蛋糕，为检验产品的质量是否符合要求，现从某个批次的奶油蛋糕中随机抽取了 16 盒，测得 $\bar{x}=426.1$，$s^2=16$，假设盒装蛋糕的质量服从正态分布，给定显著性水平 $\alpha=0.05$，则

(1) 若厂家规定每个包装盒的标准重量为 428 克，试问这批食品是否符合生产标准?

(2) 若厂家规定每个包装盒的标准重量不小于 428 克，试问这批食品是否符合标准?

7. 某厂生产的某种型号的电池，其寿命(小时) 长期以来服从方差 $\sigma^2=5000$ 的正态分布，现有一批这种电池，从它的生产情况来看，寿命的波动性有所改变. 现随机取 26 只电池，测出

其寿命的样本方差 $s^2=9200$. 根据这一数据能否推断这批电池的寿命的波动性较以往有显著的变化($\alpha=0.02$)?

8. 某工厂生产的铜丝的折断力(N)服从正态分布 $N(\mu,\sigma^2)$, μ 未知. 某日抽取 10 根铜丝进行折断力试验,测得结果如下:2830,2800,2795,2785,2820,2850,2830,2890,2860,2875 是否可以认为该日生产的铜丝折断力的方差也是 $40^2(N^2)$($\alpha=0.05$)?

9. 某饮料生产企业采用自动生产线罐装饮料,瓶装填量服从正态分布,假定生产标准规定瓶装填量的标准差不超过 3 毫升,企业的质检部门在某个批次的饮料中随机抽取了 16 瓶进行检验,测得样本的标准差为 $s=2.6$ 毫升,试问在显著性水平 $\alpha=0.05$ 下,该批次的饮料是否符合生产标准?

10. 甲、乙两厂生产同一种电阻,现从甲、乙两厂的产品中分别随机抽取 12 个和 10 个样品,测得它们的电阻值后,计算出样本方差分别为 $s_1^2=1.40$, $s_2^2=4.38$. 假设电阻值服从正态分布,在显著性水平 $\alpha=0.10$ 下,是否可以认为两厂生产的电阻值的方差(1)$\sigma_1^2=\sigma_2^2$;(2)$\sigma_1^2\leqslant\sigma_2^2$.

11. 对两批同类电子元件的电阻进行测试,各抽取 6 件,测得结果如下.

第一批:0.140,0.138,0.143,0.141,0.144,0.137.

第二批:0.135,0.140,0.142,0.136,0.138,0.140.

设电子元件的电阻服从正态分布,检验

(1) 两批电子元件的电阻的方差是否有显著差异($\alpha=0.05$)?

(2) 两批电子元件的电阻的均值是否有显著差异($\alpha=0.05$)?

12. 某灯泡厂在使用一项新工艺的前后,各取 10 个灯泡进行寿命试验,计算得到采用新工艺前灯泡寿命的样本均值为 2460 小时,样本标准差为 56 小时;采用新工艺后灯泡寿命的样本均值为 2550 小时,样本标准差为 48 小时. 已知灯泡寿命服从正态分布,能否认为采用新工艺后灯泡的平均寿命有显著提高($\alpha=0.01$)?

13. 在某段公路上,观察每 15 秒内通过的汽车辆数,得到下表:

每 15 秒内通过的汽车辆数 x_i	0	1	2	3	4	5	6	$\geqslant 7$
频数 m_i	24	67	28	35	10	4	2	0

利用 χ^2 拟合检验准则检验该段公路上每 15 秒内通过的汽车辆数是否服从泊松分布($\alpha=0.05$).

(B)

1. 某电器元件的电阻服从正态分布，其平均电阻保持在 2.64Ω. 改变加工工艺后，测量 100 个元件的电阻，计算得平均电阻 2.62Ω，标准差 0.06Ω，问新工艺对此元件的（平均）电阻有无显著影响？（$\alpha=0.01$）.

2. 某种罐头的重量服从正态分布，在正常情况下，按规格平均净重 379 克，标准差不超过 11 克. 现在抽查 10 瓶，测得如下数据：370.74，372.80，386.43，398.14，369.21，381.67，367.90，371.93，386.22，393.08（克）. 试根据抽样结果，说明平均净重和标准差是否符合规格要求（$\alpha=0.05$. 提示：检验 $H_0:\mu=379$，$H_0:\sigma\leqslant 11$）.

3. 假设某原材料的交货天数服从正态分布，过去某工厂向 A 公司订购原材料，自订货日开始至交货日止，平均为 49.1 天. 现改为向 B 公司订购原材料，随机抽取向 B 公司订的 8 次货，交货天数为 46，38，40，39，52，35，48，44（天），B 公司平均交货天数是否较 A 公司少（$\alpha=0.05$）？

4. 假设某制造公司使用了一种新技术以提高工人的产量. 表中给出了 12 名工人先后使用两种技术的产量数据. 假定差异总体服从正态分布，问在显著性水平 $\alpha=0.05$ 下，新技术是否增加了产量？

工人	新技术	老技术	工人	新技术	老技术
1	107	102	7	102	102
2	99	98	8	107	105
3	110	100	9	109	110
4	113	108	10	104	102
5	96	89	11	99	96
6	98	101	12	101	100

5. 测得 300 只电子管的寿命（小时）如下：

寿命	只数	寿命	只数
$0<t\leqslant 100$	121	$200<t\leqslant 300$	43
$100<t\leqslant 200$	78	$t>300$	58

试在显著性水平 $\alpha=0.05$ 下检验假设：H_0：寿命 X 服从指数分布，其密度为

$$f(t)=\begin{cases}\dfrac{1}{200}e^{-\frac{t}{200}}, & t>0\\ 0, & \text{其他}.\end{cases}$$

6. 研究混凝土抗压强度的分布. 200 件混凝土制件的抗压强度以分组形式列出.

$n=\sum_{i=1}^{6} f_i=200$. 要求在给定的显著性水平 $\alpha=0.05$ 下检验假设 H_0：抗压强度 $X\sim N(\mu,\sigma^2)$.

压强区间（×98kPa）	频数 f_i	压强区间（×98kPa）	频数 f_i
190 ~ 200	10	220 ~ 230	64
200 ~ 210	26	230 ~ 240	30
210 ~ 220	56	240 ~ 250	14

7. 为研究儿童智力发展与营养的关系，某研究机构调查了 1436 名儿童，得到下表的数据，试在显著性水平 $\alpha=0.05$ 下判断智力发展与营养有无关系.

营养状况	智商				合计
	< 80	80 ~ 89	90 ~ 99	≥ 100	
营养良好	367	342	266	329	1304
营养不良	56	40	20	16	132
合计	423	382	286	345	1436

第8章 回归分析

回归分析是研究两个或两个以上变量之间的相互关系的一种重要的统计方法. 与变量之间的函数关系不同,这种关系描述的是变量之间相互依存相伴发生的性质,它不是一种确定性的关系. 比如不能根据对某种商品的给定的一种广告投入来完全确定该种商品的销售额,但是增加广告投入往往可以提高销售额,因此这两者之间确实存在一定的关联性. 回归分析通过建立统计模型来研究这种关系,并由此对相应的变量进行预测和控制. 回归分析具有广泛的应用,在经济学中,它是进行经济计量分析的主要工具.

本章介绍线性回归模型的估计、检验以及相应的预测和控制等问题,我们将重点讨论一元线性回归模型.

§8.1 一元线性回归

一、一元线性回归模型

1. 回归模型

无论是在物理、生物等自然科学还是在经济、管理等社会科学中,都要研究变量与变量的关系问题,通常这种关系有两种形式。

一种是我们熟知的函数关系,比如匀速直线运动物体运动的距离 s,速度 v 和运动的时间 t 之间具有明确的关系 $s=v\cdot t$,任意给定 v 和 t 的值,s 也被完全确定. 这种确定性是函数关系的重要特征.

另一种关系则无法通过明确的函数关系来表达,可以先看下面的例子.

例 8.1 某广告公司为了研究某一类产品的广告费用与其销售额之间的关系,对多个厂家进行了调查,获得数据资料如表 8.1 所示.

表 8.1　　广告投入与销售额资料　　(单位:万元)

厂家	1	2	3	4	5	6	7	8	9	10
广告费	35	60	25	30	35	40	25	20	50	45
销售额	440	520	380	475	385	525	450	365	540	500

为了分析的方便，我们用 x 表示广告费用，用 Y 表示销售额，从上表中不难看出，x 与 Y 之间不可能存在一个明确的函数关系式. 事实上，即便不同厂家投入了相同的广告费用，其各自的销售额也不会是完全相同的. 影响销售额的因素是多种多样的，除了广告投放的影响，还受厂家产品的特色、定价、销售渠道、售后服务以及其他一些偶然性因素的影响，因此尽管厂家 1 和 5 以及厂家 3 和 7 广告投入分别相同，其销售额却是不同的.

但是，也不能就此认为这两者之间没有什么关系. 为了更加清楚地看清其中的规律，通常采用“散点图”的方式将各个厂家的广告费用和销售额成对数据 $(x_i, y_i)(i=1,2,\cdots,10)$ 在平面直角坐标系中用点表示出来，见图 8.1.

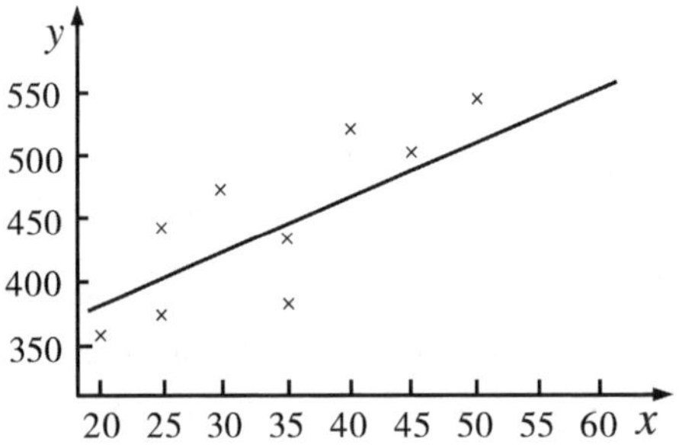

图 8.1

在图 8.1 中可以看出，随着广告投入费用的增加，销售额基本上也呈上升趋势，图中的点大致分布在一条向右上方倾斜的直线附近，较高投入的广告费用对应的是一组比较高的销售额，伴随着比较低的广告投入结果则是一组比较低的销售额.

统计学上将类似于上述广告费用与销售额之间这种不具有确定函数关系的两个变量之间的统计关系称为**相关关系**.

研究两个变量之间的相关关系主要从两个方向进行：一个方向是进行相关分析，即通过引入一定的统计指标来量化变量之间相关的程度，此时两个变量的地位是对等的，没有方向上的差异. 比如相关系数就是这样一个指标. 人们往往通过对 (x, Y) 的一个观察样本 $(x_i, y_i)(i=1,2,\cdots,n)$ 来对 x 与 Y 的相关系数作出估计，常用的估计是所谓的**样本相关系数**.

$$r=\frac{\sum_{i=1}^{n}(x_i-\overline{x})(y_i-\overline{y})}{\left[\sum_{i=1}^{n}(x_i-\overline{x})^2\sum_{i=1}^{n}(y_i-\overline{y})^2\right]^{1/2}}. \tag{8.1}$$

可以证明，r 是相关系数 ρ 的渐近无偏估计.

另一个方向就是回归分析.

回归分析是如何对变量间的相关关系进行研究的呢？我们回到前面关于广告费用与销售额的例子. 从图 8.1 和前面的分析，在 $X=x$ 的条件下可以将销售额的观察结果 Y 看作由两部分叠加而成，一部分由广告投入的线性函数引起，记作 $\beta_0+\beta_1 x$，另一部分由随机因素引起，记作 ε，即

$$Y=\beta_0+\beta_1 x+\varepsilon. \tag{8.2}$$

其中 Y 是随机变量，x 是一个普通变量，对它可加以控制. ε 是一随机变量，它可看成随机误差，因而可以假定 $E\varepsilon=0$. 于是，在给定 x 的取值时，有

$$E(Y|x)=\beta_0+\beta_1 x.$$

对本例而言，回归分析的主要任务是确定式(8.2)中的线性函数 $\beta_0+\beta_1 x$ 的系数 β_0 和 β_1. 一旦通过估计和检验得到一个合适的线性函数 $\beta_0+\beta_1 x$，便可利用式(8.2)对 Y 进行预测. 例 8.1 所述的是变量 x 和 Y 的一种特别简单的关系，但它在实际中具有广泛的应用，在对它进行深入讨论之前，我们先对回归分析作出一般的阐述.

正如前面所描述的，回归分析是寻求一个随机变量 Y 对另一个或一组(随机或非随机)变量 $x_1,x_2,\cdots,x_m$ 的相关性的一种统计方法，它主要通过对变量的观察所获得的统计数据来确定反映变量间关系的经验公式，并通过所得公式进行统计描述、分析和推断，进而解决预测、控制和优化问题.

用来进行回归分析的数学模型通常有如下一般形式：

$$Y=f(x_1,x_2,\cdots,x_m)+\varepsilon,$$

其中 $f(x_1,x_2,\cdots,x_m)$ 是 $x_1,x_2,\cdots,x_m$ 的一个确定的函数，通常称为 Y 对 $x_1,x_2,\cdots,x_m$ 的**回归函数**. ε 是数学期望为 0 的随机变量，称为**随机误差**. 方程 $\hat{Y}=f(x_1,x_2,\cdots,x_m)$ 称作**回归方程**. 自变量 $x_1,x_2,\cdots,x_m$ 称为“**回归变量**”或“**解释变量**”，在预测问题中也称为“**预报因子**”；因变量 Y 称作“**响应变量**”“**被解释变量**”，在预测问题中也称为“**预测量**”.

用来进行回归分析的数学模型(含有关假设)称为**回归模型**. 只含有一个回归变量的回归模型称为**一元回归模型**，否则称为**多元回归模型**. 在应用回归分析时，一般假设回归函数 f 的形式是已知的，但含有未知参数. 最简单、最重要且最便于处理，因而也最常用的情形是函数 f 关于未知参数 $\beta_0,\beta_1,\cdots,\beta_k$ 是线性的情形，这样的回归模型称为**线性回归模型**，否则称为**非线性回归模型**. 许多非线性回归模型经过变换可化为线性回归模型. 因此，我们重点介绍线性回归模型.

2. 一元线性回归模型

在所有的回归模型中，最简单的情形是两个变量间的线性回归模型. 这一模型中回归函数是单个解释变量的、系数未知的线性函数，即形如

$$f(x)=\beta_0+\beta_1 x, \tag{8.3}$$

其中 β_0、β_1 为待定的参数. 此时的回归方程表现为一条直线.

除此之外，为了处理问题的方便，通常我们只考虑 x 为可控制变量，即 x 不是一个随机变量. 这一假定在大多数实际情况下是合理的，比如例 8.1 中的广告费用的确是一个人们可以控制的确定的量. 在今后我们用 x 表示为确定的量. n 组样本以 $(x_i,Y_i)(i=1,2,\cdots,n)$ 来表示.

根据样本抽取原则，可以设 $Y_1,Y_2,\cdots,Y_n$ 是相互独立的，这意味着对任意 i, Y_i 的取值不依赖于其他 Y_j 的值 $(j\neq i, i=1,2,\cdots,n)$. 由式(8.3)易知

$$Y_i=\beta_0+\beta_1 x_i+\varepsilon_i,\quad i=1,2,\cdots,n, \tag{8.4}$$

其中 $\varepsilon_i(i=1,2,\cdots,n)$ 是 n 个独立的随机变量，期望 $E\varepsilon_i=0, i=1,2,\cdots,n$. 这里的 $\varepsilon_i(i=$

$1,2,\cdots,n$) 又可以理解为 Y_i 偏离回归直线的大小，通常还假定这种偏离的程度不会随 x_i 的不同而发生改变，即假定

$$E\varepsilon_i^2 = D\varepsilon_i = \sigma^2, i=1,2,\cdots,n,$$

其中 σ^2 是待定的正常数. 上式又被称为**同方差假设**.

至此，我们给出了在经典统计中对一元线性回归模型做出的几个基本假设. 现在总结如下：

H_1：回归函数是自变量 x 的一次线性函数.

H_2：自变量 x 被看作确定变量.

H_3：n 个样本 $Y_1, Y_2, \cdots, Y_n$ 是独立的.

H_4：式(8.4) 中的 ε_i 满足同方差条件，即 $D\varepsilon_i = \sigma^2, i=1,2,\cdots,n$. 从而 $Y_1, Y_2, \cdots, Y_n$ 的方差也相等，即

$$DY_i = \sigma^2, i=1,2,\cdots,n.$$

对一元线性回归模型，我们要解决下面问题.

(1) 参数估计：给出 $\beta_0, \beta_1, \sigma^2$ 的估计，在本节将详细介绍.

(2) 显著性检验：检验线性函数 $\beta_0+\beta_1 x$ 用来描述 Y 和 x 间的关系是否合适，具体见第二节.

(3) 预测或控制，详见第三节.

(4) 最后一节中，主要对模型检查：检查对模型做的假设是否成立.

二、最小二乘估计

对 β_0、β_1 的估计实际上就是在平面直角坐标系中"估计"一条直线

$$\hat{Y} = \hat{\beta}_0 + \hat{\beta}_1 x, \tag{8.5}$$

使它尽可能地接近回归直线 $Y=\beta_0+\beta_1 x$，如图 8.2 所示.

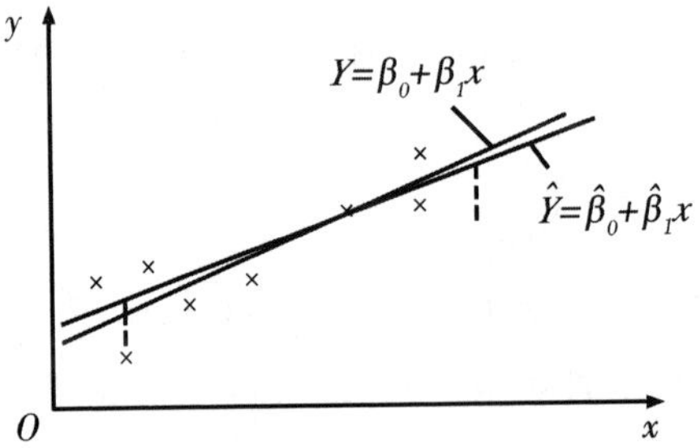

图 8.2

一种比较直观的思路是希望观测值得到的样本点 (x_i, Y_i) 与直线式(8.5) 上相应的点 $(x_i, \hat{Y}_i)$ $(i=1,2,\cdots,n)$ 尽可能地接近. 或者说使它们每一对点之间的距离都尽可能地短，从而要求直线式(8.5) 使得以下平方和

$$Q(\beta_0, \beta_1) = \sum_{i=1}^{n}(Y_i - \beta_0 - \beta_1 x_i)^2 \tag{8.6}$$

达到最小值，即

$$Q(\hat{\beta}_0,\hat{\beta}_1)=\min_{\beta_0,\beta_1} Q(\beta_0,\beta_1),$$

这里的 $Q(\beta_0,\beta_1)$ 是一个非负的二元函数. 根据多元函数微分学的知识,$\hat{\beta}_0,\hat{\beta}_1$ 应该满足

$$\left.\frac{\partial Q}{\partial \beta_0}\right|_{\beta_0=\hat{\beta}_0,\beta_1=\hat{\beta}_1}=\left.\frac{\partial Q}{\partial \beta_1}\right|_{\beta_0=\hat{\beta}_0,\beta_1=\hat{\beta}_1}=0.$$

将上式展开,得

$$\begin{cases}\sum_{i=1}^{n}(Y_i-\hat{\beta}_0-\hat{\beta}_1 x_i)=0,\\ \sum_{i=1}^{n}(Y_i-\hat{\beta}_0-\hat{\beta}_1 x_i)x_i=0.\end{cases} \tag{8.7}$$

经过整理,得到关于 $\hat{\beta}_0$ 和 $\hat{\beta}_1$ 的一个方程组

$$\begin{cases}\overline{Y}=\hat{\beta}_0+\hat{\beta}_1\overline{x},\\ \sum_{i=1}^{n}x_iY_i=n\overline{x}\hat{\beta}_0+\left(\sum_{i=1}^{n}x_i^2\right)\hat{\beta}_1,\end{cases}$$

其中 $\overline{x}=\frac{1}{n}\sum_{i=1}^{n}x_i,\overline{Y}=\frac{1}{n}\sum_{i=1}^{n}Y_i$.

求解上述方程组,即可得到

$$\hat{\beta}_0=\overline{Y}-\hat{\beta}_1\overline{x}, \tag{8.8}$$

$$\hat{\beta}_1=\frac{\sum_{i=1}^{n}x_iY_i-n\overline{x}\,\overline{Y}}{\sum_{i=1}^{n}x_i^2-n\overline{x}^2}. \tag{8.9}$$

容易验证,这样得到的 $\hat{\beta}_0,\hat{\beta}_1$ 的确是式(8.6)定义的二元函数 Q 的最小值点. 我们称 $\hat{\beta}_0,\hat{\beta}_1$ 是 β_0,β_1 的**最小二乘估计**. 称用最小二乘估计求 β_0,β_1 估计值的方法为**最小二乘法**. 将 $\hat{\beta}_0,\hat{\beta}_1$ 代入式(8.5)即可得到估计出来的回归直线方程为

$$\hat{Y}=\overline{Y}+\hat{\beta}_1(x-\overline{x}).$$

这是一条过点 $(\overline{x},\overline{Y})$ 和 $(0,\hat{\beta}_0)$ 的直线.

为了书写简洁,引入记号

$$l_{xx}=\sum_{i=1}^{n}(x_i-\overline{x})^2=\sum_{i=1}^{n}x_i^2-n\overline{x}^2,$$

$$l_{YY}=\sum_{i=1}^{n}(Y_i-\overline{Y})^2=\sum_{i=1}^{n}Y_i^2-n\overline{Y}^2,$$

$$l_{xY}=\sum_{i=1}^{n}(x_i-\overline{x})(Y_i-\overline{Y})=\sum_{i=1}^{n}x_iY_i-n\overline{x}\,\overline{Y},$$

则 $\hat{\beta}_1$ 可以表示成

$$\hat{\beta}_1=\frac{l_{xY}}{l_{xx}}.$$

对于每一个 $x_i(i=1,2,\cdots,n)$，称

$$\hat{Y}_i=\hat{\beta}_0+\hat{\beta}_1 x_i$$

为相应的真实值 Y_i 的**回归值**或者**拟合值**，记

$$\mathrm{e}_i=Y_i-\hat{Y}_i,\quad i=1,2,\cdots,n.$$

称 $\mathrm{e}_i(i=1,2,\cdots,n)$ 为拟合残差或简称残差.

任给常数 a 和 b，由(8.7)式容易验证下列简单的性质：

$$\sum_{i=1}^{n}\mathrm{e}_i\cdot(ax_i+b)=0.$$

特别地，有 $\sum\limits_{i=1}^{n}\mathrm{e}_i=0$ 成立.

对于例 8.1 中给出的样本数据，根据式(8.8)和式(8.9)可以求得 β_0,β_1 的最小二乘估计值分别为 $\hat{\beta}_0=309.5276,\hat{\beta}_1=4.067736$，由此得到回归直线方程的估计是

$$Y=309.5276+4.067736x.$$

三、$\hat{\beta}_0$ 和 $\hat{\beta}_1$ 的性质

最小二乘法得到的 β_0 和 β_1 的估计量是不是无偏的，其有效性如何？这些问题的解答将有助于我们对最小二乘估计进行评价.

从式(8.9)不难将 $\hat{\beta}_1$ 写成如下形式

$$\hat{\beta}_1=\sum_{i=1}^{n}\frac{x_i-\overline{x}}{l_{xx}}\cdot Y_i,\tag{8.10}$$

即 $\hat{\beta}_1$ 是 $Y_1,Y_2,\cdots,Y_n$ 的线性组合. 于是，

$$\begin{aligned}E\hat{\beta}_1&=\sum_{i=1}^{n}\frac{x_i-\overline{x}}{l_{xx}}\cdot EY_i\\&=\sum_{i=1}^{n}\frac{x_i-\overline{x}}{l_{xx}}\cdot(\beta_0+\beta_1 x_i)\\&=\beta_0\sum_{i=1}^{n}\frac{x_i-\overline{x}}{l_{xx}}+\beta_1\sum_{i=1}^{n}\frac{(x_i-\overline{x})x_i}{l_{xx}}\\&=\beta_1.\end{aligned}$$

因此，$\hat{\beta}_1$ 是 β_1 的无偏估计.

考虑到 $Y_1,Y_2,\cdots,Y_n$ 之间的独立性以及同方差性，易知

$$D\hat{\beta}_1=\sum_{i=1}^{n}\frac{(x_i-\overline{x})^2}{l_{xx}^2}\cdot DY_i=\frac{\sigma^2}{l_{xx}}.$$

类似地，利用式(8.8)以及式(8.10)也可以将 $\hat{\beta}_0$ 写成 $Y_1,Y_2,\cdots,Y_n$ 的线性组合的形式：

$$\hat{\beta}_0=\sum_{i=1}^{n}\left(\frac{1}{n}-\frac{(x_i-\overline{x})\overline{x}}{l_{xx}}\right)\cdot Y_i.$$

同样地可以验证

$$E\hat{\beta}_0=\beta_0$$

以及

$$D\hat{\beta}_0=\left(\frac{1}{n}+\frac{\overline{x}^2}{l_{xx}}\right)\cdot\sigma^2,$$

因此,$\hat{\beta}_0$ 是 β_0 的无偏估计.

由于 $\hat{\beta}_0$ 和 $\hat{\beta}_1$ 都可以表示成样本 $Y_1,Y_2,\cdots,Y_n$ 的线性组合的形式,通常称这种形式的估计为**线性估计**.

可以证明,对于最小二乘估计 $\hat{\beta}_0$ 和 $\hat{\beta}_1$ 来说有下面的定理成立.

定理8.1(高斯—马尔可夫定理) 在假设 $H_1\sim H_4$ 满足的条件下,式(8.4)中参数 β_0 和 β_1 的最小二乘估计 $\hat{\beta}_0$ 和 $\hat{\beta}_1$[分别由式(8.8)和式(8.9)给出]是最优线性无偏估计量.

上述定理中"最优"一词的含义为在所有关于 β_0 和 β_1 的线性无偏估计量中,$\hat{\beta}_0$ 和 $\hat{\beta}_1$ 分别是其中方差最小的一个.

另外,由式(8.5)定义的 $\hat{Y}$ 可以作为 $E(Y|x)$ 的一个估计,而且由

$$E\hat{Y}=E\hat{\beta}_0+E\hat{\beta}_1\cdot x=\beta_0+\beta_1x=E(Y|x)$$

可知 $\hat{Y}$ 是 $E(Y|x)$ 的无偏估计.由于

$$\begin{aligned}\mathrm{Cov}(\hat{\beta}_0,\hat{\beta}_1)&=\mathrm{Cov}(\overline{Y}-\hat{\beta}_1\overline{x},\hat{\beta}_1)\\&=\mathrm{Cov}(\overline{Y},\hat{\beta}_1)-\mathrm{Cov}(\hat{\beta}_1\overline{x},\hat{\beta}_1)\\&=\mathrm{Cov}\left(\frac{1}{n}\sum_{i=1}^{n}Y_i,\sum_{i=1}^{n}\frac{x_i-\overline{x}}{l_{xx}}\cdot Y_i\right)-\overline{x}\cdot\mathrm{Cov}(\hat{\beta}_1,\hat{\beta}_1)\\&=\sum_{i=1}^{n}\frac{x_i-\overline{x}}{nl_{xx}}\cdot DY_i-\overline{x}\cdot D\hat{\beta}_1\\&=\sum_{i=1}^{n}\frac{x_i-\overline{x}}{nl_{xx}}\cdot\sigma^2-\overline{x}\cdot\frac{\sigma^2}{l_{xx}},\\&=-\frac{\overline{x}}{l_{xx}}\cdot\sigma^2\end{aligned}$$

于是,$\hat{Y}$ 的方差为

$$D\hat{Y}=D\hat{\beta}_0+D\hat{\beta}_1\cdot x^2+2\mathrm{Cov}(\hat{\beta}_0,\hat{\beta}_1)\cdot x=\left[\frac{1}{n}+\frac{(x-\overline{x})^2}{l_{xx}}\right]\cdot\sigma^2.$$

§8.2 一元线性回归方程的显著性检验

不难看出,对于一元线性回归模型而言,无论变量 x 对变量 Y 有无影响,总可以利用上一节中给出的最小二乘估计公式(8.8)和公式(8.9),由给定的一组样本值求出 β_0 和 β_1 的估计值

$\hat{\beta}_0$ 和 $\hat{\beta}_1$ 并得到相应的回归方程，正如我们对例 8.1 所做的一样. 但是，广告费是否用真正对销售额有影响和解释作用呢？如果答案是否定的，那么上面求解出来的回归方程就是没有意义的. 因此对回归模型的显著性进行检验，也就是对 x 的变化是否影响到 Y 进行检验，是非常有必要的.

在一元线性回归模型中，回归函数 $E(Y|x)$ 是 x 的线性函数，如果 x 的变化与 Y 无关，则说明 $E(Y|x)$ 与 x 无关，即有 $\beta_1=0$；反之，若 $\beta_1=0$，则回归函数是一个常数，从而 x 变化对 Y 不产生影响. 因此检验变量 x 是否对 Y 有解释作用等价于检验下面假设

$$H_0:\beta_1=0 \tag{8.11}$$

是否被拒绝.

为了寻求上述假设的检验统计量，我们常要对一元线性回归模型式(8.4) 作出一个附加的假设条件：

H_5：ε_i 服从正态分布，即 $\varepsilon_i\sim N(0,\sigma^2)$，$i=1,2,\cdots,n$.

易知，在 H_5 成立时，$Y_1,Y_2,\cdots,Y_n$ 也服从正态分布，且 $Y_i\sim N(\beta_0+\beta_1x_i,\sigma^2)$，$i=1,2,\cdots,n$. 另外，$\hat{\beta}_0$，$\hat{\beta}_1$，$\hat{Y}$ 显然也都服从正态分布，且

$$\hat{\beta}_0\sim N\left(\beta_0,\left(\frac{1}{n}+\frac{\overline{x}^2}{l_{xx}}\right)\cdot\sigma^2\right),$$

$$\hat{\beta}_1\sim N\left(\beta_1,\frac{\sigma^2}{l_{xx}}\right),$$

$$\hat{Y}\sim N\left(\beta_0+\beta_1x,\left[\frac{1}{n}+\frac{(x-\overline{x})^2}{l_{xx}}\right]\cdot\sigma^2\right).$$

本章后面的分析都是基于假设条件 $H_1\sim H_5$ 成立而作出的. 针对上述检验问题，主要介绍三种常见的检验方法.

一、F 检验

正如我们在前面介绍的，分析变量 x 是否对 Y 有影响，可以通过将 Y 的总离差平方和进行分解来确定诸因素对 Y 的各个样本之间的差异做出的贡献. 事实上，导致这种差异性的原因无非是变量 x 的变化或者是其他一些随机性因素的作用. 对比这两种因素对 Y 的样本之间差异的贡献是寻找假设式(8.11) 的经验统计量的一个直观思路.

首先，容易证明总的离差平方和

$$SST=l_{YY}=\sum_{i=1}^{n}(Y_i-\overline{Y})^2$$

可以分解为

$$SST=\sum_{i=1}^{n}(Y_i-\hat{Y}_i)^2+\sum_{i=1}^{n}(\hat{Y}_i-\overline{Y})^2\triangleq SSE+SSR,$$

其中

$$SSE=\sum_{i=1}^{n}(Y_i-\hat{Y}_i)^2=\sum_{i=1}^{n}\mathrm{e}_i^{\ 2}$$

称为**残差平方和**，

$$SSR = \sum_{i=1}^{n} (\hat{Y}_i - \overline{Y})^2 = \hat{\beta}_1^2 \cdot \sum_{i=1}^{n} (x_i - \overline{x})^2 = \hat{\beta}_1^2 \cdot l_{xx}$$

称为**回归平方和**.

为了能够更加清楚地了解这两个平方和各自的含义,并用于对回归模型的经验,我们首先给出下列结论:

(1)$E(SSR) = \sigma^2 + \beta_1^2 \cdot l_{xx}$; (8.12)

(2)$E(SSE) = (n-2)\sigma^2$.

由结论(2)知

$$E\left(\frac{SSE}{n-2}\right) = \sigma^2, \tag{8.13}$$

从而$\frac{SSE}{n-2}$是σ^2的无偏估计量.

从式(8.12)和式(8.13)知

$$E(SSR) = \left(1 + \frac{\beta_1^2 \cdot l_{xx}}{\sigma^2}\right) E\left(\frac{SSE}{n-2}\right) \geqslant E\left(\frac{SSE}{n-2}\right),$$

当$\beta_1 = 0$时,$E(SSR) = E\left(\frac{SSE}{n-2}\right)$. 可见,当$\frac{SSR}{SSE/(n-2)}$足够大时应拒绝$H_0 : \beta_1 = 0$,即$H_0$的拒绝域可取为所有满足条件

$$\frac{SSR}{SSE/(n-2)} > c$$

的样本集合,这里c是待定的正常数. 为在给定显著性水平下,确定相应的c的值,我们要明确相应统计量的分布.

首先,由于$Y_i \sim N(\beta_0 + \beta_1 x_i, \sigma^2)$,$i = 1, 2, \cdots, n$,所以在$H_0$成立时,$Y_i \sim N(\beta_0, \sigma^2)$,$i = 1, 2, \cdots, n$. 易知此时

$$\frac{SST}{\sigma^2} \sim \chi^2(n-1). \tag{8.14}$$

又因为$\hat{\beta}_1 \sim N\left(\beta_1, \frac{\sigma^2}{l_{xx}}\right)$,故在$H_0$成立时,$\hat{\beta}_1 \sim N\left(0, \frac{\sigma^2}{l_{xx}}\right)$. 于是

$$\frac{SSR}{\sigma^2} = \frac{\hat{\beta}_1 l_{xx}}{\sigma^2} \sim \chi^2(1). \tag{8.15}$$

另外,$e_i = Y_i - \hat{Y}_i (i = 1, 2, \cdots, n)$显然可以写作$Y_1, Y_2, \cdots, Y_n$的线性组合形式. 因此$e_i (i = 1, 2, \cdots, n)$服从正态分布,$SSE$是$n$个正态随机变量的平方和,考虑到式(8.7)中的两个约束等式,可知$\frac{SSE}{\sigma^2}$服从自由度为$n-2$的χ^2分布.

进一步还可以证明,在H_0成立的条件下,SSR与SSE独立. 因此,由式(8.14)和式(8.15)知,在H_0成立时,

$$F = \frac{SSR}{SSE/(n-2)} \sim F(1, n-2).$$

于是,给定显著性水平α,查表获得临界值$c = F_\alpha(1, n-2)$,即$F(1, n-2)$分布的水平α的上

侧分位数，H_0 的拒绝域可取为

$$C=\{(x_1,y_1;x_2,y_2;\cdots;x_n,y_n):F>F_\alpha(1,n-2)\},$$

这样就得到了 H_0 的一个显著性水平为 α 的检验.

上述分析的结果可排成表 8.2 的形式，称为**方差分析表**.

表 8.2　　回归方程显著性检验的方差分析表

方差来源	平方和	自由度	均方和	F 值
回归	$SSR=\sum_{i=1}^{n}(\hat{Y}_i-\overline{Y})^2$	1	$MSR=\frac{SSR}{1}$	$F=\frac{MSR}{MSE}$
残差	$SSE=\sum_{i=1}^{n}(Y-\hat{Y}_i)^2$	$n-2$	$MSE=\frac{SSE}{n-2}$	
总计	$SST=\sum_{i=1}^{n}(Y_i-\overline{Y}_i)^2$	$n-1$		

作为例子，对例 8.1 中给出的广告费用及销售额的数据(见表 8.1)可以按照上面给出的有关公式分别求得各个平方和，从而求出 F 值，与临界值对比即可获得有关结论.

二、T 检验

如果单纯地把 β_0 和 β_1 理解为模型中的参数，由于前面已经得到了 β_0 和 β_1 的点估计 $\hat{\beta}_0$ 和 $\hat{\beta}_1$ 及其分布，所以利用点估计可以方便地构造关于相应参数的假设检验问题的检验统计量.

在前面已经得到 $\hat{\beta}_1\sim N\left(\beta_1,\frac{\sigma^2}{l_{xx}}\right)$，故 $\frac{\hat{\beta}_1-\beta_1}{\sigma/\sqrt{l_{xx}}}\sim N(0,1)$. 又由于

$$\frac{SSE}{\sigma^2}\sim\chi^2(n-2),$$

而且可以证明 SSE 与 $\hat{\beta}_1$ 独立，根据 t 分布的定义，则

$$\frac{\hat{\beta}_1-\beta_1}{\sigma/\sqrt{l_{xx}}}\bigg/\sqrt{\frac{SSE}{\sigma^2(n-2)}}=\frac{\hat{\beta}_1-\beta_1}{\hat{\sigma}_{\hat{\beta}_1}}\sim t(n-2),$$

其中

$$\hat{\sigma}_{\hat{\beta}_1}=\sqrt{\frac{SSE}{n-2}}\cdot\frac{1}{\sqrt{l_{xx}}}\tag{8.16}$$

称为 $\hat{\beta}_1$ 的**标准误差**，它是 $\hat{\beta}_1$ 的标准差 $\frac{\sigma}{\sqrt{l_{xx}}}$ 的估计值.

在原假设 $H_0:\beta_1=0$ 成立的条件下，

$$t_1=\frac{\hat{\beta}_1}{\hat{\sigma}_{\hat{\beta}_1}}\sim t(n-2).$$

给定显著性水平 α，令 $t_{\frac{\alpha}{2}}(n-2)$ 表示自由度为 $n-2$ 的 t 分布的 $\frac{\alpha}{2}$ 水平上侧分位数，则可设定拒绝域

$$C=\{(x_1,y_1;x_2,y_2;\cdots,x_n,y_n):|t_1|>t_{\frac{\alpha}{2}}(n-2)\}.$$

类似地，可以证明

$$\frac{\hat{\beta}_0-\beta_0}{\hat{\sigma}_{\hat{\beta}_0}}\sim t(n-2),$$

其中

$$\hat{\sigma}_{\hat{\beta}_0}=\sqrt{\frac{SSE}{n-2}}\cdot\sqrt{\frac{1}{n}+\frac{\overline{x}^2}{l_{xx}}} \tag{8.17}$$

称为 $\hat{\beta}_0$ 的**标准误差**，它是 $\hat{\beta}_0$ 的标准差 $\sigma\cdot\sqrt{\frac{1}{n}+\frac{\overline{x}^2}{l_{xx}}}$ 的估计值.

在原假设 $H_0:\beta_0=0$ 成立的条件下，

$$t_0=\frac{\hat{\beta}_0}{\hat{\sigma}_{\hat{\beta}_0}}\sim t(n-2),$$

从而设定拒绝域为满足条件

$$|t_0|>t_{\frac{\alpha}{2}}(n-2)$$

的样本集合.

对于例 8.1 中给出的数据，我们已经求得回归方程的两个系数的估计值分别为 $\hat{\beta}_0=309.528$ 和 $\hat{\beta}_1=4.068$，由式(8.16)和式(8.17)可以分别求得两个估计值的标准误差分别为 $\hat{\sigma}_{\hat{\beta}_0}=43.402$，$\hat{\sigma}_{\hat{\beta}_1}=1.131$. 从而相应的两个 t 值分别为 $t_0=7.132$ 和 $t_1=3.596$，查表可得自由度为 8 的 t 分布的 0.025 上侧分位数为 2.306，t_0，t_1 都大于该临界值，从而在给定显著性水平为 0.05 的前提下，$H_0:\beta_0=0$ 和 $H_0:\beta_1=0$ 都可以被拒绝.

三、相关系数检验

根据前面离差平方和的分解公式以及 SSR 和 SSE 的各自含义，不难看出，回归平方和 SSR 在总的离差平方和 SST 中所占比重越大，从而残差平方和 SSE 所占比重越小，则越发说明了变量 x 对变量 Y 有一定的影响作用. 因此，我们引入如下的指标 R^2 来度量变量 x 对变量 Y 的解释能力：

$$R^2=\frac{SSR}{SST}=1-\frac{SSE}{SST},$$

R^2 称为**可决系数**(或**判定系数**). 由定义知

$$R^2\leqslant 1.$$

R^2 作为一个相对的指标，测度了拟合的回归直线所导致离差平方和占样本的总离差平方和的

百分比，因此它也是对回归方程拟合优度的一种测度. R^2 越接近于 1，则回归方程对样本点拟合得越好，x 对 Y 的解释能力越强. 特别地，如果 $R^2=1$，则 $SSE=0$，说明每个样本点都落在了回归直线上，即被完全拟合了，此时由 x 的变化完全可以解释 Y 的变化.

利用前面得到的 $SSR=\hat{\beta}_1^2\cdot l_{xx}$ 以及 $\hat{\beta}_1$ 的计算公式，可得

$$R^2=\frac{\hat{\beta}_1^2\cdot l_{xx}}{l_{YY}}=\frac{l_{xY}^2}{l_{xx}l_{YY}}=\frac{\left[\sum_{i=1}^{n}(x_i-\overline{x})(Y_i-\overline{Y})\right]^2}{\sum_{i=1}^{n}(x_i-\overline{x})^2\sum_{i=1}^{n}(Y_i-\overline{Y})^2}.$$

容易看出，可决系数 R^2 就是变量 x 和 Y 之间的样本相关系数 r（此时将 x 看成随机变量）的平方，即

$$R^2=r^2.$$

这样一来，样本相关系数 r 和可决系数 R^2 尽管定义的角度不同，但是对于一元线性回归模型而言，它们反映的性质是等价的，即 x 与 Y 的相关程度越强，x 的回归方程对 Y 的解释能力也越强.

基于上述认识，我们可以对原假设 $H_0:\beta_1=0$ 设置拒绝域为满足条件

$$|r|>d$$

的样本集合，其中 d 为某一待定正常数.

事实上，由于

$$r^2=R^2=\frac{SSR}{SST}=\frac{1}{1+\dfrac{SSE}{SSR}}=\frac{1}{1+\dfrac{n-2}{F}}=\frac{F}{F+(n-2)} \tag{8.18}$$

在 $n>2$ 时是 F 的增函数，所以 F 大于上侧分位数 $F_\alpha(1,n-2)$ 时，

$$r^2>\frac{F_\alpha(1,n-2)}{F_\alpha(1,n-2)+(n+2)}.$$

因此令(8.18) 式中的 d 为

$$d=\sqrt{\frac{F_\alpha(1,n-2)}{F_\alpha(1,n-2)+(n+2)}},$$

这样设置拒绝域为满足条件 $|r|>d$ 的样本集合即可得到 H_0 的一个显著性水平为 α 的检验. 为此，有时也称 d 为 r 的显著性水平为 α 的**临界值**，记为 $r_\alpha(n-2)=d$，相关系数临界值可查附表 7 获得.

对例 8.1 而言，可以算得广告费用与销售额之间的样本相关系数 $r=0.786034$，给定显著性水平 $\alpha=0.05$，查表得临界值 $r_{0.05}(8)=0.632$，由 $|r|>r_{0.05}(8)$，所以拒绝原假设 $H_0:\beta_1=0$，得到的结论跟前面 F 检验的结论是一致的.

§8.3 一元线性回归的预测与控制

如果根据样本估计出来的回归方程通过了显著性的检验和模型检验,那么就可以利用这一回归方程进行预测和控制问题的研究.

一、预测问题

所谓的**预测**,就是给定自变量 x 的一个值 x_0,求 x_0 对应的因变量 Y_0 的过程.

譬如对例 8.1 来说,广告公司希望根据对 10 个厂家的广告费用与销售额的资料,进一步了解如果另外一个厂家对同一类产品投入的广告费用为 55 万元,该厂家的销售额是多少.这就是一个典型的预测问题.

根据在前面两节中对模型的设定,易知 Y_0 为一随机变量,而且

$$Y_0 = \beta_0 + \beta_1 x_0 + \varepsilon_0,$$

其中 $\varepsilon_0 \sim N(0,\sigma^2)$.

如果 β_0,β_1,σ^2 都是已知常数,那么此时 Y_0 的分布也是已知的,即 $Y_0 \sim N(\beta_0+\beta_1 x_0,\sigma^2)$.进一步,如果此时需要找出一个数值作为 Y_0 的代表值,显然在均方误差最小的原则下,$E(Y_0|x_0)=\beta_0+\beta_1 x_0$ 是唯一的选择,即

$$E([Y_0 - E(Y_0|x_0)]^2) = \min_c E([Y_0 - c]^2).$$

但是,在实际问题当中,β_0,β_1,σ^2 都是未知的,正如前两节中所做的,只能利用样本对其进行估计.因此实际上的预测问题就是利用拟合得到的回归方程 $\hat{Y}=\hat{\beta}_0+\hat{\beta}_1 x$,进而做以下两个方面的工作:

(1) 对 $E(Y_0|x_0)=\beta_0+\beta_1 x_0$ 进行估计;

(2) 对 Y_0 进行直接的估计.

下面分别加以介绍.

1. 对 $E(Y_0|x_0)$ 的估计

设 $\hat{Y}_0=\hat{\beta}_0+\hat{\beta}_1 x$,可知

$$\hat{Y}_0 \sim N\left(\beta_0+\beta_1 x_0, \left(\frac{1}{n}+\frac{(x_0-\overline{x})^2}{l_{xx}}\right)\cdot\sigma^2\right), \tag{8.19}$$

所以,$\hat{Y}_0$ 是 $E(Y_0|x_0)$ 的无偏估计量.

为了求 $E(Y_0|x_0)$ 的区间估计,由(8.19)式,化一般正态分布为标准正态分布可得

$$\frac{\hat{Y}_0-(\beta_0+\beta_1 x_0)}{\sigma_{\hat{Y}_0}} \sim N(0,1),$$

其中 $\sigma_{\hat{Y}_0}$ 表示 $\hat{Y}_0$ 的标准差,即

$$\sigma_{\hat{Y}_0}=\sigma\cdot\sqrt{\frac{1}{n}+\frac{(x_0-\overline{x})^2}{l_{xx}}}.$$

又由于 SSE 与 $\hat{\beta}_0,\hat{\beta}_1$ 都独立以及 $\frac{SSE}{n-2}\sim\chi^2(n-2)$ 可知 SSE 与 $\hat{Y}_0$ 独立，由 t 分布定义知

$$\frac{\hat{Y}_0-(\beta_0+\beta_1x_0)}{\hat{\sigma}_{\hat{Y}_0}}\sim t(n-2),\tag{8.20}$$

其中

$$\hat{\sigma}_{\hat{Y}_0}=\sqrt{\frac{SSE}{n-2}}\cdot\sqrt{\frac{1}{n}+\frac{(x_0-\overline{x})^2}{l_{xx}}}$$

是 $\sigma_{\hat{Y}_0}$ 的估计.

由式(8.20)，设自由度为 $n-2$ 的 t 分布 $\frac{\alpha}{2}$ 水平上侧分位数为 $t_{\frac{\alpha}{2}}(n-2)$，那么 $E(Y_0\,|\,x_0)=\beta_0+\beta_1x_0$ 的置信水平为 $1-\alpha$ 的置信区间为

$$\hat{Y}_0-\hat{\sigma}_{\hat{Y}_0}\cdot t_{\frac{\alpha}{2}}(n-2)\leqslant E(Y_0\,|\,x_0)\leqslant\hat{Y}_0+\hat{\sigma}_{\hat{Y}_0}\cdot t_{\frac{\alpha}{2}}(n-2).$$

容易看出，这一置信区间的长度是 $2\hat{\sigma}_{\hat{Y}_0}\cdot t_{\frac{\alpha}{2}}(n-2)$，它是 x_0 的函数，特别地，当 $x_0=\overline{x}$ 时，即 x_0 取所有样本点的算术平均值时，该置信区间的长度最短.

2. 对 Y_0 的预测

正如前面提到的，Y_0 是一个随机变量，服从分布 $N(\beta_0+\beta_1x_0,\sigma^2)$，$\hat{Y}_0=\hat{\beta}_0+\hat{\beta}_1x_0$ 是由样本值构成的统计量，其分布满足式(8.19)，显然 $\hat{Y}_0$ 也是 Y_0 的无偏预测.

那么用 $\hat{Y}_0$ 作为对 Y_0 的预测其预测精度是多少？这里的预测精度通常按照以下的方式衡量. 给定 α 是一个小正数，求 δ 使之满足

$$P\{|Y_0-\hat{Y}_0|<\delta\}=1-\alpha,$$

则 δ 越小说明 $\hat{Y}_0$ 的预测精度越高，称区间

$$(\hat{Y}_0-\delta,\hat{Y}_0+\delta)$$

为 $\hat{Y}_0$ 的概率为 $1-\alpha$ 的**预测区间**. 考虑到 Y_0 与已有样本 $Y_1,Y_2,\cdots,Y_n$ 之间的独立性，易知 $\hat{Y}_0$ 与 Y_0 相互独立，所以 $Y_0-\hat{Y}_0$ 服从正态分布，而且

$$E(Y_0-\hat{Y}_0)=0,$$

$$\begin{aligned}D(Y_0-\hat{Y}_0)&=DY_0+D\hat{Y}_0\\&=\left(1+\frac{1}{n}+\frac{(x_0-\overline{x})^2}{l_{xx}}\right)\cdot\sigma^2\triangleq\sigma^2_{Y_0-\hat{Y}_0},\end{aligned}$$

故有

$$\frac{Y_0-\hat{Y}_0}{\sigma_{Y_0-\hat{Y}_0}}\sim N(0,1).$$

同样地，利用 SSE 与 Y_0 及 $\hat{Y}_0$ 之间的独立性可知

$$\frac{Y_0-\hat{Y}_0}{\hat{\sigma}_{Y_0-\hat{Y}_0}} \sim t(n-2), \tag{8.21}$$

其中

$$\hat{\sigma}_{Y_0-\hat{Y}_0}=\sqrt{\frac{SSE}{n-2}}\cdot\sqrt{1+\frac{1}{n}+\frac{(x_0-\overline{x})^2}{l_{xx}}} \tag{8.22}$$

是 $\sigma_{Y_0-\hat{Y}_0}$ 的估计.

由式(8.21)可知

$$P\{|Y_0-\hat{Y}_0|\leqslant\hat{\sigma}_{Y_0-\hat{Y}_0}\cdot t_{\frac{\alpha}{2}}(n-2)\}=1-\alpha,$$

因此可以得到 Y_0 的概率为 $1-\alpha$ 的预测区间是

$$(\hat{Y}_0-\hat{\sigma}_{Y_0-\hat{Y}_0}\cdot t_{\frac{\alpha}{2}}(n-2),\hat{Y}_0+\hat{\sigma}_{Y_0-\hat{Y}_0}\cdot t_{\frac{\alpha}{2}}(n-2)),$$

其预测精度可以用

$$\delta=\hat{\sigma}_{Y_0-\hat{Y}_0}\cdot t_{\frac{\alpha}{2}}(n-2)$$

来反映.

由式(8.22)可以看出，在样本给定的前提下，δ 是 x_0 的函数，不妨记为 $\delta(x_0)$，x_0 越靠近样本的算术平均值 $\overline{x}$，δ 越小，表示预测精度越高，在 $x_0=\overline{x}$ 时，预测精度达到最高，见图 8.3.

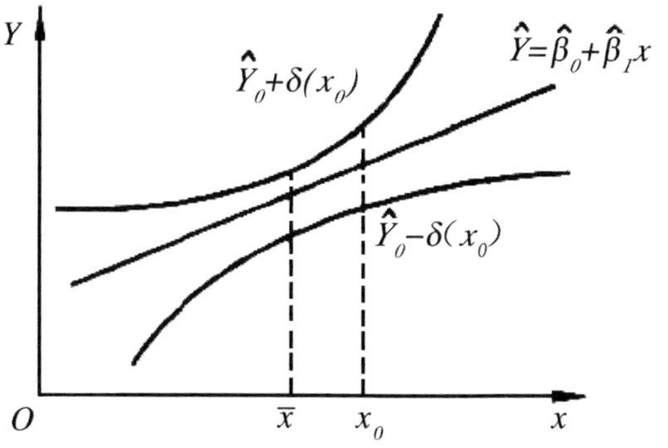

图 8.3

另外，增加样本的容量 n 或者扩大 $x_1,x_2,\cdots,x_n$ 的分散程度以使 l_{xx} 增加，都会导致 δ 减小，从而提高预测的精度.

特别地，如果 n 非常大，而且 x_0 在 $\overline{x}$ 附近取值时，近似地有 $\hat{\sigma}_{Y_0-\hat{Y}_0}\approx\sqrt{\frac{SSE}{n-2}}$，此时自由度为 $n-2$ 的 t 分布与 $N(0,1)$ 也会十分接近，因此可以用标准正态分布的 $\frac{\alpha}{2}$ 水平上侧分位数 $u_{\frac{\alpha}{2}}$ 来取代 $t_{\frac{\alpha}{2}}(n-2)$，这样，$Y_0$ 的概率为 $1-\alpha$ 的预测区间就可以近似地记成

$$(\hat{Y}_0-\hat{\sigma}\cdot u_{\frac{\alpha}{2}},\hat{Y}_0+\hat{\sigma}\cdot u_{\frac{\alpha}{2}}), \tag{8.23}$$

其中 $\hat{\sigma}=\sqrt{\dfrac{SSE}{n-2}}$ 是 σ 的估计.

在例 8.1 中如果一个厂家投入了 55 万元的广告费用,我们来对销售额进行预测.令 $x_0=55$,设 Y_0 为要预测的销售额.由拟合的回归方程可知

$$\hat{Y}_0=309.5276+4.067736\times 55=533.253,$$

因此 Y_0 的均值 EY_0 的估计值是 533.253 万元,它是对 Y_0 的平均水平的预测.EY_0 的 95%的置信区间是

$$(533.253-57.29166,533.253+57.29166)=(475.9613,590.5447).$$

而且,由 $\delta(55)=113.2396$ 可知,Y_0 的概率为 95%的预测区间是(420.0134,646.4926).

在此例中,如果取 $x_0=36.5=\bar{x}$,则此时对应的销售额的概率为 95%的预测区间是

$$(458-102.4449,458+102.4449)=(355.5551,560.4449),$$

它是所有 95%的预测区间中最短的一个.如果使用近似公式(8.23),则可以得到这一预测区间的近似表示是

$$(458-2\times 42.358,458+2\times 42.358)=(373.284,542.716),$$

其中采用了 $u_{0.025}\approx 2$.

二、控制问题

对于例 8.1 中考虑的问题,如果某个厂家感兴趣的是为了有 95% 的把握使它的销售额高于 380 万元,至少应该投入多少广告费用.这就是一个控制问题.

控制问题可以看作预测的反问题.它的较为一般的提法是,给定某一小正数 $\alpha(0<\alpha<1)$,如何控制自变量 x 的取值,才能以 $1-\alpha$ 的概率保证因变量 Y 落在某个预先指定的区间(y_L,y_U)之内.

利用图形可以直观地求解上述问题.在图 8.4 上,通过 Y 轴上的$(0,y_L)$,$(0,y_U)$两点各画一条平行于 x 轴的直线,并设它们分别交 $\hat{Y}-\delta$ 与 $\hat{Y}+\delta$ 于 L,U 两点,设 L,U 两点对应的横坐标分别为 x_L,x_U.容易看出,如果自变量 x 取 x_L 与 x_U 之间的任一值,相应的因变量 Y 的概率为 $1-\alpha$ 的预测区间都将包含在指定的区间(y_L,y_U)之内,因此,x_L 与 x_U 之间的任一 x 都符合控制问题的要求.

当然从这里也可以看出,预先指定的区间(y_L,y_U)的长度不能太短,至少应该不少于 $2\delta(x_L)$,即 $x=x_L$ 时对应 Y 的概率为 $1-\alpha$ 的预测区间的长度,否则,比如取(y_L,y_U)小于该长度,则如图 8.4 所示,x_L 与 x_U 之间的任一 x 值对应的 Y 的概率为 $1-\alpha$ 的预测区间比(y_L,y_U)更大,都不是控制问题的解.此时按照上述回归模型无法求解该控制问题.

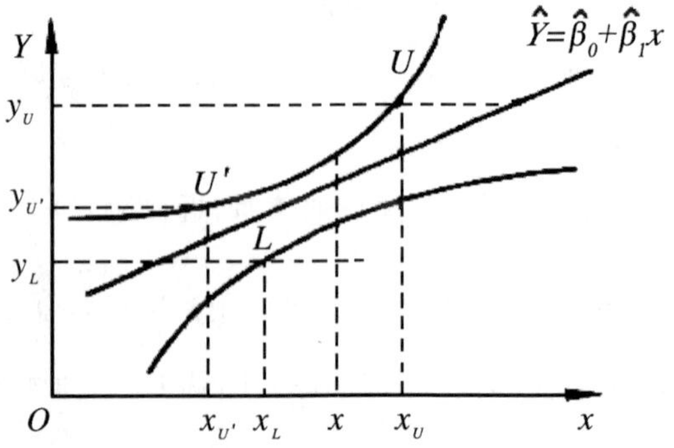

图 8.4

在实际问题当中，通常利用式(8.23)表示的预测区间的近似表达式来求解 x，即通过方程

$$\begin{cases}\hat{Y}(x_L)-\sigma\cdot u_{\frac{\alpha}{2}}=y_L\\ \hat{Y}(x_U)+\sigma\cdot u_{\frac{\alpha}{2}}=y_U\end{cases}$$

可以解出

$$x_L=\frac{y_L+\hat{\sigma}\cdot u_{\frac{\alpha}{2}}-\hat{\beta}_0}{\hat{\beta}_1},\quad x_U=\frac{y_U-\hat{\sigma}\cdot u_{\frac{\alpha}{2}}-\hat{\beta}_0}{\hat{\beta}_1},\tag{8.24}$$

那么 x_L 与 x_U 之间的 x 即所求.

利用以上公式可以十分方便地求解本小节开始提出的广告费用的控制问题，即至少投入多少广告费用才能以 95% 的概率保证销售额不低于 380 万元. 由公式(8.24)易得

$$x_L=\frac{380+2\times 42.358-309.5276}{4.067736}\approx 38.15,$$

因此至少要投入 38.15 万元的广告费用.

§8.4 可线性化的非线性回归

一、模型的确定

在许多实际问题中，变量之间的关系并不一定是线性的，通常会碰到被解释变量与解释变量之间呈现某种曲线关系的情况. 对于曲线形式的回归问题，显然不能照搬前面线性回归的统计方法，如果还用线性回归分析方法来处理，往往会发现回归关系不显著. 那么如何确定变量 Y 与 x 之间的曲线关系呢？直观而又简单的办法是用 n 组样本数据 $(x_i, y_i)(i=1,2,\cdots,n)$ 在平面上标出 n 个点，根据这 n 个点所呈现出的形状，与常见的已知函数图形作比较，选择一条曲线拟合这 n 个点. 下面给出一些常见的可以通过变量作变换而化成线性回归方程的函数图形及其数学表达式. 在化成线性回归方程之后，就可按最小二乘法估计其参数，从而给出原曲线方程中参数的估计.

1. 双曲线函数方程： $\frac{1}{y}=a+\frac{b}{x}$. 图形如图 8.5 所示.

$b>0$　　　　$b<0$

图 8.5

2. **幂曲线函数方程**：$y=ax^{b}(a>0)$. 图形如图 8.6 所示.

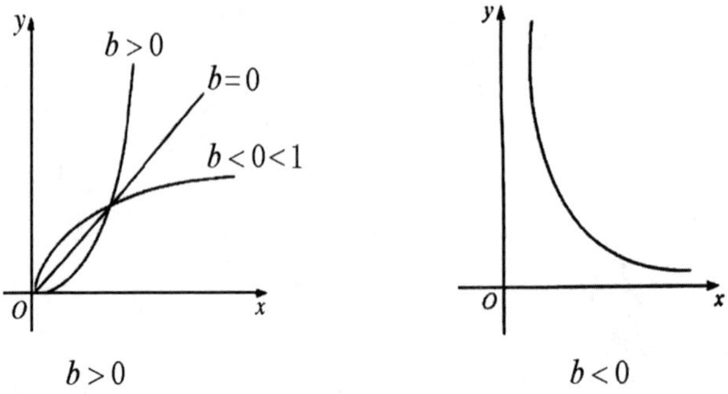

图 8.6

3. **指数函数曲线方程**：$y=a\mathrm{e}^{bx}(a>0)$. 图形如图 8.7 所示.

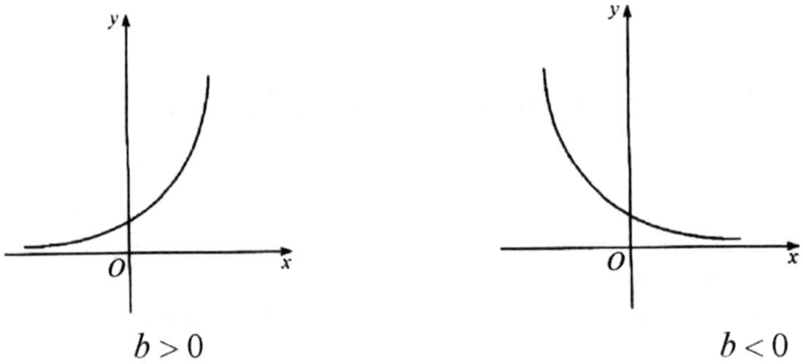

图 8.7

4. **指数函数曲线方程**：$y=a\mathrm{e}^{\frac{b}{x}}(a>0)$. 图形如图 8.8 所示.

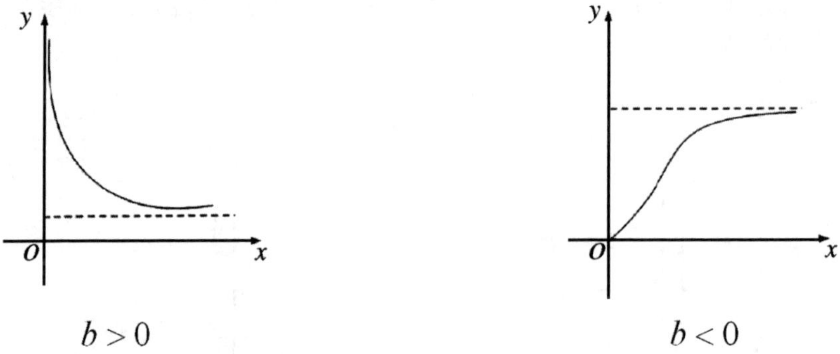

图 8.8

5. **对数函数曲线方程**：$y=a+b\ln x$. 图形如图 8.9 所示.

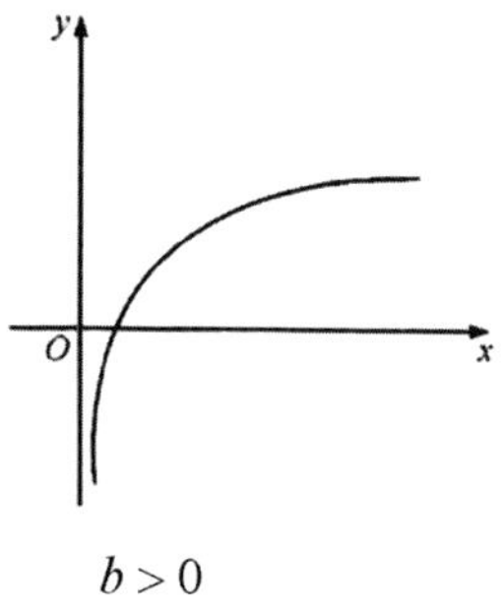

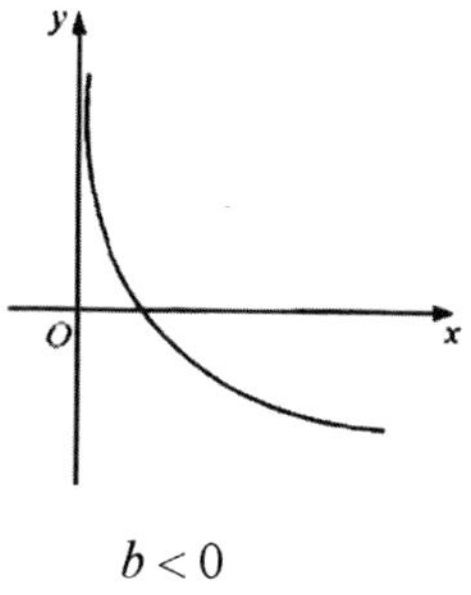

图 8.9

6. **S 形曲线方程**：$y=\frac{1}{a+be^{-x}}$. 图形如图 8.10 所示.

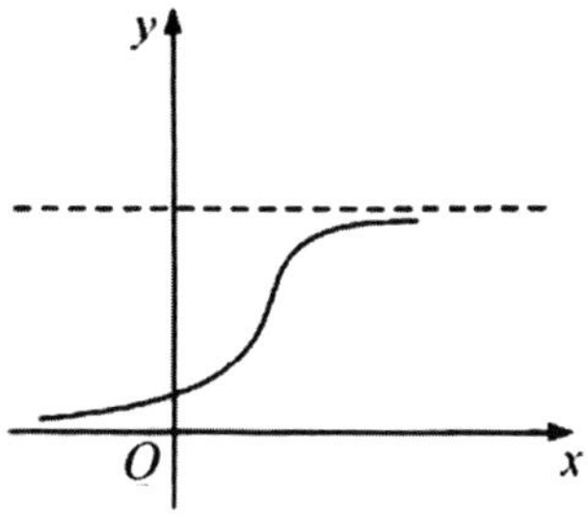

图 8.10

二、系数的估计

常用的曲线方程及其相应的化为线性方程的变量置换公式如表 8.3 所示.

表 8.3 **曲线方程变量置换**

曲线方程	变换公式	变换后的线性方程
$\frac{1}{y}=a+\frac{b}{x}$	$u=\frac{1}{x},v=\frac{1}{y}$	$v=a+bu$
$y=ax^b(a>0)$	$u=\ln x,v=\ln y$	$v=a_1+bu(a_1=\ln a)$
$y=ae^{bx}(a>0)$	$u=x,v=\ln y$	$v=a_1+bu(a_1=\ln a)$
$y=ae^{\frac{b}{x}}(a>0)$	$u=\frac{1}{x},v=\ln y$	$v=a_1+bu(a_1=\ln a)$
$y=a+b\ln x$	$u=\ln x,v=y$	$v=a+bu$
$y=\frac{1}{a+be^{-x}}$	$u=e^{-x},v=\frac{1}{y}$	$v=a+bu$

例 8.2 电容器充电后，电压达到 100V，然后开始放电，测得时刻 t_i(s)时的电压 U_i(V)如表 8.4 所示，求电压 U 关于时间 t 的回归方程.

表 8.4 数据表

t	U	t	U	t	U
0	100	4	30	8	10
1	75	5	20	9	5
2	55	6	15	10	5
3	40	7	10		

解

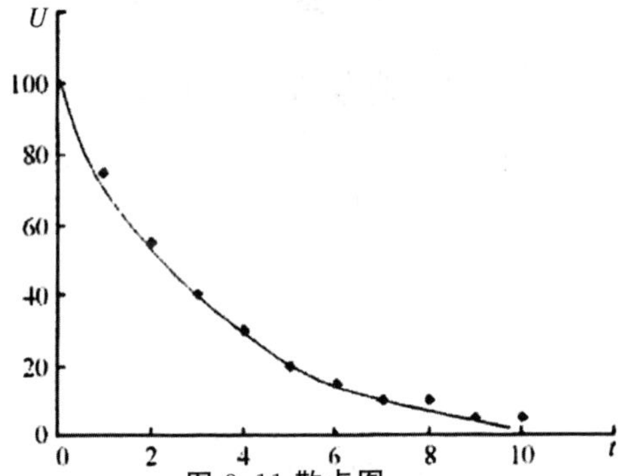

图 8.11 散点图

根据散点图的形状，设回归方程为

$$U=a\mathrm{e}^{bt}, b<0, a>0,$$

取对数， $\ln U=\ln a+bt$，设 $Y=\ln U$，$x=t$，$a'=\ln a$，得 $Y=a'+bx$. 于是问题转化为 Y 对 x 的线性回归方程.

由 $n=11$，计算得

$$\sum_{i=1}^{11}x_i=55, \sum_{i=1}^{11}Y_i=33.547, \sum_{i=1}^{11}x_i^2=385,$$

$$\sum_{i=1}^{11}x_iY_i=133.346, \sum_{i=1}^{11}Y_i^2=113.167,$$

从而得

$$\overline{x}=5, \overline{Y}=3.05.$$

$$l_{xx}=\sum_{i=1}^{11}x_i^2-\frac{1}{11}(\sum_{i=1}^{11}x_i)^2=110,$$

$$l_{xY}=\sum_{i=1}^{11}x_iY_i-\frac{1}{11}(\sum_{i=1}^{11}x_i)(\sum_{i=1}^{11}Y_i)=-34.389,$$

$$l_{YY}=\sum_{i=1}^{11}Y_i^2-\frac{1}{11}(\sum_{i=1}^{11}Y_i)^2=10.86,$$

从而得

$$\hat{b}=\frac{l_{xY}}{l_{xx}}=-0.3126, \hat{a}=\overline{Y}-\hat{b}\overline{x}=4.613.$$

因此 Y 对 x 的回归直线方程为

$$\hat{Y}=\hat{a}+\hat{b}x=4.613-0.3126x.$$

即 U 对 t 的回归方程为

$$\hat{U}=e^{4.613-0.3126t}=100.786e^{-0.3126t}.$$

又由于 $r=\frac{L_{xY}}{\sqrt{l_{xx}}\sqrt{l_{YY}}}=-0.9958$，$r_{0.05}(9)=0.602$，$r_{0.01}(9)=0.735$，显然 $|r|>r_{0.01}(9)$，则 Y 对 x 之间的线性相关关系是高度显著的，即 U 对 t 之间指数曲线相关关系高度显著.

当散点图在某区间上同时与几条曲线相似时，应该取哪条最合适呢？我们可以把这几种曲线都用来进行拟合(建立经验公式)，并算出它们的剩余标准差 $\hat{\sigma}$，其中 $\hat{\sigma}$ 最小者为优.

习 题 八

(A)

1. 试验中得一组数据 $(x_i,Y_i)(i=1,2,\cdots,n)$，已知 (x,Y) 满足线性关系 $Y=a+bx$. 请写出回归方程和回归系数.

2. 已知 (x,Y) 满足线性关系，对数据组(见下表)进行手算拟合，并进行相关性检验 $(\alpha=0.05)$.

x	1	2	3
Y	1	1.9	3.1

3. 医院用光电色比计检验尿汞时，得尿汞的质量浓度(单位：mg/L)与消光系数读数的结果见下表.

尿汞的质量浓度(x)(毫克/升)	2	4	6	8	10
消光系数(Y)	64	138	205	285	360

已知它们之间服从线性关系 $Y=\beta_0+\beta_1x+\varepsilon$. 试求 β_0 和 β_1 的最小二乘估计.

4. 三口之家的家庭通信费支出与家庭收入密切相关，下表所示为某城市居民家庭关于收入与通信费支出的样本. 试判断通信费支出与家庭收入是否存在线性相关关系，求出通信费支出与收入间的线性关系.

每月家庭收入 x 元	800	1000	1500	2000	2500	3000	4000
每月通信费支出 Y 元	2	5	10	18	20	40	100

5. 某市居民货币收入 x 与购买消费品支出 Y 数据如下(亿元).

货币收入 x	11.6	12.9	13.7	14.6	14.4	16.5	18.2	19.8
消费支出 Y	10.4	11.5	12.4	13.1	13.2	14.5	15.8	17.2

求 Y 对 x 的线性回归方程 $\hat{Y}=\hat{a}+\hat{b}x$.

6. 为了确定某种商品供应量 Y 与价格 x 之间的关系，现取 10 对数据作为样本，算得平均价格为 $\bar{x}=8$(元)，平均供给量 $\bar{Y}=50$(千克)，且 $\sum_{i=1}^{10}x_i^2=840$，$\sum_{i=1}^{10}Y_i^2=33700$，$\sum_{i=1}^{10}x_iY_i=5260$，求：

(1)试建立供给量 Y 对价格 x 的线性回归方程 $\hat{Y}=\hat{a}+\hat{b}x$.

(2)对所建立的线性回归方程进行显著性检验($\alpha=0.05$).

7. 某工厂在分析产量和成本关系时，选取 10 个生产小组作样本，收得数据如下.

产量 x	40	42	48	55	65	79	88	100	120	140
成本 Y	150	140	152	160	150	162	175	165	190	185

(1)求 Y 关于 x 的回归方程；

(2)进行显著性检验($\alpha=0.05$)；

(3)取 $x_0=90$ 时，求 Y_0 的预测值及 95%的置信区间.

(B)

1. 在某个地区抽取了 9 家生产同类产品的企业，其月产量和单位产品成本资料如下.

企业编号	1	2	3	4	5	6	7	8	9
月产量(x)(千件)	4.1	6.3	5.4	7.6	3.2	8.5	9.7	6.8	2.1
单位成本(Y)(元)	80	72	71	58	86	50	42	63	91

(1)建立月产量 x 和单位产品成本 Y 之间的回归方程，并检验所得方程的显著性；

(2)估计当月产量 $x=10$(千件)时，单位产品成本的数值.

2. 学生会想要了解学校附近出租的房间面积 x(平方米)与月租 Y(百元)之间的关系，得数据为 $\bar{x}=6$，$L_{xx}=0.64$，$\bar{Y}=2.4$，$L_{YY}=0.49$，$L_{xY}=0.48$，$n=40$. 试求回归直线 $\hat{Y}=\hat{\beta}_0+\hat{\beta}_1x$.

3. 欲知每天使用图书馆的人数 x(百人)与借出的书本数 Y(百本)之间的关系，已知上个月图书馆共开放 25 天，$\sum_{i=1}^{25}x_i=100$，$\sum_{i=1}^{25}Y_i=150$，$\sum_{i=1}^{25}x_i^2=415$，$\sum_{i=1}^{25}Y_i^2=924$，$\sum_{i=1}^{25}x_iY_i=609$. 试求回归直线并检验其显著性($\alpha=0.05$).

4. 某人欲知书本的定价与书的页数之间是否有直线关系存在，他从藏书中随机选了 10 本，得如下资料.

页数(x)(页)	390	700	760	500	560	600	440	500	360	280
定价(Y)(元)	28	48	65	32	38	50	20	20	23	13

(1)试求回归直线 $\hat{Y}=\hat{\beta}_0+\hat{\beta}_1 x$.

(2)是否书的页数越多,定价也越高($\alpha=0.05$)?

(3)若此人的藏书中有一本的页数是450页,求其平均定价的95%的置信区间.

5. 下表是2010年美国旧车的调查数据:

使用年数 x	1	2	3	4	5	6	7	8	9	10
平均价格 Y	2651	1943	1494	1087	765	538	484	226	226	204

求平均价格 Y 关于使用年数 x 的回归方程.

6. 同一生产面积上单位产品的成本与产量间近似满足双曲关系 $Y=\beta_0+\dfrac{\beta_1}{x}$,试利用下列资料求出 Y 对 x 的回归曲线方程.

x	5.67	4.45	3.84	3.84	3.33	2.18
Y	17.7	18.5	18.9	18.8	18.3	19.1

习题参考答案

习　题　一

(A)

1. (1) $\Omega=\{(T,T,T),(T,T,H),(T,H,T),(H,T,T),(T,H,H),$
$(H,T,H),(H,H,T),(H,H,H)\}$;

(2) $\Omega=\{(x,y,z):x,y,z=1,2,3,4,5,6\}$;

(3) $\Omega=\{1,2,3,\cdots\}$;

(4) $\Omega=\{2,3,\cdots,12\}$;

(5) $\Omega=\{T\mid T_0\leqslant T\leqslant T_1\}$.

2. (1) $\overline{ABC}$; (2) $\overline{ABC}$; (3) $(A\cup B)\cap\overline{C}$; (4) $\overline{ABC}$; (5) $A+B+C$; (6) $\overline{AB}C\cup\overline{ABC}\cup\overline{ABC}$; (7) $\overline{ABC}\cup\overline{AB}C\cup\overline{A}BC$; (8) $ABC\cup\overline{ABC}\cup\overline{AB}C\cup\overline{A}BC$; (9) $\overline{ABC}$.

3. $A\cup B=\{1,2,3,4,6,8\}$, $AB=\{2,4\}$, $A-B=\{1,3\}$, $B-A=\{6,8\}$, $BC=\varnothing$, $\overline{B\cup C}=\varnothing$, $(A\cup B)C=\{1,3\}$.

4. 略.

5. 略.

6. $P(\overline{A}\cup\overline{B})=1-r$, $P(\overline{A}B)=q-r$, $P(\overline{A}\cup B)=1-p+r$, $P(\overline{AB})=1-p-q+r$.

7. 0.067.

8. (1) 0.002641; (2) 0.010564; (3) 0.110444.

9. (1) $\frac{1}{5}$; (2) $\frac{3}{5}$; (3) $\frac{9}{10}$.

10. $\frac{11}{42}$.

11. 0.212.

12. $\frac{26}{33}$.

13. 15%.

14. 0.75.

15. $\frac{1}{4}$.

16. $\frac{6}{7}$.

17. (1)$\frac{C_m^2}{C_m^1 C_{M-m}^1 + C_m^2}$; (2)$\frac{C_m^1 C_{M-m}^1}{C_m^1 C_{M-m}^1 + C_{M-m}^2}$; (3)$\frac{C_m^1 C_{M-m}^1 + C_m^2}{C_M^2}$.

18. 0.5.

19. 0.4; 0.58; 0.18; 0.42; 0.72.

20. 0.8992.

21. $\frac{1}{3}$.

22. 0.000298.

23. 略.

24. 略.

25. $\frac{mN + n(N+1)}{(N+M+1)(n+m)}$.

26. (1)0.056; (2)$\frac{1}{18}$.

27. (1)0.645; (2)0.2791.

(B)

1. (1)$a = 0.3$; (2)$a = \frac{3}{7}$.

2. $\frac{33}{50}$.

3. $\frac{\alpha}{\alpha + \beta(1-\alpha)}$.

4. 299 人.

5. 0.1458.

6. 0.892.

7. $\frac{196}{197}$.

8. (1)0.2707； (2)0.5844.

习　题　二

(A)

1. $c=\frac{8}{7}$.

2. (1)3； (2)0.6； (3)0.4.

3. (1)

X	3	4	5	6	7
P	$\frac{1}{35}$	$\frac{3}{35}$	$\frac{6}{35}$	$\frac{10}{35}$	$\frac{15}{35}$

(2) $F(x)=\begin{cases} 0, & x<3, \\ \frac{1}{35}, & 3\leqslant x<4, \\ \frac{4}{35}, & 4\leqslant x<5, \\ \frac{10}{35}, & 5\leqslant x<6, \\ \frac{20}{35}, & 6\leqslant x<7, \\ 1, & 7<x. \end{cases}$

4.

X	-1	1	3
P	0.4	0.4	0.2

5. $a=-\frac{3}{2}, b=\frac{7}{4}$.

6. (1) $A=\frac{1}{2}$； (2) $\frac{\sqrt{2}}{4}$；

(3)$F(x)=\begin{cases}0, & x<-\frac{\pi}{2}, \\ \frac{1}{2}\sin x+\frac{1}{2}, & -\frac{\pi}{2}\leqslant x<\frac{\pi}{2}, \\ 1, & x\geqslant\frac{\pi}{2}.\end{cases}$

7.(1)$\ln 2,1,1-\ln\frac{3}{2}$； (2)$f(x)=\begin{cases}\frac{1}{x}, & 1<x<\mathrm{e}, \\ 0, & \text{其他}.\end{cases}$

8.(1)$A=\frac{1}{2},B=\frac{1}{\pi}$； (2)$\frac{1}{2}$； (3)$f(x)=\frac{1}{\pi(1+x^2)},-\infty<x<+\infty$.

9.(1)$A=\frac{1}{2},B=\frac{1}{2}$； (2)$f(x)=\begin{cases}\frac{1}{2}\mathrm{e}^{x}, & x<0, \\ 0, & 0\leqslant x\leqslant 1,; \\ \frac{1}{2}\mathrm{e}^{-(x-1)}, & x>1.\end{cases}$

(3)$\frac{1}{2}$.

10.(1)$2X$ 的分布律

$2X$	-2	0	2	4	5
P	0.2	0.1	0.1	0.3	0.3

(2)X^2 的分布律

X^2	0	1	4	6.25
P	0.1	0.3	0.3	0.3

11.$f_Y(y)=\begin{cases}0, & y\leqslant 1, \\ \frac{1}{y^2}, & y>1.\end{cases}$

12.(1)$f_Y(y)=\begin{cases}\sqrt{\frac{2}{\pi}}\mathrm{e}^{-\frac{y^2}{2}}, & y>0, \\ 0, & \text{其他};\end{cases}$ (2)$f_Y(y)=\begin{cases}\frac{1}{2\sqrt{\pi(y-1)}}\mathrm{e}^{-\frac{y-1}{4}}, & y>1, \\ 0, & \text{其他}.\end{cases}$

13.1.201.

14.$a=\frac{1}{4},b=-\frac{1}{4},c=1$.

15.0.7,4.9,16.7.

16.2,$\frac{1}{3}$.

17. 0.37, 0.0201.

18. 0, $\frac{1}{2}$.

19. 0, 1.

20. 甲乙两人技术水平相当，但乙工人技术水平较甲工人稳定.

21. $P\{X=k\}=C_5^k 0.1^k 0.9^{5-k}, k=0,1,2,3,4,5.$

或

X	0	1	2	3	4	5
P	0.59049	0.32805	0.0729	0.0081	0.00045	0.00001

22. (1)0.0729； (2)0.00856； (3)0.99954.

23. X 取 0 或 1 概率最大，概率值为 0.4096.

24. 0.0902.

25. 13.

26. e^{-8}.

27. 0.095(或 $1-e^{-0.1}$).

28. 0.972.

29. $\frac{1}{3}$.

30.

Y	-1	1
P	1/3	2/3

31. $1-e^{-3}$

32. $f_Y(y)=\begin{cases}1, & 0<y<1,\\ 0, & \text{其他},\end{cases}$ 即 Y 服从(0,1)上的均匀分布.

33. 0.93319, 0.02275, 0.03593, 0.83995, 0.9545.

34. (1)0.9759； (2)$a=112.92$.

35. 0.95.

(B)

1. $P\{X=k\}=\left(\frac{1}{4}\right)^{k-1}\cdot\frac{3}{4}, k=1,2,\cdots, P\{X=\text{偶数}\}=\frac{1}{5}$.

2. $F(y)=\begin{cases}0, & y<0,\\ 1-e^{-\frac{y}{5}}, & 0\leqslant y<2,\\ 1, & y\geqslant 2.\end{cases}$

3. 5.2090.

4. $E\left(\frac{1}{X}\right)=\frac{\sqrt{2\pi}}{2a}$.

5. 11.67.

6. (1)0.2388； (2)20.796 分钟.

习 题 三

(A)

1.

X \ Y	0	1	2	3
0	0	0	$\frac{3}{35}$	$\frac{2}{35}$
1	0	$\frac{6}{35}$	$\frac{12}{35}$	$\frac{2}{35}$
2	$\frac{1}{35}$	$\frac{6}{35}$	$\frac{3}{35}$	0

2.

X \ Y	1	2	3
0	$\frac{3}{64}$	$\frac{18}{64}$	$\frac{6}{64}$
1	0	$\frac{9}{64}$	$\frac{18}{64}$
2	0	$\frac{9}{64}$	0
3	$\frac{1}{64}$	0	0

3.

Y	0	1	2
$p_{\cdot j}$	$\frac{1}{2}$	$\frac{1}{6}$	$\frac{1}{3}$

$X+Y$	0	1	2
P	$\frac{1}{4}$	$\frac{1}{3}$	$\frac{5}{12}$

4.

X_1 \ X_2	1	2	3	4	$p_{i\cdot}$
1	0	$\frac{2}{90}$	$\frac{3}{90}$	$\frac{4}{90}$	$\frac{1}{10}$
2	$\frac{2}{90}$	$\frac{2}{90}$	$\frac{6}{90}$	$\frac{8}{90}$	$\frac{1}{5}$
3	$\frac{3}{90}$	$\frac{6}{90}$	$\frac{6}{90}$	$\frac{12}{90}$	$\frac{3}{10}$
4	$\frac{4}{90}$	$\frac{8}{90}$	$\frac{12}{90}$	$\frac{12}{90}$	$\frac{2}{5}$
$p_{\cdot j}$	$\frac{1}{10}$	$\frac{1}{5}$	$\frac{3}{10}$	$\frac{2}{5}$	

5.

X \ Y	1	2	3	4	5	6
1	$\frac{1}{36}$	$\frac{1}{36}$	$\frac{1}{36}$	$\frac{1}{36}$	$\frac{1}{36}$	$\frac{1}{36}$
2	0	$\frac{2}{36}$	$\frac{1}{36}$	$\frac{1}{36}$	$\frac{1}{36}$	$\frac{1}{36}$
3	0	0	$\frac{3}{36}$	$\frac{1}{36}$	$\frac{1}{36}$	$\frac{1}{36}$
4	0	0	0	$\frac{4}{36}$	$\frac{1}{36}$	$\frac{1}{36}$
5	0	0	0	0	$\frac{5}{36}$	$\frac{1}{36}$
6	0	0	0	0	0	$\frac{6}{36}$
$p_{\cdot j}$	$\frac{1}{36}$	$\frac{3}{36}$	$\frac{5}{36}$	$\frac{7}{36}$	$\frac{9}{36}$	$\frac{11}{36}$

6. $k=\frac{1}{8},\frac{2}{3}$.

7. $c=\frac{21}{4},\frac{3}{20}$.

8. $f(x,y)=\begin{cases}\dfrac{1}{2}, & 0<x<1, 0<y<2,\\ 0, & \text{其他}.\end{cases}$

$F(x,y)=\begin{cases}0, & x\leqslant 0 \text{ 或 } y\leqslant 0,\\ \dfrac{1}{2}xy, & 0<x\leqslant 1, 0<y\leqslant 2,\\ x, & 0<x\leqslant 1, y>2,\\ \dfrac{1}{2}y, & x>1, 0<y\leqslant 2,\\ 1, & x>1, y>2.\end{cases}$

9. $f_X(x)=\begin{cases}\dfrac{2}{\pi}\sqrt{1-x^2}, & |x|\leqslant 1,\\ 0, & \text{其他}.\end{cases}$

$f_Y(y)=\begin{cases}\dfrac{2}{\pi}\sqrt{2y-y^2}, & 0\leqslant y\leqslant 2,\\ 0, & \text{其他}.\end{cases}$

10. (1) $A=3$；(2) $f_X(x)=\begin{cases}3x^2, & 0<x<1,\\ 0, & \text{其他}.\end{cases}$

$f_Y(y)=\begin{cases}\dfrac{3}{2}(1-y^2), & 0<y<1,\\ 0, & \text{其他}.\end{cases}$

*11.

X	0	1	2
$P\{X=x_i \mid Y=0\}$	0.25	0.25	0.50

*12. $f_{X|Y}(x|y)=\begin{cases}2x, & 0<x,y\leqslant 1,\\ 0, & \text{其他}.\end{cases}$

$f_{Y|X}(y|x)=\begin{cases}2y, & 0<x,y\leqslant 1,\\ 0, & \text{其他}.\end{cases}$

13.

X_1 \ X_2	1	2	3
0	0.30	0.18	0.12
1	0.20	0.12	0.08

X	1	2	3	4
P	0.30	0.38	0.24	0.08

14. 0.48,0.12.

15. 不独立,$\frac{1}{4}$.

16. (1)$f_X(x)=\begin{cases}2x^2+\frac{2}{3}x, & 0<x<1,\\ 0, & 其他.\end{cases}$

$f_Y(y)=\begin{cases}\frac{y}{6}+\frac{1}{3}, & 0<y<2,\\ 0, & 其他.\end{cases}$

(2)不独立.

17. $\frac{1}{4}(3+e^{-4})$.

18. $f_Z(z)=\begin{cases}z, & 0<z\leqslant 1,\\ 2-z, & 1<z<2,\\ 0, & 其他.\end{cases}$

19. $f_Z(z)=\begin{cases}2(1-z), & 0\leqslant z<1,\\ 0, & 其他.\end{cases}$

20. π.

21. $\frac{2}{3}$.

22. $\frac{16}{81},\frac{8}{19}$.

23. (1)$\frac{2}{3}$,0; (2)$\frac{2}{9}$; (3)0.

24. $V=\begin{pmatrix}\frac{9}{16} & -\frac{3}{16}\\ -\frac{3}{16} & \frac{9}{16}\end{pmatrix}$.

25. $\mu=\begin{pmatrix}\frac{4}{3}\\ \frac{3}{4}\end{pmatrix},V=\begin{pmatrix}\frac{2}{9} & 0\\ 0 & \frac{3}{80}\end{pmatrix}$.

26. $R=\begin{pmatrix}1 & -1\\ -1 & 1\end{pmatrix}$.

(B)

1. (1) $c=\frac{3}{\pi R^3}$； (2) $\frac{r^2}{R^3}(3R-2r)$.

2.

W	0	1	2	3	4	5
P	0.0439	0.0914	0.1893	0.2819	0.2760	0.1175

3. (1) $f(x,y)=\begin{cases}\frac{1}{2}e^{-\frac{y}{2}}, & 0<x<1, y>0,\\ 0, & \text{其他}.\end{cases}$

(2) $1-\sqrt{2\pi}[\Phi(1)-0.5]$.

4. 略.

5. 1,1.

6. $A=\frac{3}{\pi}, R=\begin{pmatrix}1 & -\frac{4}{5}\\ -\frac{4}{5} & 1\end{pmatrix}$.

习　题　四

(A)

1. 3,2.

2. 0.9876.

3. 0.0002.

4. 0.2119.

5. 0.1802.

6. 0.9357.

7. 0.9233.

8. (927,1073).

9. 190.

10. 147.

(B)

1. 略.

2. 0.34.

3. $118a$(元).

4. 0.927.

习　题　五

(A)

1. $P\{X_1=x_1,X_2=x_2,\cdots,X_n=x_n\}=p^{\sum_{i=1}^{n}x_i}q^{n-\sum_{i=1}^{n}x_i}$.

2. (1) $f(x_1,x_2,\cdots,x_6)=\begin{cases}\dfrac{1}{\theta^6}, & 0<x_1,\cdots,x_6<\theta,\\ 0, & \text{其他}.\end{cases}$

(2) 是,不是,不是,是.

(3) 0.8,0.052,0.228.

3. (1) 3.325; (2) 2.088; (3) 27.488; (4) 6.262.

4. 证明略.

5. 当 $a=\dfrac{1}{20}$,$b=\dfrac{1}{100}$ 时,$Y\sim\chi^2(2)$,自由度为 $n=2$.

6. (1) 1.812; (2) -2.764; (3) 2.228; (4) 1.812; (5) 1.96.

7. (1) 3.23; (2) $\dfrac{1}{3.39}$; (3) $\dfrac{1}{2.85}$; (4) 2.06.

8. $F(10,5)$,分子自由度为10,分母自由度为5.

9. 0.2628.

10. 62.

11. 0.99.

12. (1) 0.8904; (2) 0.90.

13. 0.66.

(B)

1. p,$\dfrac{p(1-p)}{n}$,$p(1-p)$.

2.(1)$c=1,n=2$;

(2)$d=\frac{\sqrt{6}}{2},n=3$;

(3)$k=\frac{3}{2},n_1=2,n_2=3$.

3.106.

4.26.105.

5.证明略.

6.证明略.

7.8.

8.$\chi^2(2n-2)$.

习　题　六

(A)

1.74.002,6×10^{-6}.

2.$\hat{a}_L=\min\limits_{1\leqslant i\leqslant n}\{X_i\},\hat{b}_L=\max\limits_{1\leqslant i\leqslant n}\{X_i\}$.

3.$\hat{\mu}_L=\overline{X},\hat{\sigma}_L^2=S_n^2$.

4.p 的矩估计量为$\frac{\overline{X}}{m}$,p 的矩估计值为$\frac{\overline{x}}{m}$;p 的最大似然估计量为$\frac{\overline{X}}{m}$,p 的最大似然估计值为$\frac{\overline{x}}{m}$.

5.矩估计量 $\hat{\alpha}=\frac{2\overline{X}-1}{1-\overline{X}}$;最大似然估计量 $\hat{\alpha}_L=-\left(1+\frac{n}{\sum\limits_{i=1}^{n}\ln X_i}\right)$.

6.μ_3 最有效.

7.$\frac{1}{2n-2}$.

8.(1)(6.588,8.692);　(2)(6.397,8.883).

9.(1)(2.226,2.234);　(2)(2.223,2.237).

10.(7.430,21.072),(55.204,444.037).

11.(−0.620,3.420).

12.(1.537,12.463).

13.(0.062,1.008).

(B)

1.$\frac{5}{6},\frac{5}{6}$.

2.(1) θ 的矩估计量为 $\overline{X}-\dfrac{1}{2}$,$\theta$ 的最大似然估计量为 $\min\limits_{1\leqslant i\leqslant n}\{X_i\}$;

(2)θ 的矩估计量为 $\left(\dfrac{\overline{X}}{1-\overline{X}}\right)^2$,$\theta$ 的最大似然估计量为 $\dfrac{n^2}{\left(\sum\limits_{i=1}^{n}\ln X_i\right)^2}$.

3.(1) 证明略; (2)$\overline{X}$,$(\overline{X})^2$; (3) 有偏,$\hat{\lambda}^2=\dfrac{1}{n}\sum\limits_{i=1}^{n}X_i^2-\overline{X}$.

4.(1783.849,2116.151).

5.(31.0,40.2).

6.$\left(\dfrac{3.92\sigma}{L}\right)^2$.

7.(0.336,3.952).

8.(0.334,2.872).

习 题 七

(A)

1.$|U_0|=\left|\dfrac{\overline{x}-54}{0.75/\sqrt{9}}\right|\approx 2.04>u_{0.025}$,拒绝 H_0,认为该日生产的零件的平均质量与正常生产时有显著差异.

2.$|U_0|=\left|\dfrac{\overline{x}-570}{8/\sqrt{10}}\right|\approx 2.06>1.96$,拒绝 H_0,故认为折断力的均值发生了变化.

3.$U_0=\dfrac{17}{35/\sqrt{9}}\approx 1.457$,$\alpha=0.05$,接受 H_0,不能认为这批钢筋的强度有明显提高;$\alpha=0.1$,拒绝 H_0,可以认为这批钢筋的强度有明显提高.

4.$|T_0|=\left|\dfrac{\overline{x}-72}{s/\sqrt{10}}\right|\approx 2.395>t_{0.025}(9)=2.262$,所以拒绝 H_0,即在显著性水平 $\alpha=0.05$ 下,患者的脉搏与正常人的脉搏有显著差异.

5.$T_0=\dfrac{\overline{x}-1250}{s/\sqrt{5}}\approx 3.8>t_{0.01}(4)$,接受 H_0,所以认为锰的熔化点显著高于 1250℃.

6.(1)$|T_0|=1.9<t_{0.025}(15)$,接受 H_0,认为这批食品符合生产标准.

(2)$T_0=-1.9<-t_{0.05}(15)$,拒绝 H_0,认为这批食品不符合生产标准.

7.$W_0=\dfrac{(26-1)\times 9200}{5000}=46>44.314$,故拒绝 H_0,认为这批电池寿命的波动性较以往有显著的变化.

8.$W_0\approx 6.907$,$\chi^2_{0.975}(9)<W_0<\chi^2_{0.025}(9)$,接受 H_0,可以认为该日生产的铜丝折断力的

方差也是 $40^2(N^2)$.

9. $W_0=11.27<\chi^2_{0.05}(23)$，接受 H_0，认为该批次的饮料符合生产标准.

10. (1) $S_1^2/S_2^2=1.40/4.38=0.32<0.34=F_{0.95}(11,9)$，故拒绝原假设，认为两厂生产的电阻值的方差不同. (2) $S_1^2/S_2^2=1.40/4.38=0.32<F_{0.1}(11,9)$，故接受原假设，认为 $\sigma_1^2\leqslant\sigma_2^2$.

11. (1) $0.14=F_{0.975}(5,5)<F_0\approx1.056<F_{0.025}(5,5)=7.15$，接受 H_0，可以认为两批电子元件电阻的方差无显著差异. (2) $|T_0|\approx1.282<t_{0.025}(10)=2.228$，接受 H_0，可以认为两批电子元件电阻的均值无显著差异.

12. $T\approx3.86>t_{0.01}(18)$，所以认为采用新工艺前后灯泡的平均寿命显著提高了.

13. $\hat{\lambda}=1.8$；$\chi^2\approx5.65<\chi^2_{0.05}(2)$，接受 H_0，可以认为该段公路上每15秒内通过的汽车辆数服从泊松分布 $P(1.8)$.

(B)

1. $|T_0|=\left|\dfrac{2.62-2.64}{0.06/\sqrt{100}}\right|\approx3.33>2.6$，拒绝 H_0，即新工艺对此元件的(平均)电阻有显著影响.

2. (1) $|T_0|=\left|\dfrac{379.81-379}{10.79/\sqrt{10}}\right|\approx0.237<2.262$，接受 H_0，即认为平均重量符合要求.

(2) $W_0=8.662<16.919$，接受 H_0，即标准差符合规格要求.

3. $T_0=\dfrac{42.75-49.1}{5.7259/\sqrt{8}}\approx-3.137<-1.895$，拒绝 H_0，即可以认为 B 公司交货日期显著比 A 公司要短.

4. $T_0=\dfrac{\overline{X}-\overline{Y}}{S_W\sqrt{1/n_1+1/n_2}}<t_{0.05}(22)$，接受 H_0，即新技术没有使产量有显著性的增加.

5. $\chi^2_{0.05}(3)=7.815>2.0291$，接受 H_0，即认为 X 服从指数分布.

6. $\chi^2_{0.05}(3)=7.815>1.35$，接受 H_0，认为混凝土制件的抗压强度的分布是正态分布 $N(221,152)$.

7. $\chi^2_{0.05}(3)=7.815<11.75$，拒绝 H_0，即认为营养状况对智商有影响(不独立).

习　题　八

(A)

1. $\hat{Y}=\hat{a}+\hat{b}x$，其中 $\hat{b}=\dfrac{l_{xY}}{l_{xx}}$，$\hat{a}=\hat{Y}-\hat{b}\overline{x}$.

2. $\hat{Y}=-0.1+1.05x$，$r=0.9966<r_{0.05}(1)=0.9969$. 所以相关性不显著.

3. $\hat{\beta}_0=16.3$，$\hat{\beta}_1=37.45$.

4. $\hat{Y}=-30.145+0.0274x$.

5. $\hat{Y}=0.1103+0.8081x$.

6. (1)$\hat{Y}=-1.2+6.4x$； (2) 由 $F=129>F_{0.05}(1,8)=5.32$,故认为回归是显著的.

7. (1)$\hat{Y}=129.3181+0.4322x$； (2) 由 $F=40.1519>F_{0.05}(1,8)=5.32$,故认为回归是显著的.或由 $|r|=0.9132>r_{0.05}(8)=0.632$,故认为回归是显著的； (3)(151.1780,185.2542).

(B)

1. (1)$\hat{Y}=106.6745-6.4631x$； (2)42.0435.

2. $\hat{Y}=-2.1+0.75x$.

3. $\hat{Y}=3.6+0.6x$,$F=\dfrac{SSR}{SSE/(n-2)}=6.6774>F_{0.05}(1,23)=4.28$,故认为回归是显著的.

4. (1)$\hat{Y}=-17.1491+0.0999x$； (2) 是； (3)(22.3,33.3).

5. $\hat{Y}=3573.2e^{-0.305x}$.

6. $\hat{Y}=17.414+\dfrac{4.1368}{x}$.

常用统计数值表

附表 1　二项分布累计概率值表 $\sum_{m=0}^{x} C_n^m p^m (1-p)^{n-m}$

n	x	$p=0.01$	$p=0.02$	$p=0.03$	$p=0.04$	$p=0.05$
5	0	0.9510	0.9039	0.8587	0.8153	0.7738
	1	9980	9962	9945	9852	9774
	2			9997	9994	9988
	3					
10	0	0.9044	0.8171	0.7374	0.6648	0.5987
	1	9957	9838	9655	9418	9139
	2	9999	9991	9972	9938	9885
	3			9999	9996	9990
15	0	0.8601	0.7386	0.6333	0.5421	0.4633
	1	9904	9647	9270	8809	8290
	2	9996	9970	9906	9797	9638
	3		9998	9992	9976	9945
	4			9999	9998	9994
	5					
20	0	0.8179	0.6676	0.5438	0.4420	0.3585
	1	9831	9401	8802	8103	7358
	2	9990	9929	9790	9561	9245
	3		9994	9973	9926	9841
	4			9997	9990	9974
	5				9999	9997
	6					
30	0	0.7397	0.5455	0.4040	0.2939	0.2146
	1	9639	8794	7731	6612	5535
	2	9967	9783	9399	8831	8122
	3	9998	9971	9881	9694	9392
	4	0.9999	0.9996	0.9982	0.9937	0.9844
	5			9997	9989	9967
	6				9999	9994
	7					9999
40	0	0.6690	0.4457	0.2957	0.1954	0.1285
	1	9393	8095	6615	5210	3991
	2	9925	9543	8822	7855	6767
	3	9993	9918	9686	9252	8619
	4		0.9988	0.9933	0.9790	0.9520
	5		9999	9988	9951	9861
	6			9998	9990	9966
	7				9998	9993
	8					9999

续表

n	x	$p=0.06$	$p=0.07$	$p=0.08$	$p=0.09$
5	0	0.7339	0.6957	0.6591	0.6240
	1	9681	9575	9466	9326
	2	9980	9969	9955	9937
	3		9999	9998	9997
10	0	0.5386	0.4840	0.4344	0.3894
	1	8824	8483	8121	7746
	2	9812	9717	9599	9460
	3	9980	9964	9942	9912
15	0	0.3953	0.3367	0.2863	0.2430
	1	7738	7168	6597	6035
	2	9429	9171	8870	8534
	3	9896	9825	9727	9601
	4	9986	9972	9950	9918
	5	9999	9997	9993	9987
20	0	0.2901	0.2342	0.1887	0.1516
	1	6605	5869	5169	4546
	2	8850	8390	7879	7334
	3	9710	9529	9294	9007
	4	9944	9893	9817	9710
	5	9991	9981	9962	9962
	6	9999	9997	9994	9987
30	0	0.1563	0.1134	0.0820	0.0591
	1	4555	3694	2958	2343
	2	7324	6488	5654	4855
	3	8974	8450	7842	7175
	4	0.9685	0.9447	0.9126	0.8723
	5	9921	9838	9707	9519
	6	9983	9960	9918	9848
	7	9997	9992	9980	9959
40	0	0.0842	0.0549	0.0356	0.0230
	1	2990	2201	1594	1140
	2	5665	4625	3694	2894
	3	7827	3837	6007	5092
	4	0.9104	0.8546	0.7868	0.7103
	5	9691	9419	9033	8535
	6	9909	9801	9624	9361
	7	9977	9942	9873	9758
	8	9995	9985	9963	9920

续表

n	x	$p=0.10$	$p=0.20$	$p=0.30$	$p=0.40$
5	0	0.5905	0.3277	0.1681	0.0778
	1	9185	7373	5282	3370
	2	9914	9421	8369	6826
	3	9995	9933	9692	9130
	4		9997	9976	9898
	5		1.0000	1.0000	1.0000
10	0	0.3487	0.1074	0.0282	0.0060
	1	7361	3758	1493	0464
	2	9298	6778	3828	1673
	3	9872	8791	6496	3823
	4	0.9984	0.9672	0.8497	0.6331
	5	9999	9936	9527	8338
	6		9991	9894	9452
	7		9999	9984	9877
	8			9999	9983
15	0	0.2059	0.0352	0.0047	0.0005
	1	5490	1671	0353	0052
	2	8159	3980	1268	0271
	3	9445	6482	2969	0905
	4	9873	8358	5155	2173
	5	9978	9389	7216	4032
	6	0.9997	0.9819	0.8689	0.6098
	7		9958	9500	7869
	8		9992	9848	9050
	9		9999	9963	9662
	10			9993	9907
20	0	0.1216	0.0115	0.0008	—
	1	3917	0692	0076	0.0005
	2	6769	2061	0355	0036
	3	8670	4114	1071	0160
	4	9568	6296	2375	0510
	5	9887	8042	4164	1256
	6	0.9976	0.9133	0.6080	0.2500
	7	9996	9679	7723	4159
	8	9999	9900	8867	5956
	9		9974	9520	7553
	10		9994	9829	8725
	11		9999	9949	9435
	12			9987	9790
	13			9997	9935

续表

n	x	p=0.10	p=0.20	p=0.30	p=0.40
30	0	0.0424	0.0012	0.0000	—
	1	1837	0405	0003	—
	2	4114	0442	0021	0.0000
	3	6474	1227	0093	0003
	4	8245	2552	0302	0015
	5	9268	4275	0766	0057
	6	0.9742	0.6070	0.1595	0.0172
	7	9922	7608	2814	0435
	8	9980	8713	4315	0940
	9	9995	9389	5988	1763
	10	9999	9744	7304	2915
	11		9905	8407	4311
	12		0.9969	0.9155	0.5785
	13		9991	9599	7145
	14		0.9998	0.9831	0.8246
	15			9936	9029
	16			9979	9519
	17			9994	9798
	18			9998	9917
40	0	0.0148	0.0001	—	—
	1	0805	0015	—	—
	2	2228	0079	0.0001	—
	3	4231	0285	0006	—
	4	6290	0759	0026	—
	5	0.7937	0.1613	0.0086	0.0001
	6	9005	2859	0238	0006
	7	9581	4371	0553	0021
	8	9845	5931	1100	0061
	9	9949	7318	1959	0156
	10	0.9985	0.8392	0.3087	0.0352
	11	9996	9125	4406	0709
	12	9999	9568	5772	1285
	13		9806	7032	2112
	14		9921	8074	3174
	15		0.9971	0.8849	0.4402
	16		9990	9367	5681
	17		9997	9680	6885
	18		9999	9852	7911
	19			9937	8702
	20			0.9976	0.9256
	21			9991	9608
	22			9997	9811
	23			9999	9917

附表 2 泊松分布概率值表 $P\{X=m\}=\dfrac{\lambda^m}{m!}e^{-\lambda}$

m \ λ	0.1	0.2	0.3	0.4	0.5	0.6	0.7	0.8
0	0.904837	0.818731	0.740818	0.676320	0.606531	0.548812	0.496585	0.449329
1	0.090484	0.163746	0.222245	0.268128	0.303265	0.329287	0.347610	0.359463
2	0.004524	0.016375	0.033337	0.053626	0.075816	0.098786	0.121663	0.143785
3	0.000151	0.001092	0.003334	0.007150	0.012636	0.019757	0.028388	0.038343
4	0.000004	0.000055	0.000250	0.000715	0.001580	0.002964	0.004968	0.007669
5		0.000002	0.000015	0.000057	0.000158	0.000356	0.000696	0.001227
6			0.000001	0.000004	0.000013	0.000036	0.000081	0.000164
7					0.000001	0.000003	0.000008	0.000019
8							0.000001	0.000002
9								
10								
11								
12								
13								
14								
15								
16								
17								

m \ λ	0.9	1.0	1.5	2.0	2.5	3.0	3.5	4.0
0	0.406570	0.367879	0.223130	0.135335	0.082085	0.049787	0.30197	0.018316
1	0.365913	0.367879	0.334695	0.270671	0.205212	0.149361	0.105691	0.073263
2	0.164661	0.183940	0.251021	0.270671	0.256516	0.224042	0.184959	0.146525
3	0.049398	0.061313	0.125510	0.180447	0.213763	0.224042	0.215785	0.195367
4	0.011115	0.015328	0.047067	0.090224	0.133602	0.168031	0.188812	0.195367
5	0.0600001	0.003066	0.014120	0.036089	0.066801	0.100819	0.132169	0.156293
6	0.000300	0.000511	0.003530	0.012030	0.027834	0.050409	0.077098	0.104196
7	0.000039	0.000073	0.000756	0.003437	0.009941	0.021604	0.038549	0.059540
8	0.000004	0.000009	0.000142	0.000859	0.003106	0.008102	0.016865	0.029770
9		0.000001	0.000024	0.000191	0.000863	0.002701	0.006559	0.013231
10			0.000004	0.000038	0.000216	0.000810	0.002296	0.005292
11				0.000007	0.000049	0.000221	0.000730	0.001925
12				0.000001	0.000010	0.000055	0.000213	0.000642
13					0.000002	0.000013	0.000057	0.000197
14						0.000002	0.000014	0.000056
15						0.000001	0.000003	0.000015
16							0.000001	0.000004
17								0.000001

续表

m \ λ	4.5	5.0	5.5	6.0	6.5	7.0	7.5	8.0
0	0.011109	0.006738	0.004087	0.002479	0.001503	0.000912	0.000553	0.000335
1	0.049990	0.033690	0.022477	0.014873	0.009773	0.006383	0.004148	0.002684
2	0.112479	0.084224	0.061812	0.044618	0.031760	0.022341	0.015556	0.010735
3	0.168718	0.140374	0.113323	0.089235	0.068814	0.052129	0.038888	0.028626
4	0.189808	0.175467	0.155819	0.133853	0.111822	0.091226	0.072917	0.057252
5	0.170827	0.0175467	0.171001	0.160623	0.145369	0.127717	0.109374	0.091604
6	0.128120	0.146223	0.157117	0.160623	0.157483	0.149003	0.136719	0.122138
7	0.082363	0.104445	0.123449	0.137677	0.146234	0.149003	0.146484	0.139587
8	0.046329	0.065278	0.084872	0.103258	0.118815	0.130377	0.137328	0.139587
9	0.023165	0.036266	0.051866	0.068838	0.085811	0.101405	0.114441	0.124077
10	0.010424	0.18133	0.028526	0.041303	0.055777	0.070983	0.085830	0.099262
11	0.004264	0.008242	0.014263	0.022529	0.032959	0.045171	0.058521	0.072190
12	0.001599	0.003434	0.006537	0.011264	0.017853	0.026350	0.036575	0.048127
13	0.000554	0.001321	0.002766	0.005199	0.008927	0.014188	0.021101	0.029616
14	0.000178	0.000472	0.001086	0.002228	0.004144	0.007094	0.011305	0.016924
15	0.000053	0.000157	0.000399	0.000891	0.001796	0.003311	0.005652	0.009026
16	0.000015	0.000049	0.000137	0.000334	0.000730	0.001448	0.002649	0.004513
17	0.000004	0.000014	0.000044	0.000118	0.000279	0.000596	0.001169	0.002124
18	0.000001	0.000004	0.000014	0.000039	0.000100	0.000232	0.000487	0.000944
19		0.000001	0.000004	0.000012	0.000035	0.000085	0.000192	0.000397
20			0.000001	0.000004	0.000011	0.000030	0.000072	0.000159
21				0.000001	0.000004	0.000010	0.000026	0.000061
22					0.000001	0.000003	0.000009	0.000022
23						0.000001	0.000003	0.000008
24							0.000001	0.000003
25								0.000001
26								
27								
28								
29								

续表

8.5	9.0	9.5	10.0	λ / m	20	λ / m	30
0.000203	0.000123	0.000075	0.000045	5	0.0001	12	0.0001
0.001730	0.001111	0.000711	0.000454	6	0.0002	13	0.0002
0.007350	0.004998	0.003378	0.002270	7	0.0005	14	0.0005
0.020826	0.014994	0.010696	0.007567	8	0.0013	15	0.0010
0.044255	0.033737	0.025403	0.018917	9	0.0029	16	0.0019
0.075233	0.060727	0.048265	0.037833	10	0.0058	17	0.0034
0.016581	0.091090	0.076421	0.063055	11	0.0106	18	0.0057
0.129419	0.117116	0.103714	0.090079	12	0.0176	19	0.0089
0.137508	0.131756	0.123160	0.112599	13	0.0271	20	0.0134
0.129869	0.131756	0.130003	0.125110	14	0.0382	21	0.0192
0.110303	0.118580	0.122502	0.125110	15	0.0517	22	0.0261
0.085300	0.097020	0.106662	0.113736	16	0.0646	23	0.0341
0.060421	0.072765	0.084440	0.094780	17	0.0760	24	0.0426
0.039506	0.050376	0.061706	0.072908	18	0.0814	25	0.0571
0.023986	0.032384	0.041872	0.052077	19	0.0888	26	0.0590
0.013592	0.019431	0.026519	0.034718	20	0.0888	27	0.0655
0.007220	0.010930	0.015746	0.021699	21	0.0846	28	0.0702
0.003611	0.005786	0.008799	0.012764	22	0.0767	29	0.0726
0.001705	0.002893	0.004644	0.007091	23	0.0669	30	0.0726
0.000762	0.001370	0.002322	0.003732	24	0.0557	31	0.0703
0.000324	0.000617	0.001103	0.001866	25	0.0446	32	0.0659
0.000132	0.000264	0.000433	0.000889	26	0.0343	33	0.0599
0.000050	0.000108	0.000216	0.000404	27	0.0254	34	0.0529
0.000019	0.000042	0.000089	0.000176	28	0.0182	35	0.0453
0.000007	0.000016	0.000025	0.000073	29	0.0125	36	0.0378
0.000002	0.000006	0.000014	0.000029	30	0.0083	37	0.0306
0.000001	0.000002	0.000004	0.000011	31	0.0054	38	0.0242
	0.000001	0.000002	0.000004	32	0.0034	39	0.0186
		0.000001	0.000001	33	0.0020	40	0.0139
			0.000001	34	0.0012	41	0.0102
						42	0.0073
						43	0.0051
				35	0.0007	44	0.0035
				36	0.0004	45	0.0023
				37	0.0002	46	0.0015
				38	0.0001	47	0.0010
				39	0.0001	48	0.0006

附表 3　标准正态分布函数值表

$$\Phi(x)=P\{X\leqslant x\}=\frac{1}{\sqrt{2\pi}}\int_{-\infty}^{x}e^{-\frac{t^2}{2}}dt$$

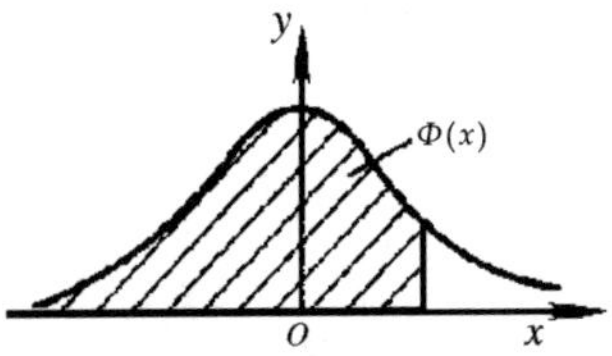

x	0.00	0.01	0.02	0.03	0.04
0.0	0.5000	0.5040	0.5080	0.5120	0.5160
0.1	0.5398	0.5438	0.5478	0.5517	0.5557
0.2	0.5793	0.5832	0.5871	0.5910	0.5948
0.3	0.6179	0.6217	0.6255	0.6293	0.6331
0.4	0.6554	0.6591	0.6628	0.6664	0.6700
0.5	0.6915	0.6950	0.6985	0.7019	0.7054
0.6	0.7257	0.7291	0.7324	0.7357	0.7389
0.7	0.7580	0.7611	0.7642	0.7673	0.7703
0.8	0.7881	0.7910	0.7939	0.7967	0.7995
0.9	0.8159	0.8186	0.8212	0.8238	0.8264
1.0	0.8413	0.8438	0.8461	0.8485	0.8508
1.1	0.8643	0.8665	0.8686	0.8708	0.8729
1.2	0.8849	0.8869	0.8888	0.8907	0.8925
1.3	0.90320	0.90490	0.90658	0.90824	0.90988
1.4	0.91924	0.92073	0.92220	0.92364	0.92507
1.5	0.93319	0.93448	0.93574	0.93699	0.93822
1.6	0.94520	0.94630	0.94738	0.94845	0.94950
1.7	0.95543	0.95637	0.95728	0.95818	0.95907
1.8	0.96407	0.96485	0.96562	0.96638	0.96712
1.9	0.97128	0.97193	0.97257	0.97320	0.97381
2.0	0.97725	0.97778	0.97831	0.97882	0.97932
2.1	0.98214	0.98257	0.98300	0.98341	0.98382
2.2	0.98610	0.98645	0.98679	0.98713	0.98745
2.3	0.98928	0.98956	0.98983	0.99010	0.99036
2.4	0.99180	0.99202	0.99224	0.99245	0.99266
2.5	0.99379	0.99396	0.99413	0.99430	0.99446
2.6	0.99534	0.99547	0.99560	0.99573	0.99586
2.7	0.99653	0.99664	0.99674	0.99683	0.99693
2.8	0.99745	0.99752	0.99760	0.99767	0.99774

续表

x	0.00	0.01	0.02	0.03	0.04
2.9	0.99813	0.99819	0.99825	0.99831	0.99836
3.0	0.99865	0.99869	0.99874	0.99878	0.99882
3.1	0.99903	0.99906	0.99910	0.99913	0.99916
3.2	0.99931	0.99934	0.99936	0.99938	0.99940
3.3	0.99952	0.99953	0.99955	0.99957	0.99958
3.4	0.99966	0.99968	0.99969	0.99970	0.99971
3.5	0.99977	0.99978	0.99978	0.99979	0.99980
3.6	0.99984	0.99985	0.99985	0.99986	0.99986
3.7	0.99989	0.99990	0.99990	0.99990	0.99991
3.8	0.99993	0.99993	0.99993	0.99994	0.99994
3.9	0.99995	0.99995	0.99996	0.99996	0.99996
4.0	0.99997	0.99997	0.99997	0.99997	0.99997
4.1	0.99998	0.99998	0.99998	0.99998	0.99998
4.2	0.99999	0.99999	0.99999	0.99999	0.99999
4.3	0.99999	0.99999	0.99999	0.99999	0.99999
4.4	0.99999	0.99999	1.00000	1.00000	1.00000

x	0.05	0.06	0.07	0.08	0.09
0.0	0.5199	0.5239	0.5279	0.5319	0.5359
0.1	0.5596	0.5636	0.5675	0.5714	0.5753
0.2	0.5987	0.6026	0.6064	0.6103	0.6141
0.3	0.6368	0.6406	0.6443	0.6480	0.6517
0.4	0.6736	0.6772	0.6808	0.6844	0.6879
0.5	0.7088	0.7123	0.7157	0.7190	0.7224
0.6	0.7422	0.7454	0.7486	0.7517	0.7549
0.7	0.7734	0.7764	0.7794	0.7823	0.7852
0.8	0.8023	0.8051	0.8078	0.8106	0.8133
0.9	0.8289	0.8315	0.8340	0.8365	0.8389
1.0	0.8531	0.8554	0.8577	0.8599	0.8621
1.1	0.8749	0.8770	0.8790	0.8810	0.8830
1.2	0.8944	0.8962	0.8980	0.8997	0.90147
1.3	0.91149	0.91309	0.91466	0.91621	0.91774
1.4	0.92647	0.92785	0.92922	0.93056	0.93189

续表

x	0.05	0.06	0.07	0.08	0.09
1.5	0.93943	0.94062	0.94179	0.94295	0.94408
1.6	0.95053	0.95154	0.95254	0.95352	0.95449
1.7	0.95994	0.96080	0.96164	0.96246	0.96327
1.8	0.96784	0.96856	0.96926	0.96995	0.97062
1.9	0.97441	0.97500	0.97558	0.97615	0.97670
2.0	0.97982	0.98030	0.98077	0.98124	0.98169
2.1	0.98422	0.98461	0.98500	0.98537	0.98574
2.2	0.98778	0.98809	0.98840	0.98870	0.98899
2.3	0.99061	0.99086	0.99111	0.99134	0.99158
2.4	0.99286	0.99305	0.99324	0.99343	0.99361
2.5	0.99461	0.99477	0.99492	0.99506	0.99520
2.6	0.99598	0.99609	0.99621	0.99632	0.99643
2.7	0.99702	0.99711	0.99720	0.99728	0.99737
2.8	0.99781	0.99788	0.99795	0.99801	0.99807
2.9	0.99841	0.99846	0.99851	0.99856	0.99861
3.0	0.99886	0.99889	0.99893	0.99897	0.99900
3.1	0.99918	0.99921	0.99924	0.99926	0.99929
3.2	0.99942	0.99944	0.99946	0.99948	0.99950
3.3	0.99960	0.99961	0.99962	0.99964	0.99965
3.4	0.99972	0.99973	0.99974	0.99975	0.99976
3.5	0.99981	0.99981	0.99982	0.99983	0.99983
3.6	0.99987	0.99987	0.99988	0.99988	0.99989
3.7	0.99991	0.99992	0.99992	0.99992	0.99992
3.8	0.99994	0.99994	0.99995	0.99995	0.99995
3.9	0.99996	0.99996	0.99996	0.99997	0.99997
4.0	0.99997	0.99998	0.99998	0.99998	0.99998
4.1	0.99998	0.99998	0.99998	0.99999	0.99999
4.2	0.99999	0.99999	0.99999	0.99999	0.99999
4.3	0.99999	0.99999	0.99999	0.99999	0.99999
4.4	1.00000	1.00000	1.00000	1.00000	1.00000

附表 4　χ^2 分布上侧分位数表

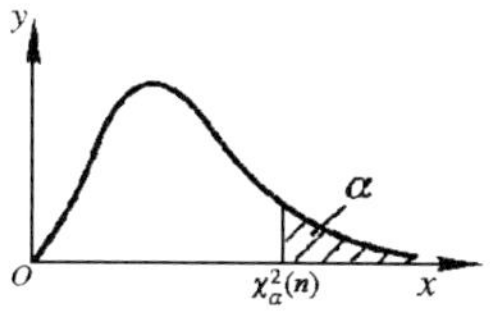

$$P\{\chi^2(n) > \chi^2_\alpha(n)\} = \alpha$$

n \ α	0.995	0.99	0.975	0.95	0.90	0.75
1	—	—	0.001	0.004	0.016	0.102
2	0.010	0.020	0.051	0.103	0.211	0.575
3	0.072	0.115	0.216	0.352	0.584	1.213
4	0.207	0.297	0.484	0.711	1.064	1.923
5	0.412	0.554	0.831	1.145	1.610	2.675
6	0.676	0.872	1.237	1.635	2.204	3.455
7	0.989	1.239	1.690	2.167	2.833	4.255
8	1.344	1.646	2.180	2.733	3.490	5.071
9	1.735	2.088	2.700	3.325	4.168	5.899
10	2.156	2.558	3.247	3.940	4.865	6.737
11	2.603	3.053	3.816	4.575	5.578	7.584
12	3.074	3.571	4.404	5.226	6.304	8.438
13	3.565	4.107	5.009	5.892	7.042	9.299
14	4.075	4.660	5.629	6.571	7.790	10.165
15	4.601	5.229	6.262	7.261	8.547	11.037
16	5.142	5.812	6.908	7.962	9.312	11.912
17	5.697	6.408	7.564	8.672	10.085	12.792
18	6.265	7.015	8.231	9.390	10.865	13.675
19	6.844	7.633	8.907	10.117	11.651	14.562
20	7.434	8.260	9.591	10.851	12.443	15.452
21	8.034	8.897	10.283	11.591	13.240	16.344
22	8.643	9.542	10.982	12.338	14.042	17.240
23	9.260	10.196	11.689	13.091	14.848	18.137
24	9.886	10.856	12.401	13.848	15.659	19.037
25	10.520	11.524	13.120	14.611	16.473	19.939
26	11.160	12.198	13.844	15.379	17.292	20.843
27	11.808	12.879	14.573	16.151	18.114	21.749
28	12.461	13.565	15.308	16.928	18.939	22.657
29	13.121	14.257	16.047	17.708	19.768	23.567
30	13.787	14.954	16.791	18.493	20.599	24.478

续表

α / n	0.995	0.99	0.975	0.95	0.90	0.75
31	14.458	15.655	17.539	19.281	21.434	25.390
32	15.134	16.362	18.291	20.072	22.271	26.304
33	15.815	17.074	19.047	20.867	23.110	27.219
34	16.501	17.789	19.806	21.664	23.952	28.136
35	17.192	18.509	20.569	22.465	24.797	29.054
36	17.887	19.233	21.336	23.269	25.643	29.973
37	18.586	19.960	22.106	24.075	26.492	30.893
38	19.289	20.691	22.878	24.884	27.343	31.815
39	19.996	21.426	23.654	25.695	28.196	32.737
40	20.707	22.164	24.433	26.509	29.051	33.660
41	21.421	22.906	25.215	27.326	29.907	34.585
42	22.138	23.650	25.999	28.144	30.765	35.510
43	22.859	24.398	26.785	28.965	31.625	36.436
44	23.584	25.148	27.575	29.787	32.487	37.363
45	24.311	25.901	28.366	30.612	33.350	38.291

α / n	0.25	0.10	0.05	0.025	0.01	0.005
1	1.323	2.706	3.841	5.024	6.635	7.879
2	2.773	4.605	5.991	7.378	9.210	10.597
3	4.108	6.251	7.815	9.348	11.345	12.838
4	5.385	7.779	9.488	11.143	13.277	14.860
5	6.626	9.236	11.071	12.833	15.086	16.750
6	7.841	10.645	12.592	14.449	16.812	18.548
7	9.037	12.017	14.067	16.013	18.475	20.278
8	10.219	13.362	15.507	17.535	20.090	21.955
9	11.389	14.684	16.919	19.023	21.666	23.589
10	12.549	15.987	18.307	20.483	23.209	25.188
11	13.701	17.275	19.675	21.920	24.725	26.757
12	14.845	18.549	21.026	23.337	26.217	28.299
13	15.984	19.812	22.362	24.736	27.688	29.819
14	17.117	21.064	23.685	26.119	29.141	31.319
15	18.245	22.307	24.996	27.488	30.578	32.801
16	19.369	23.542	26.296	28.845	32.000	34.267
17	20.489	24.769	27.587	30.191	33.409	35.718
18	21.605	25.989	28.869	31.526	34.805	37.156

续表

α / n	0.25	0.10	0.05	0.025	0.01	0.005
19	22.718	27.204	30.144	32.852	36.191	38.582
20	23.828	28.412	31.410	34.170	37.566	39.997
21	24.935	29.615	32.671	35.479	38.932	41.401
22	26.039	30.813	33.924	36.781	40.289	42.796
23	27.141	32.007	35.172	38.076	41.638	44.181
24	28.241	33.196	36.415	39.364	42.980	45.559
25	29.339	34.382	37.652	40.646	44.314	46.928
26	30.435	35.563	38.885	41.923	45.642	48.290
27	31.528	36.741	40.113	43.194	46.963	49.645
28	32.620	37.916	41.337	44.461	48.278	50.993
29	33.711	39.087	42.557	45.722	49.588	52.336
30	34.800	40.256	43.773	46.979	50.892	53.672
31	35.887	41.422	44.985	48.232	52.191	55.003
32	36.973	42.585	46.194	49.480	53.486	56.328
33	38.058	43.745	47.400	50.725	54.776	57.648
34	39.141	44.903	48.602	51.966	56.061	58.964
35	40.223	46.059	49.802	53.203	57.342	60.275
36	41.304	47.212	50.998	54.437	58.619	61.581
37	42.383	48.363	52.192	55.668	59.892	62.883
38	43.462	49.513	53.384	56.896	61.162	64.181
39	44.539	50.660	54.572	58.120	62.428	65.476
40	45.616	51.805	55.758	59.342	63.691	66.766
41	46.692	52.949	56.942	60.561	64.950	68.053
42	47.766	54.090	58.124	61.777	66.206	69.336
43	48.840	55.230	59.304	62.990	67.459	70.616
44	49.913	56.369	60.481	64.201	68.710	71.893
45	50.985	57.505	61.656	65.410	69.957	73.166

附表 5　t 分布上侧分位数表

$$P\{t > t_\alpha(n)\} = \alpha$$

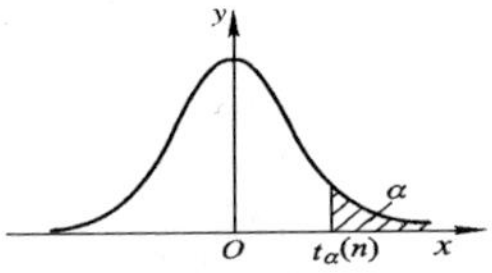

n \ α	0.10	0.05	0.025	0.01	0.005
1	3.078	6.314	12.706	31.821	63.657
2	1.886	2.920	4.303	6.965	9.925
3	1.638	2.353	3.182	4.541	5.841
4	1.533	2.132	2.776	3.747	4.604
5	1.476	2.015	2.571	3.365	4.032
6	1.440	1.943	2.447	3.143	3.707
7	1.415	1.895	2.365	2.998	3.499
8	1.397	1.860	2.306	2.896	3.355
9	1.383	1.833	2.262	2.821	3.250
10	1.372	1.812	2.228	2.764	3.169
11	1.363	1.796	2.201	2.718	3.106
12	1.356	1.782	2.179	2.681	3.055
13	1.350	1.771	2.160	2.650	3.012
14	1.345	1.761	2.145	2.624	2.977
15	1.341	1.753	2.131	2.602	2.947
16	1.337	1.746	2.120	2.583	2.921
17	1.333	1.740	2.110	2.567	2.898
18	1.330	1.734	2.101	2.552	2.878
19	1.328	1.729	2.093	2.539	2.861
20	1.325	1.725	2.086	2.528	2.845
21	1.323	1.721	2.080	2.518	2.831
22	1.321	1.717	2.074	2.508	2.819
23	1.319	1.714	2.069	2.500	2.807
24	1.318	1.711	2.064	2.492	2.797
25	1.316	1.708	2.060	2.485	2.787
26	1.315	1.706	2.056	2.479	2.779
27	1.314	1.703	2.052	2.473	2.771
28	1.313	1.701	2.048	2.467	2.763
29	1.311	1.699	2.045	2.462	2.756
30	1.310	1.697	2.042	2.457	2.750
40	1.303	1.684	2.021	2.423	2.704
60	1.296	1.671	2.000	2.390	2.660
120	1.289	1.658	1.980	2.358	2.617
∞	1.282	1.654	1.960	2.326	2.576

附表 6　F 分布上侧分位数表

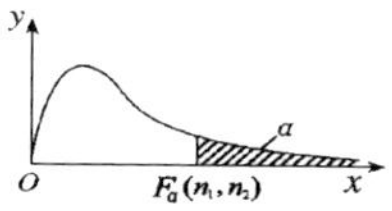

$$P\{F(n_1,n_2)>F_\alpha(n_1,n_2)\}=\alpha$$

$\alpha=0.10$

n_2 \ n_1	1	2	3	4	5	6	7	8	9
1	39.86	49.50	53.59	55.83	57.24	58.20	58.91	59.44	59.86
2	8.53	9.00	9.16	9.24	9.29	9.33	9.35	9.37	9.38
3	5.54	5.46	5.39	5.34	5.31	5.28	5.27	5.25	5.24
4	4.54	4.32	4.19	4.11	4.05	4.01	3.98	3.95	3.94
5	4.06	3.78	3.62	3.52	3.45	3.40	3.37	3.34	3.32
6	3.78	3.46	3.29	3.18	3.11	3.05	3.01	2.98	2.96
7	3.59	3.26	3.07	2.96	2.88	2.83	2.78	2.75	2.72
8	3.46	3.11	2.92	2.81	2.73	2.67	2.62	2.59	2.56
9	3.36	3.01	2.81	2.69	2.61	2.55	2.51	2.47	2.44
10	3.29	2.92	2.73	2.61	2.52	2.46	2.41	2.38	2.35
11	3.23	2.86	2.66	2.54	2.45	2.39	2.34	2.30	2.27
12	3.18	2.81	2.61	2.48	2.39	2.33	2.28	2.24	2.21
13	3.14	2.76	2.56	2.43	2.35	2.28	2.23	2.20	2.16
14	3.10	2.73	2.52	2.39	2.31	2.24	2.19	2.15	2.12
15	3.07	2.70	2.49	2.36	2.27	2.21	2.16	2.12	2.09
16	3.05	2.67	2.46	2.33	2.24	2.18	2.13	2.09	2.06
17	3.03	2.64	2.44	2.31	2.22	2.15	2.10	2.06	2.03
18	3.01	2.62	2.42	2.29	2.20	2.13	2.08	2.04	2.00
19	2.99	2.61	2.40	2.27	2.18	2.11	2.06	2.02	1.98
20	2.97	2.59	2.38	2.25	2.16	2.09	2.04	2.00	1.96
21	2.96	2.57	2.36	2.23	2.14	2.08	2.02	1.98	1.95
22	2.95	2.56	2.35	2.22	2.13	2.06	2.01	1.97	1.93
23	2.94	2.55	2.34	2.21	2.11	2.05	1.99	1.95	1.92
24	2.93	2.54	2.33	2.19	2.10	2.04	1.98	1.94	1.91
25	2.92	2.53	2.32	2.18	2.09	2.02	1.97	1.93	1.89
26	2.91	2.52	2.31	2.17	2.08	2.01	1.96	1.92	1.88
27	2.90	2.51	2.30	2.17	2.07	2.00	1.95	1.91	1.87
28	2.89	2.50	2.29	2.16	2.06	2.00	1.94	1.90	1.87
29	2.89	2.50	2.28	2.15	2.06	1.99	1.93	1.89	1.86
30	2.88	2.49	2.28	2.14	2.05	1.98	1.93	1.88	1.85
40	2.84	2.44	2.23	2.09	2.00	1.93	1.87	1.83	1.79
60	2.79	2.39	2.18	2.04	1.95	1.87	1.82	1.77	1.74
120	2.75	2.35	2.13	1.99	1.90	1.82	1.77	1.72	1.68
∞	2.71	2.30	2.08	1.94	1.85	1.77	1.72	1.67	1.63

续表

α=0.10

10	12	15	20	24	30	40	60	120	∞
60.19	60.71	61.22	61.74	62.00	62.26	62.53	62.79	63.06	63.33
9.39	9.41	9.42	9.44	9.45	9.46	9.47	9.47	9.48	9.49
5.23	5.22	5.20	5.18	5.18	5.17	5.16	5.15	5.14	5.13
3.92	3.90	3.87	3.84	3.83	3.82	3.80	3.79	3.78	3.76
3.30	3.27	3.24	3.21	3.19	3.17	3.16	3.14	3.12	3.10
2.94	2.90	2.87	2.84	2.82	2.80	2.78	2.76	2.74	2.72
2.70	2.67	2.63	2.59	2.58	2.56	2.54	2.51	2.49	2.47
2.54	2.50	2.46	2.42	2.40	2.38	2.36	2.34	2.32	2.29
2.42	2.38	2.34	2.30	2.28	2.25	2.23	2.21	2.18	2.16
2.32	2.28	2.24	2.20	2.18	2.16	2.13	2.11	2.08	2.06
2.25	2.21	2.17	2.12	2.10	2.08	2.05	2.03	2.00	1.97
2.19	2.15	2.10	2.06	2.04	2.01	1.99	1.96	1.93	1.90
2.14	2.10	2.05	2.01	1.98	1.96	1.93	1.90	1.88	1.85
2.10	2.05	2.01	1.96	1.94	1.91	1.89	1.86	1.83	1.80
2.06	2.02	1.97	1.92	1.90	1.87	1.85	1.82	1.79	1.76
2.03	1.99	1.94	1.89	1.87	1.84	1.81	1.78	1.75	1.72
2.00	1.96	1.91	1.86	1.84	1.81	1.78	1.75	1.72	1.69
1.98	1.93	1.89	1.84	1.81	1.78	1.75	1.72	1.69	1.66
1.96	1.91	1.86	1.81	1.79	1.76	1.73	1.70	1.67	1.63
1.94	1.89	1.84	1.79	1.77	1.74	1.71	1.68	1.64	1.61
1.92	1.87	1.83	1.78	1.75	1.72	1.69	1.66	1.62	1.59
1.90	1.86	1.81	1.76	1.73	1.70	1.67	1.64	1.60	1.57
1.89	1.84	1.80	1.74	1.72	1.69	1.66	1.62	1.59	1.55
1.88	1.83	1.78	1.73	1.70	1.67	1.64	1.61	1.57	1.53
1.87	1.82	1.77	1.72	1.69	1.66	1.63	1.59	1.56	1.52
1.86	1.81	1.76	1.71	1.68	1.65	1.61	1.58	1.54	1.50
1.85	1.80	1.75	1.70	1.67	1.64	1.60	1.57	1.53	1.49
1.84	1.79	1.74	1.69	1.66	1.63	1.59	1.56	1.52	1.48
1.83	1.78	1.73	1.68	1.65	1.62	1.58	1.55	1.51	1.47
1.82	1.77	1.72	1.67	1.64	1.61	1.57	1.54	1.50	1.46
1.76	1.71	1.66	1.61	1.57	1.54	1.51	1.47	1.42	1.38
1.71	1.66	1.60	1.54	1.51	1.48	1.44	1.40	1.35	1.29
1.65	1.60	1.55	1.48	1.45	1.41	1.37	1.32	1.26	1.19
1.60	1.55	1.49	1.42	1.38	1.34	1.30	1.24	1.17	1.00

续表

$\alpha=0.05$

n_2 \ n_1	1	2	3	4	5	6	7	8	9
1	161.4	199.5	215.7	224.6	230.2	234.0	236.8	238.9	240.5
2	18.51	19.00	19.16	19.25	19.30	19.33	19.35	19.37	19.38
3	10.13	9.55	9.28	9.12	9.01	8.94	8.89	8.85	8.81
4	7.71	6.94	6.59	6.39	6.26	6.16	6.09	6.04	6.00
5	6.61	5.79	5.41	5.19	5.05	4.95	4.88	4.82	4.77
6	5.99	5.14	4.76	4.53	4.39	4.28	4.21	4.15	4.10
7	5.59	4.74	4.35	4.12	3.97	3.87	3.79	3.73	3.68
8	5.32	4.46	4.07	3.84	3.69	3.58	3.50	3.44	3.39
9	5.12	4.26	3.86	3.63	3.48	3.37	3.29	3.23	3.18
10	4.96	4.10	3.71	3.48	3.33	3.22	3.14	3.07	3.02
11	4.84	3.98	3.59	3.36	3.20	3.09	3.01	2.95	2.90
12	4.75	3.89	3.49	3.26	3.11	3.00	2.91	2.85	2.80
13	4.67	3.81	3.41	3.18	3.03	2.92	2.83	2.77	2.71
14	4.60	3.74	3.34	3.11	2.96	2.85	2.76	2.70	2.65
15	4.54	3.68	3.29	3.06	2.90	2.79	2.71	2.64	2.59
16	4.49	3.63	3.24	3.01	2.85	2.74	2.66	2.59	2.54
17	4.45	3.59	3.20	2.96	2.81	2.70	2.61	2.55	2.49
18	4.41	3.55	3.16	2.93	2.77	2.66	2.58	2.51	2.46
19	4.38	3.52	3.13	2.90	2.74	2.63	2.54	2.48	2.42
20	4.35	3.49	3.10	2.87	2.71	2.60	2.51	2.45	2.39
21	4.32	3.47	3.07	2.84	2.68	2.57	2.49	2.42	2.37
22	4.30	3.44	3.05	2.82	2.66	2.55	2.46	2.40	2.34
23	4.28	3.42	3.03	2.80	2.64	2.53	2.44	2.37	2.32
24	4.26	3.40	3.01	2.78	2.62	2.51	2.42	2..36	2.30
25	4.24	3.39	2.99	2.76	2.60	2.49	2.40	2.34	2.28
26	4.23	3.37	2.98	2.74	2.59	2.47	2.39	2.32	2.27
27	4.21	3.35	2.96	2.73	2.57	2.46	2.37	2.31	2.25
28	4.20	3.34	2.95	2.71	2.56	2.45	2.36	2.29	2.24
29	4.18	3.33	2.93	2.70	2.55	2.43	2.35	2.28	2.22
30	4.17	3.32	2.92	2.69	2.53	2.42	2.33	2.27	2.21
40	4.08	3.23	2.84	2.61	2.45	2.34	2.25	2.18	2.12
60	4.06	3.15	2.76	2.53	2.37	2.25	2.17	2.10	2.04
120	3.92	3.07	2.68	2.45	2.29	2.17	2.09	2.02	1.96
∞	3.84	3.00	2.60	2.37	2.21	2.10	2.01	1.94	1.88

续表

$\alpha=0.05$

10	12	15	20	24	30	40	60	120	∞
241.9	243.9	245.9	248.0	249.1	250.1	251.1	252.2	253.3	254.3
19.40	19.41	19.43	19.45	19.45	19.46	19.47	19.48	19.49	19.50
8.79	8.74	8.70	8.66	8.64	8.62	8.59	8.57	8.55	8.53
5.96	5.91	5.86	5.80	5.77	5.75	5.72	5.69	5.66	5.63
4.74	4.68	4.62	4.56	4.53	4.50	4.46	4.43	4.40	4.36
4.06	4.00	3.94	3.87	3.84	3.81	3.77	3.74	3.70	3.67
3.64	3.57	3.51	3.44	3.41	3.38	3.34	3.30	3.27	3.23
3.35	3.28	3.22	3.15	3.12	3.08	3.04	3.01	2.97	2.93
3.14	3.07	3.01	2.94	2.90	2.86	2.83	2.79	2.75	2.71
2.98	2.91	2.85	2.77	2.74	2.70	2.66	2.62	2.58	2.54
2.85	2.79	2.72	2.65	2.61	2.57	2.53	2.49	2.45	2.40
2.75	2.69	2.62	2.54	2.51	2.47	2.43	2.38	2.34	2.30
2.67	2.60	2.53	2.46	2.42	2.38	2.34	2.30	2.25	2.21
2.60	2.53	2.46	2.39	2.35	2.31	2.27	2.22	2.18	2.13
2.54	2.48	2.40	2.33	2.29	2.25	2.20	2.16	2.11	2.07
2.49	2.42	2.35	2.28	2.24	2.19	2.15	2.11	2.06	2.01
2.45	2.38	2.31	2.23	2.19	2.15	2.10	2.06	2.01	1.96
2.41	2.34	2.27	2.19	2.15	2.11	2.06	2.02	1.97	1.92
2.38	2.31	2.23	2.16	2.11	2.07	2.03	1.98	1.93	1.88
2.35	2.28	2.20	2.12	2.08	2.04	1.99	1.95	1.90	1.84
2.32	2.25	2.18	2.10	2.05	2.01	1.96	1.92	1.87	1.81
2.30	2.23	2.15	2.07	2.03	1.98	1.94	1.89	1.84	1.78
2.27	2.20	2.13	2.05	2.01	1.96	1.91	1.86	1.81	1.76
2.25	2.18	2.11	2.03	1.98	1.94	1.89	1.84	1.79	1.73
2.24	2.16	2.09	2.01	1.96	1.92	1.87	1.82	1.77	1.71
2.22	2.15	2.07	1.99	1.95	1.90	1.85	1.80	1.75	1.69
2.20	2.13	2.06	1.97	1.93	1.88	1.84	1.79	1.73	1.67
2.19	2.12	2.04	1.96	1.91	1.87	1.82	1.77	1.71	1.65
2.18	2.10	2.03	1.94	1.90	1.85	1.81	1.75	1.70	1.64
2.16	2.09	2.01	1.93	1.89	1.84	1.79	1.74	1.68	1.62
2.08	2.00	1.92	1.84	1.79	1.74	1.69	1.64	1.58	1.51
1.99	1.92	1.84	1.75	1.70	1.65	1.59	1.53	1.47	1.39
1.91	1.83	1.75	1.66	1.61	1.55	1.50	1.43	1.35	1.25
1.83	1.75	1.67	1.57	1.52	1.46	1.39	1.32	1.22	1.00

续表

$\alpha=0.025$

n_2 \ n_1	1	2	3	4	5	6	7	8	9
1	647.8	799.5	864.2	899.6	921.8	937.1	948.2	956.7	963.3
2	38.51	39.00	39.17	39.25	39.30	39.33	39.36	39.37	39.39
3	17.44	16.04	15.44	15.10	14.88	14.73	14.62	14.54	14.47
4	12.22	10.65	8.98	9.60	9.36	9.20	9.07	8.98	8.90
5	10.01	8.43	7.76	7.39	7.15	6.98	6.85	6.76	6.68
6	8.81	7.26	6.60	6.23	5.99	5.82	5.70	5.60	5.52
7	8.07	6.54	5.89	5.52	5.29	5.12	4.99	4.90	4.82
8	7.57	6.06	5.42	5.05	4.82	4.65	4.53	4.43	4.36
9	7.21	5.71	5.03	4.72	4.48	4.32	4.20	4.10	4.03
10	6.94	5.46	4.83	4.47	4.24	4.07	3.95	3.85	3.78
11	6.72	5.26	4.63	4.28	4.04	3.88	3.76	3.66	3.59
12	6.55	5.10	4.42	4.12	3.59	3.73	3.61	3.51	3.44
13	6.41	4.97	4.35	4.00	3.77	3.60	3.48	3.39	3.31
14	6.30	4.86	4.24	3.89	3.66	3.50	3.38	3.29	3.21
15	6.20	4.77	4.15	3.80	3.58	3.41	3.29	3.20	3.12
16	6.12	4.69	4.08	3.73	3.50	3.34	3.22	3.12	3.05
17	6.01	4.62	4.01	3.66	3.44	3.28	3.16	3.06	2.98
18	5.98	4.56	3.95	3.61	3.38	3.22	3.10	3.01	2.93
19	5.92	4.51	3.90	3.56	3.33	3.17	3.05	2.96	2.88
20	5.87	4.46	3.86	3.51	3.29	3.13	3.01	2.91	2.84
21	5.83	4.42	3.82	3.48	3.25	3.09	2.97	2.87	2.80
22	5.79	4.38	3.78	3.44	3.22	3.05	2.93	2.84	2.76
23	5.75	4.35	3.75	3.41	3.18	3.02	2.90	2.81	2.73
24	5.72	4.32	3.72	3.38	3.15	2.99	2.87	2.78	2.70
25	5.69	4.29	3.69	3.35	3.13	2.97	2.85	2.75	2.68
26	5.66	4.27	3.67	3.33	3.10	2.94	2.82	2.73	2.65
27	5.63	4.24	3.65	3.31	3.08	2.92	2.80	2.71	2.63
28	5.61	4.22	3.63	3.29	3.06	2.90	2.78	2.69	2.61
29	5.59	4.20	3.61	3.27	3.04	2.88	2.76	2.67	2.59
30	5.57	4.18	3.59	3.25	3.03	2.87	2.75	2.65	2.57
40	5.42	4.05	3.46	3.13	2.90	2.74	2.62	2.53	2.45
60	5.29	3.93	3.34	3.01	2.79	2.63	2.51	2.41	2.33
120	5.15	3.80	3.23	2.89	2.67	2.52	2.39	2.30	2.22
∞	5.02	3.69	3.12	2.79	2.57	2.41	2.29	2.19	2.11

续表

$\alpha=0.025$

10	12	15	20	24	30	40	60	120	∞
968.6	976.7	984.9	993.1	997.2	1001	1006	1010	1014	1018
39.40	39.41	39.43	39.45	39.46	39.46	39.47	39.48	39.49	39.50
14.42	14.34	14.25	14.17	14.12	14.08	14.04	13.99	13.95	13.90
8.84	8.75	8.66	8.56	8.51	8.46	8.41	8.36	8.31	8.26
6.62	6.52	6.43	6.33	6.28	6.23	6.18	6.12	6.07	6.02
5.46	5.37	5.27	5.17	5.12	5.07	5.01	4.96	4.90	4.85
4.76	4.67	4.57	4.47	4.42	4.36	4.31	4.25	4.20	4.14
4.30	4.20	4.10	4.00	3.95	3.89	3.84	3.78	3.73	3.67
3.96	3.87	3.77	3.67	3.61	3.56	3.51	3.45	3.39	3.33
3.72	3.62	3.52	3.42	3.37	3.31	3.26	3.20	3.14	3.08
3.53	3.43	3.33	3.23	3.17	3.12	3.06	3.00	2.94	2.88
3.37	3.28	3.18	3.07	3.02	2.96	2.91	2.85	2.79	2.72
3.25	3.15	3.05	2.95	2.89	2.84	2.78	2.72	2.66	2.60
3.15	3.05	2.95	2.84	2.79	2.73	2.67	2.61	2.55	2.49
3.06	2.96	2.86	2.76	2.70	2.64	2.59	2.52	2.46	2.40
2.99	2.89	2.79	2.68	2.63	2.57	2.51	2.45	2.38	2.32
2.92	2.82	2.72	2.62	2.56	2.50	2.44	2.38	2.32	2.25
2.87	2.77	2.67	2.56	2.50	2.44	2.38	2.32	2.26	2.19
2.82	2.72	2.62	2.51	2.45	2.39	2.33	2.27	2.20	2.13
2.77	2.68	2.57	2.46	2.41	2.35	2.29	2.22	2.16	2.09
2.73	2.64	2.53	2.42	2.37	2.31	2.25	2.18	2.11	2.04
2.70	2.60	2.50	2.39	2.33	2.27	2.21	2.14	2.08	2.00
2.67	2.57	2.47	2.36	2.30	2.24	2.18	2.11	2.04	1.97
2.64	2.54	2.44	2.33	2.27	2.21	2.15	2.08	2.01	1.94
2.61	2.51	2.41	2.30	2.24	2.18	2.12	2.05	1.98	1.91
2.59	2.49	2.39	2.28	2.22	2.16	2.09	2.03	1.95	1.88
2.57	2.47	2.36	2.25	2.19	2.13	2.07	2.00	1.93	1.85
2.55	2.45	2.34	2.23	2.17	2.11	2.05	1.98	1.91	1.83
2.53	2.43	2.32	2.21	2.15	2.09	2.03	1.96	1.89	1.81
2.51	2.41	2.31	2.20	2.14	2.07	2.01	1.94	1.87	1.79
2.39	2.29	2.18	2.07	2.01	1.94	1.88	1.80	1.72	1.64
2.27	2.17	2.06	1.94	1.88	1.82	1.74	1.67	1.58	1.48
2.16	2.05	1.94	1.82	1.76	1.69	1.61	1.53	1.43	1.31
2.05	1.94	1.83	1.71	1.64	1.57	1.48	1.39	1.27	1.00

续表

$\alpha=0.01$

n_2 \ n_1	1	2	3	4	5	6	7	8	9
1	4652	4999.5	5403	5625	5764	5859	5928	5982	6022
2	98.50	90.00	99.17	99.25	99.30	99.33	99.36	99.37	99.39
3	34.12	30.82	29.46	28.71	28.24	27.91	27.67	27.49	27.35
4	21.20	18.00	16.69	15.98	15.53	15.21	14.98	14.80	14.66
5	16.26	13.27	12.06	11.39	10.97	10.67	10.46	10.29	10.16
6	13.75	10.92	9.78	9.15	8.75	8.47	8.26	8.10	7.98
7	12.25	9.55	8.45	7.85	7.45	7.19	6.99	6.84	6.72
8	11.26	8.65	7.59	7.01	6.03	6.37	6.18	6.03	5.91
9	10.56	8.02	6.99	6.42	6.06	5.80	5.61	5.47	5.35
10	10.04	7.56	6.55	5.99	5.64	5.39	5.20	5.06	4.94
11	9.65	7.21	6.22	5.67	5.32	5.07	4.89	4.74	4.63
12	6.33	6.93	5.95	5.41	5.06	4.82	4.64	4.50	4.39
13	9.07	6.70	5.74	5.21	4.86	4.62	4.44	4.30	4.19
14	8.86	6.51	5.56	5.04	4.69	4.46	4.28	4.14	4.03
15	8.68	6.36	5.42	4.89	4.56	4.32	4.14	4.00	3.89
16	8.53	6.23	5.29	4.77	4.44	4.20	4.03	3.89	3.78
17	8.40	6.11	5.18	4.67	4.34	4.10	3.93	3.79	3.68
18	8.29	6.01	5.09	4.58	4.25	4.01	3.84	3.71	3.60
19	8.18	5.93	5.01	4.50	4.17	3.94	3.77	3.63	3.52
20	8.10	5.85	4.94	4.43	4.10	3.87	3.70	3.56	3.46
21	8.02	5.78	4.87	4.37	4.04	3.81	3.64	3.51	3.40
22	7.95	5.72	4.83	4.31	3.99	3.76	3.59	3.45	3.35
23	7.88	5.66	4.76	4.26	3.94	3.71	3.54	3.41	3.30
24	7.82	5.61	4.72	4.22	3.90	3.67	3.50	3.30	3.26
25	7.77	5.57	4.68	4.18	3.85	3.63	3.46	3.32	3.22
26	7.72	5.52	4.64	4.14	3.82	3.59	3.42	3.29	3.18
27	7.68	5.49	4.60	4.11	3.78	3.56	3.39	3.26	3.15
28	7.64	5.45	4.57	4.07	3.75	3.53	3.36	3.23	3.12
29	7.60	5.42	4.54	4.04	3.73	3.50	3.33	3.20	3.09
30	7.56	5.39	4.51	4.02	3.70	3.47	3.30	3.17	3.07
40	7.31	5.18	4.31	3.83	3.51	3.29	3.12	2.99	2.89
60	7.08	4.98	4.13	3.65	3.34	3.12	2.95	2.82	2.72
120	6.85	4.79	3.95	3.48	3.17	2.96	2.79	2.66	2.56
∞	6.63	4.61	3.78	3.32	3.02	2.80	2.64	2.61	2.41

续表

α=0.01

10	12	15	20	24	30	40	60	120	∞
6056	6106	6157	6200	6235	6261	6287	6313	6339	6336
99.40	99.42	99.43	99.45	99.46	99.47	99.47	99.48	99.49	99.50
27.23	27.05	26.87	26.69	26.60	26.50	26.41	26.32	26.22	26.13
14.55	14.37	14.20	14.02	13.93	13.84	13.75	13.65	13.56	13.46
10.05	9.89	9.72	9.55	9.47	9.38	9.29	9.20	9.11	9.02
7.87	7.72	7.56	7.40	7.31	7.23	7.14	7.06	6.97	6.88
6.62	6.47	6.31	6.16	6.07	5.99	5.91	5.82	5.74	5.65
5.81	5.67	5.52	5.36	5.28	5.20	5.12	5.03	4.95	4.86
5.26	5.11	4.96	4.81	4.73	4.65	4.57	4.48	4.40	4.31
4.85	4.71	4.56	4.41	4.33	4.25	4.17	4.08	4.00	3.91
4.54	4.40	4.25	4.10	4.02	3.94	3.86	3.78	3.69	3.60
4.30	4.16	4.01	3.86	3.78	3.70	3.62	3.54	3.45	3.36
4.10	3.96	3.82	3.66	3.59	3.51	3.43	3.34	3.25	3.17
3.94	3.80	3.66	3.51	3.43	3.35	3.27	3.18	3.09	3.00
3.80	3.67	3.52	3.37	3.29	3.21	3.13	3.05	2.96	2.87
3.69	3.55	3.41	3.26	3.18	3.10	3.02	2.93	2.84	2.75
3.59	3.46	3.31	3.16	3.08	3.00	2.92	2.83	2.75	2.65
3.51	3.37	3.23	3.08	3.00	2.92	2.84	2.75	2.66	2.57
3.43	3.30	3.15	3.00	2.92	2.84	2.76	2.67	2.58	2.49
3.37	3.23	3.09	2.94	2.86	2.78	2.69	2.61	2.52	2.42
3.31	3.17	3.03	2.88	2.80	2.72	2.64	2.55	2.46	2.36
3.26	3.12	2.98	2.83	2.75	2.67	2.53	2.50	2.40	2.31
3.21	3.07	2.93	2.78	2.70	2.62	2.54	2.45	2.35	2.26
3.17	3.03	2.89	2.74	2.66	2.58	2.49	2.40	2.31	2.21
3.13	2.99	2.85	2.70	2.62	2.54	2.45	2.36	2.27	2.17
3.09	2.96	2.81	2.66	2.58	2.50	2.42	2.33	2.23	2.13
3.06	2.93	2.78	2.63	2.55	2.47	2.38	2.29	2.20	2.10
3.03	2.90	2.75	2.60	2.52	2.44	2.35	2.26	2.17	2.06
3.00	2.87	2.73	2.57	2.49	2.41	2.33	2.23	2.14	2.03
2.98	2.84	2.70	2.55	2.47	2.39	2.30	2.21	2.11	2.01
2.80	2.66	2.52	2.37	2.29	2.20	2.11	2.02	1.92	1.80
2.63	2.50	2.35	2.20	2.12	2.03	1.94	1.84	1.73	1.60
2.47	2.34	2.19	2.03	1.95	1.86	1.76	1.66	1.53	1.38
2.32	2.18	2.04	1.88	1.79	1.70	1.59	1.47	1.32	1.00

续表

$\alpha=0.005$

n_2 \ n_1	1	2	3	4	5	6	7	8	9
1	16211	20000	21615	22500	23056	23437	23715	23925	24091
2	198.5	199.0	199.2	199.2	199.3	199.3	199.4	199.4	199.4
3	55.55	49.80	47.47	46.19	45.39	44.84	44.43	44.13	43.88
4	31.33	26.28	24.26	23.15	22.46	21.97	21.62	21.35	21.14
5	22.78	18.31	16.53	15.56	14.94	14.51	14.20	13.96	13.77
6	18.63	14.54	12.92	12.03	11.46	11.07	10.79	10.57	10.39
7	16.24	12.40	10.88	10.05	9.52	9.16	8.89	8.68	8.51
8	14.69	11.04	9.60	8.81	8.30	7.95	7.69	7.50	7.34
9	13.61	10.11	8.72	7.96	7.47	7.13	6.88	6.69	6.54
10	12.83	9.43	8.08	7.34	6.87	6.54	6.30	6.12	5.97
11	12.23	8.91	7.60	6.88	6.42	6.10	5.86	5.68	5.54
12	11.75	8.51	7.23	6.52	6.07	5.76	5.52	5.35	5.20
13	11.37	8.19	6.93	6.23	5.79	5.48	5.25	5.03	4.94
14	11.06	7.92	6.68	6.00	5.56	5.26	5.03	4.86	4.72
15	10.80	7.70	6.48	5.80	5.37	5.07	4.85	4.67	4.54
16	10.58	7.51	6.30	5.64	5.21	4.91	4.69	4.52	4.38
17	10.38	7.35	6.16	5.50	5.07	4.78	4.56	4.39	4.25
18	10.22	7.21	6.03	5.37	4.96	4.66	4.44	4.28	4.14
19	10.07	7.09	5.92	5.27	4.85	4.56	4.34	4.18	4.04
20	9.94	6.99	5.82	5.17	4.76	4.47	4.26	4.09	3.96
21	9.83	6.89	5.73	5.09	4.68	4.39	4.18	4.01	3.88
22	9.73	6.81	5.65	5.02	4.61	4.32	4.11	3.94	3.81
23	9.63	6.73	5.58	4.95	4.54	4.26	4.05	3.88	3.75
24	9.55	6.66	5.52	4.89	4.49	4.20	3.99	3.83	3.69
25	9.48	6.60	5.46	4.84	4.43	4.15	3.94	3.78	3.64
26	9.41	6.54	5.41	4.79	4.38	4.10	3.89	3.73	3.60
27	9.34	6.49	5.36	4.74	4.34	4.06	3.85	3.68	3.56
28	9.28	6.44	5.32	4.70	4.30	4.02	3.81	3.65	3.52
29	9.23	6.40	5.28	4.66	4.26	3.98	3.77	3.61	3.48
30	9.18	6.35	5.24	4.62	4.23	3.95	3.74	3.58	3.45
40	8.83	6.07	4.98	4.37	3.99	3.71	3.51	3.35	3.22
60	8.49	5.79	4.73	4.14	3.76	3.49	3.29	3.13	3.01
120	8.18	5.54	4.50	3.92	3.55	3.28	3.00	2.93	2.81
∞	7.88	5.30	4.28	3.72	3.35	3.09	2.90	2.74	2.62

续表

α=0.005

10	12	15	20	24	30	40	60	120	∞
24224	24426	24630	24836	24940	25044	25148	25253	25359	25465
199.4	199.4	199.4	199.4	199.5	199.5	199.5	199.5	199.5	199.5
43.69	43.39	43.08	42.78	42.62	42.47	42.31	42.15	41.99	41.83
20.97	20.70	20.44	20.17	20.03	19.89	19.75	19.61	19.47	19.32
13.62	13.38	13.15	12.90	12.78	12.60	12.53	12.40	12.27	12.14
10.25	10.03	9.81	9.59	9.47	9.36	9.24	9.12	9.00	8.88
8.38	8.18	7.97	7.75	7.65	7.53	7.42	7.31	7.19	7.08
7.21	7.01	6.81	6.61	6.50	6.40	6.29	6.18	6.06	5.95
6.42	6.23	6.03	5.83	5.73	5.62	5.52	5.41	5.30	5.19
5.85	5.66	5.47	5.27	5.17	5.67	4.97	4.86	4.75	4.64
5.42	5.24	5.05	4.86	4.76	4.65	4.55	4.44	4.34	4.23
5.09	4.91	4.72	4.53	4.43	4.33	4.23	4.12	4.01	3.90
4.82	4.64	4.46	4.27	4.17	4.07	3.97	3.87	3.76	3.65
4.60	4.43	4.25	4.06	3.96	3.86	3.76	3.66	3.55	3.44
4.42	4.25	4.07	3.88	3.79	3.69	3.58	3.48	3.37	3.26
4.27	4.10	3.92	3.73	3.64	3.54	3.44	3.33	3.22	3.11
4.14	3.97	3.79	3.61	3.51	3.41	3.31	3.21	3.10	2.98
4.03	3.86	3.68	3.50	3.40	3.30	3.20	3.10	2.99	2.87
3.93	3.76	3.59	3.40	3.31	3.21	3.11	3.00	2.89	2.78
3.85	3.68	3.50	3.32	3.22	3.12	3.02	2.92	2.81	2.69
3.77	3.60	3.43	3.24	3.15	3.05	2.95	2.84	2.73	2.61
3.70	3.54	3.36	3.18	3.08	2.98	2.88	2.77	2.66	2.55
3.64	3.47	3.30	3.12	3.02	2.92	2.82	2.71	2.60	2.48
3.59	3.42	3.25	3.06	2.97	2.87	2.77	2.66	2.55	2.43
3.54	3.37	3.20	3.01	2.92	2.82	2.72	2.61	2.50	2.38
3.49	3.33	3.15	2.97	2.87	2.77	2.67	2.56	2.45	2.33
3.45	3.28	3.11	2.93	2.83	2.73	2.63	2.52	2.41	2.29
3.41	3.25	3.07	2.89	2.79	2.69	2.59	2.48	2.37	2.25
3.38	3.21	3.04	2.86	2.76	2.66	2.56	2.45	2.33	2.21
3.34	3.18	3.01	2.82	2.73	2.63	2.52	2.42	2.30	2.18
3.12	2.95	2.78	2.60	2.50	2.40	2.30	2.18	2.06	1.93
2.90	2.74	2.57	2.39	2.29	2.19	2.08	1.96	1.83	1.69
2.71	2.54	2.37	2.19	2.09	1.98	1.87	1.75	1.61	1.43
2.52	2.36	2.19	2.00	1.90	1.79	1.67	1.53	1.36	1.00

附表 7 相关系数临界值 r_α 表 $P\{|r|>r_\alpha\}=\alpha$

$n-2$ \ α	0.10	0.05	0.02	0.01	0.001	α / $n-2$
1	0.98769	0.99692	0.999507	0.999877	0.9999988	1
2	0.90000	0.95000	0.98000	0.99000	0.99900	2
3	0.8054	0.8783	0.93433	0.95874	0.99114	3
4	0.7293	0.8114	0.8822	0.91720	0.97407	4
5	0.6694	0.7545	0.8329	0.8745	0.95088	5
6	0.6215	0.7067	0.7887	0.8343	0.92490	6
7	0.5822	0.6664	0.7498	0.7977	0.8983	7
8	0.5494	0.6319	0.7155	0.7646	0.8721	8
9	0.5214	0.6021	0.6851	0.7348	0.8471	9
10	0.4973	0.5760	0.6581	0.7079	0.8233	10
11	0.4762	0.5529	0.6339	0.6835	0.8010	11
12	0.4575	0.5324	0.6120	0.6614	0.7800	12
13	0.4409	0.5139	0.5923	0.6411	0.7604	13
14	0.4259	0.4973	0.5742	0.6226	0.7420	14
15	0.4124	0.4821	0.5577	0.6055	0.7247	15
16	0.4000	0.4683	0.5425	0.5897	0.7084	16
17	0.3887	0.4555	0.5285	0.5751	0.6932	17
18	0.3783	0.4438	0.5155	0.5614	0.6788	18
19	0.3687	0.4329	0.5034	0.5487	0.6652	19
20	0.3598	0.4227	0.4921	0.5368	0.6524	20
25	0.3233	0.3809	0.4451	0.4869	0.5974	25
30	0.2960	0.3494	0.4093	0.4487	0.5541	30
35	0.2746	0.3246	0.3810	0.4182	0.5189	35
40	0.2573	0.3044	0.3578	0.3932	0.4896	40
45	0.2429	0.2876	0.3384	0.3721	0.4647	45
50	0.2306	0.2732	0.3128	0.3542	0.4432	50
60	0.2108	0.2500	0.2948	0.3248	0.4079	60
70	0.1954	0.2319	0.2737	0.3017	0.3798	70
80	0.1829	0.2172	0.2565	0.2830	0.3568	80
90	0.1726	0.2050	0.2422	0.2673	0.3375	90
100	0.1638	0.1946	0.2301	0.2540	0.3211	100

参考文献

[1] 茆诗松,等.概率论与数理统计教程[M].北京:高等教育出版社.

[2] 茆诗松,程依明,濮晓龙.概率论与数理统计教程习题与解答[M].北京:高等教育出版社.

[3] 姚孟臣.经济应用数学基础(三) 概率论与数理统计[M].北京:中国人民大学出版社.

[4] 叶俊,赵衡秀.概率论与数理统计[M].北京:清华大学出版社.

[5] 金治明,李永乐.概率论与数理统计[M].北京:科学出版社.

[6] 龚德恩.经济数学基础(第三分册:概率统计)[M].四川:四川人民出版社,2005.

[7] 吴传生,彭斯俊,陈盛双,等.经济数学——概率论与数理统计[M].北京:高等教育出版社.

[8] 齐民友,刘禄勤,王文祥,等.概率论与数理统计[M].北京:高等教育出版社.

[9] 吴赣昌.概率论与数理统计(经管类) 四版[M].北京:中国人民大学出版社.